普通高等院校通识课程教材

首都师范大学资助出版

XINSHIJI GAODENG XUEXIAO BENKE JIAOCAI

博弈论

Boyilun

◎焦宝聪 陈兰平 编著

首都师范大学出版社
CAPITAL NORMAL UNIVERSITY PRESS

图书在版编目（CIP）数据

博弈论/焦宝聪，陈兰平编著. —北京：首都师范大学出版社，2013.9（2020.7 重印）

ISBN 978-7-5656-1681-5

Ⅰ.①博… Ⅱ.①焦… ②陈… Ⅲ.①博弈论—高等学校—教材 Ⅳ.①O225

中国版本图书馆 CIP 数据核字（2013）第 218508 号

BOYI LUN

博弈论

焦宝聪　陈兰平　编著

责任编辑　孙志强

首都师范大学出版社出版发行

地　址　北京西三环北路 105 号

邮　编　100048

电　话　68418523（总编室）　68982468（发行部）

网　址　http://cnupn.cnu.edu.cn

印　刷　北京虎彩文化传播有限公司

经　销　全国新华书店

版　次　2013 年 10 月第 1 版

印　次　2020 年 7 月第 3 次印刷

开　本　787mm×1092mm　1/16

印　张　15.25

字　数　299 千

定　价　48.00 元

内容简介

本书作为高等院校通识课教材，采用一种系统和容易理解的方式，用通俗的语言准确地表达博弈论的基本概念和基本原理，向读者系统地介绍博弈论的优秀思想、方法以及应用；使读者能在短时间内领会博弈论的真谛，汲取其中的谋略与智慧，增强用博弈论的知识解决实际问题的能力，以达到拓宽学生知识视野、最大化提高工作效率的效果。

全书共分五篇：第一篇是博弈论的概述，包括：博弈论的基本概念，博弈的表述模型，博弈分析的基本特征，博弈论的发展与诺贝尔经济学奖。第二篇系统介绍非合作博弈，包括：占优策略与社会两难问题、纳什均衡、二人零和博弈、非零和博弈、三人博弈等。第三篇精要介绍合作博弈，包括：合作博弈的基本概念，大联盟合作博弈的效益分配及其他联盟结构的求解方法。第四篇重点介绍动态博弈，包括：扩展式表述与逆向归纳法，子博弈与子博弈完美均衡，逆向归纳法的应用，嵌入博弈，重复博弈与合作。第五篇致力于探讨博弈论的应用问题，包括：博弈论在机制设计中的应用，塔木德破产分配法，拍卖的博弈分析等。

本书着重介绍策略思维和博弈论方法，对有些理论问题，我们尽量从认识论和方法论的角度来阐述说明，其中典型案例的分析不仅解释了理论的体现与应用，而且能够激发读者学习博弈之术、感悟博弈之道的兴趣，进而启发读者的深入思考。针对有些较为复杂的计算，介绍了工具软件的使用方法。特别地，对分配机制设计中介绍的“塔木德方案”，我们给出了一般性算法，解决了“多人争产问题”等复杂的计算问题并介绍了计算软件。作者为各章精心设计了适量的习题，以便于读者检查自己的学习效果。关注各章后面的小结，将进一步巩固读者对本章内容的整体把握。

本书力求将科学性、系统性与通俗性、趣味性相结合，行文通俗易懂，内容深入浅出，既可作为大学通识课程的教材，同时也可以使那些从事规划、投资、决策、管理等领域工作的各级行政管理人员、企业管理者或是想学习、了解博弈论的人们从本书中获益。

前　言

博弈论（Game Theory）是运筹学的一个分支，是研究有竞争对手存在时决策者的策略选择及策略均衡问题的一门重要的学科。在人类社会发展过程中，存在着大量的竞争与冲突、对抗与合作的博弈行为，使博弈论的研究、发展与应用具有非常广阔的空间。在经济学领域，博弈论的思想、方法已经使经济学和经济学家采用的语言和分析方式发生了革命性变化。1994 年至 2012 年期间，诺贝尔经济学奖曾六次眷顾博弈论，表明了博弈论在主流经济学中的地位及其对现代经济学的影响与贡献。目前，博弈论概念和模型呈现一种在多个领域使用的强劲发展趋势，博弈论的应用早已远远超出了经济学的范畴：政治科学家使用博弈论检验政治制度；哲学家发现博弈论是重新检验和规范社会制度的工具；生物学家发现博弈论为分析自然界生物间的利益冲突提供了框架。博弈论正在成为经济学、政治学、哲学、军事科学、生物学、法学、社会学等领域极其有用的分析工具，博弈论的发展与应用具有强大的生命力。著名经济学家、1970 年诺贝尔经济学奖获得者保罗·萨缪尔逊（Paul A. Samuelson，1915—2009）曾经说过："要想在现代社会做一个有文化的人，你必须对博弈论有一个大致了解。"换句话说，博弈论是一种适用于所有人类、会和所有人都不期而遇的推理工具，博弈论应当在大学通识教育中占有重要的一席之地。因此，当代所有大学生都应该学习博弈论，学会博弈论的思想方法、掌握使用博弈论知识、锻炼提升融会贯通博弈策略的能力，从而使自己能够从容地应对具有竞争性的决策优化问题，智慧地解决实际问题，以促成自己理想目标的实现。

谈到博弈论，很多人自然把它和复杂的数学联系在一起，认为自己数学基础不够，学习博弈论有困难，因此对博弈论敬而远之。读者有这样的顾虑可以理解，因为有很多讲授博弈论的书籍都充满了复杂的数学表达式。正是考虑到大多数人学习博弈论的目的不是为了研究博弈论的纯理论，而是为了掌握博弈论的策略思维方法，用于指导自己的工作和生活，我们根据自己多年执教大学运筹学、博弈论课程的经验，编写了这本作为高等院校通识课教材的《博弈论》。阅读本书，读者完全可以打消这些顾虑，一定会感受到："策略博弈"这门了解对手打算如何战胜你，然后你战而胜之的艺术，并不一定意味着繁琐的计算与推理，而是一种有浓厚艺术气息的思维方式。本书作为高等院校通识课教材，注意将科学性、系统性与通俗性、趣味性相结合，避开了微积分等高等数学知识的应用，同时保持了概念的严谨。本书介绍的内容具有较强的可读性，方法具有较强的可操作性。

本书以清晰的思想和简洁明了的方法，按照由浅入深的原则，系统介绍了非合作博弈、合作博弈和动态博弈等基础知识以及博弈论在诸多领域的应用。书中利用大量的案例分析使概念和理论便于理解，利于激发读者积极思考。这些案例涉及的领域非常广泛，既包括经济学、政治学、军事学、生物学，也包括商业以及国际关系的分析等。特别地，我们注意从文化、应用的角度审视博弈论，帮助学生体会博弈论解决问题的思想方法。在介绍各种博弈模型时，注意说明其使用背景及应用范围，并在给出一般分析方法的同时，介绍相应的计算机软件求解方法，以方便学生对实际问题的求解。这一特点对非数学专业的大学生来说，是非常重要的。

读者只要具有高中毕业生的数学水平就可以读懂本书。本书能使读者在比较短的时间内就可以准确把握博弈论的精髓，提高用博弈论知识解决实际问题的能力。

为方便教师进行多媒体教学，我们提供了开放的电子教案和习题解答，教师可在此基础上根据需要进行修改。同时，为提高读者学习、使用博弈论的收益，我们还将提供相应的计算软件以方便读者进行计算或进行数学实验。具体事宜可以通过电子邮箱 jiaobc3093@126.com 与作者联系。

由于编者水平有限，不妥之处恳请读者给予指正。如果您发现了书中的错误，欢迎通过上述邮箱告诉我们，我们将衷心感谢!

在本书编写的过程中，我们参考了中外大量文献，书后只罗列了其中的一部分，在此向文献的作者们表示衷心感谢!

作　者
2013 年 7 月
于首都师范大学

目　录

第一篇　认识博弈论

第 1 章　何谓博弈论 /　2
1.1　什么是博弈论/　2
1.2　博弈论与经济学/　5

第 2 章　博弈论的基本概念与特征 /　9
2.1　博弈论的基本概念/　9
2.2　博弈论分析方法的主要特征/　15

第 3 章　博弈论的发展与诺贝尔经济学奖 /　18
3.1　博弈论发展简史/　18
3.2　博弈论与诺贝尔经济学奖/　22

第二篇　非合作博弈

第 4 章　纳什均衡 /　30
4.1　占优策略与占优策略均衡/　30
4.2　纳什均衡/　36
4.3　古诺模型/　43

第 5 章　二人有限零和博弈 /　49
5.1　二人有限零和博弈的纳什均衡/　49
5.2　混合策略纳什均衡/　55
5.3　应用 Excel 软件求解二人零和博弈/　59

第 6 章　非零和博弈的混合策略纳什均衡 /　71
6.1　非零和博弈的混合策略纳什均衡/　71

6.2　奇数定理的应用/　76
6.3　混合策略在外交谈判中的运用/　77

第 7 章　三人博弈 /　81
7.1　三人博弈的纳什均衡/　81
7.2　公共物品供给博弈/　83
7.3　战略合作同盟/　85
7.4　抗共谋纳什均衡/　87

第三篇　合作博弈

第 8 章　合作博弈的基本概念 /　92
8.1　合作博弈的要素/　92
8.2　合作博弈的一般表示/　94

第 9 章　大联盟合作博弈的效益分配 /　97
9.1　Shapley 值及其应用/　97
9.2　多人合作博弈问题/　102
9.3　班扎夫权力指数及其应用/　105

第 10 章　其他联盟结构的求解方法 /　113
10.1　博弈的解集与核/　113
10.2　合作博弈其他类型的解/　117

第四篇　动态博弈

第 11 章　扩展式表述与逆向归纳法 /　120
11.1　扩展式表述/　120
11.2　逆向归纳法/　122
11.3　威胁、承诺及其可信性/　126
11.4　逆向归纳法的应用/　129

第 12 章　子博弈与子博弈完美均衡 /　135
12.1　子博弈与子博弈完美均衡的概念/　135
12.2　嵌入博弈的子博弈完美均衡/　140
12.3　应用案例——秦晋崤之战的博弈分析/　146

第 13 章 重复博弈 / 152

13.1 有限次的重复博弈/ 152

13.2 无限次的重复博弈/ 153

13.3 如何促进合作/ 157

第五篇 博弈论的应用

第 14 章 塔木德破产分配法 / 162

14.1 争执大衣原则与塔木德解决方案/ 162

14.2 二人争产问题的博弈分析/ 164

14.3 三人争产问题的博弈分析/ 167

14.4 n（$n\geqslant 2$）人争产问题的博弈分析/ 169

14.5 利用 Excel 计算 n 人争产问题的塔木德分配方案/ 173

第 15 章 拍卖的博弈分析 / 177

15.1 关于拍卖的几个概念/ 177

15.2 英格兰式拍卖的博弈分析/ 179

15.3 招标式拍卖机制/ 181

15.4 骑虎难下博弈/ 183

第 16 章 博弈论在机制设计中的应用 / 187

16.1 机制设计/ 187

16.2 机动车与行人道路交通事故责任的机制设计/ 189

16.3 阻止审计合谋的机制设计/ 192

16.4 “智猪博弈”与激励机制设计/ 193

16.5 促进诚信纳税的激励机制设计/ 196

附录 数学预备知识 / 205

参考答案 / 210

参考文献 / 231

第一篇
认识博弈论

第 1 章　何谓博弈论
第 2 章　博弈论的基本概念与特征
第 3 章　博弈论的发展与诺贝尔经济学奖

第1章　何谓博弈论

纵观人类发展的历史，对抗与冲突、妥协与合作从来就是一个重大的主题，它长期吸引着人们的注意力。时至如今更是如此，只要浏览一下网络、新闻媒体上的国际、国内新闻，注意一下自己身边发生的事情，你就会强烈地感觉到社会生活中充满了对抗与冲突、妥协与合作。博弈论(Games Theory)是一门以数学为基础、研究发生对抗与冲突时如何选择最优策略的学问。一般认为，博弈论作为一门学科的创立是以数学家约翰·冯·诺伊曼(John von Neumann)和经济学家奥斯卡·摩根斯特恩(Oskar Morgenstern)在1944年合作出版的《博弈论与经济行为》一书为重要标志。该书概括了经济主体的典型行为特征，提出了策略型与广义型(扩展型)等基本的博弈模型、解的概念和分析方法，奠定了博弈论的基石。在我国，也称博弈论为对策论。本章将介绍什么是博弈论以及博弈论对经济学的深刻影响。

1.1　什么是博弈论

1. 博弈论的定义

"博弈"这一称呼源于观察许多室内游戏的特征，游戏参与者的决定互相牵制。棋局中何时出制胜一招，打桥牌时何时出好牌，这往往取决于对手的行动或者是同伙的行动，而且这些游戏通常定义明确，有一套详细而有效的规则。参与者可获得的信息在每一点上都有详细规定，有完整的记分体系。阿尔伯特·爱因斯坦(Albert Einstein)曾经指出："所有科学不过是日常思考的提炼而已。""博弈论"这门学科也是如此。

2005年诺贝尔经济学奖获得者罗伯特·奥曼(Robert Aumann)定义博弈论应是"交互的决策论"。因为博弈论是研究决策者的行为发生直接相互作用时的决策以及这种决策的均衡问题，也就是说，人们之间的决策与行为将形成互为影响的关系，一个经济主体在决策时必须考虑到对方的反应，所以用"交互的决策"来定义博弈论是再简洁不过。进一步地，奥曼还以经济主体的理性为分析的出发点，认为博弈论是交互式条件下"最优理性决策"，即博弈的每个参与者都希望能以其偏好获得最大的满足。如果仅有一个参与者，通常就会产生划分明确的最优化问题；而在多人参与的博弈中，一个参与者对结果的偏好等级并不意味着是他的可能决策的等级，这个结果也取决于其他参与者的决策。

选择是人生最大的智慧。在冲突局势下决策者如何选择最优策略是人们普遍关心的问题。博弈论为交互的决策提供了一个分析框架，因此博弈论的发展与应用具有非常广阔的空间。博弈论正在成为经济学、政治学、军事科学、法学、社会学等领域极其有用的分析工具。博弈论的真正精髓在于它丰富的思想内涵，并随着现代社会的发展在不断地注入新的思想和方法，显示出其强大的生命力。著名经济学家、1970 年诺贝尔经济学奖获得者保罗·萨缪尔逊(Paul A. Samuelson，1915—2009)曾经说过："要想在现代社会做一个有文化的人，你必须对博弈论有一个大致了解。"这已经成为越来越多人的共识。

2. 七个有趣的问题

如果你对下列问题感兴趣，并开始试图分析与解决这些问题，这意味着你已经进入了博弈论的思考方式。

(1)囚徒的选择

A、B 两个窃贼在偷盗地点附近被警察抓住，分别关押以防止串供。对每个囚徒，地方检察官给出的政策是：如果两个人都认罪，则两人各被判 3 年监禁；如果一个囚徒认罪并愿意作证，另一个囚徒不认罪，则坦白者立即释放，另一个囚徒被判 5 年监禁。如果两人都不认罪，则地方检察官因证据不足不能判两人的偷窃罪，可以按照"私入民宅罪"将两人各判入狱 1 年。两个囚徒都想得到比较轻的惩罚，他们会如何选择呢?

(2)采购费用问题

假定你是一家公司的采购人员，正准备向两家供应商一次性采购 100 万个配件。每个配件的生产成本是 6 元，市场价是 10 元。如果向两家分别订货 50 万个，则两家供应商各得利润 200 万元。这时你的总支出是 1000 万元。你采用什么样的策略能为你的公司节省出 150 万元的采购费用呢?

(3)选数游戏

有 A、B、C 三个人玩"选数游戏"。游戏规则要求每人从三个数字 1、2、3 中任意选一个数，每个人的收益值为：用 4 乘以三人所选数字的最小者，再减去自己所选中的数字。比如，A 选择 2，B 选择 3，C 选择 2，则 A 的收益为 $4\times2-2=6$，B 的收益为 $4\times2-3=5$，C 的收益为 $4\times2-2=6$。游戏中的每个人都想使自己的收益值最大。如果你是三人中的一个，你会如何选择呢?

(4)抓钱游戏

假定 A、B 二人在玩一种游戏，要分一个钱罐中的 5 元钱。在第 1 阶段，A 可以选择从罐中抓钱，也可以选择不抓而把钱罐传给 B。在第 1 阶段，如果 A 选择"抓"，B 只能得到 0；如果 A 选择"传"，钱罐中的钱的总额会增加 5 元；接下来，进入第 2 阶段，轮到 B 选择抓钱或传给 A。如果 B 选择"抓"，A 只能得 0；如果 B 选择"传"，钱罐中的钱的总额会再增加 5 元，如此可以延伸到很多阶段，最后他们平分钱罐中的钱。注意：游戏中的每个人都想使自己得到的钱最多。如果规定最多进行 4 个阶段，而且你是参加游戏的 A，你会如何选择？

(5)海盗分钻石

五个海盗抢到了 100 颗钻石，他们决定这么分：抽签决定自己的号码(1，2，3，4，5)。首先，由 1 号提出分配方案，然后 5 人进行表决，当达到半数的人同意时方案就算通过，可以按照 1 号提出的分配方案进行分配，否则 1 号将被扔入大海喂鲨鱼；如果 1 号死了，接下来就由 2 号提出分配方案，然后 4 人进行表决，当达到半数的人同意时方案就算通过，可以按照 2 号提出的分配方案进行分配，否则 2 号将被扔入大海喂鲨鱼；依此类推。如果你抽到的号码是 1，你将提出怎样的分配方案才能够被通过，同时又使自己的收益最大化呢？

(6)艺术品拍卖

考虑 A、B 二人竞买一件艺术品的投标博弈。A 对该拍卖品的估价是 205 万元，他不知道 B 对该拍卖品的准确估价，但他估计是 180 万元或 190 万元。现在 B 的出价是 170 万元，规定最低增幅为 10 万元。如果采用英格兰式拍卖(指在拍卖过程中，拍卖人宣布拍品的起叫价及最低增幅，竞买人以起叫价为起点，由低至高竞相应价，最后最高竞价者在三次报价无人应价后，响槌成交，但成交价不得低于拍卖底价)，如果你是竞买人 A，你应该如何出价才能使自己的收益(你对该拍卖品的估价与你竞得该物品的价格之差)最大？

(7)决斗

两名决斗者相距 $2n$ 步远持枪站立，枪里只有一颗子弹，当公证人宣布开始后，他们相互走近。每走一步他们都要决定是否开枪射击对方，而击中的概率随着两人的靠近而增加。如果开枪而没有击中，由于荣誉感和面子迫使开枪者继续向前走。现在的问题是决斗者应该什么时候开枪？这一开枪的决定是否受到决斗者的目的——杀死对方或保全自己的影响？

上述的七个问题将在本书中给出答案，它们本质上都是博弈问题。现实中类似的情形普遍存在，而且会形成一系列相互关联的问题。显然，要分析解决上述的问题，首先，我们必须明确：上述每个博弈的目标、规则各是什么？博弈中的参与者都是谁？他们各有哪些策略？其次，根据这七个问题的实际背景，我们可以合理地假设每个博弈中的每个参与者都是自利理性的个人且他们之间不能沟通，即只要给出多种可选的策略，每一方将总是在不知道对方所选结果的情况下，选择其中对自己更有利的那种策略。这样，上述的七个博弈问题要解决的共同问题是：博弈的每个理性参与者怎样在“交互的决策”中选择使自己获得最大收益的策略？系统、科学地考虑这些问题可能会使你收到事半功倍的效果。更重要的是：我们可以借助这些“树木”来认识博弈论这片“森林”。

1.2　博弈论与经济学

1. 囚徒困境

博弈论在经济学中的应用取得了相当大的成就。1994 年至 2012 年期间，诺贝尔经济学奖曾六次眷顾博弈论，表明了博弈论在主流经济学中的地位及其对现代经济学的影响与贡献。微观经济学建立在现代西方经济学鼻祖——英国经济学家亚当·斯密(Adam Smith，1723—1790)的“看不见的手”的原理基础上。1776 年，亚当·斯密在《国民财富的性质和原因的研究》(An Inquiry into the Nature and Causes of the Wealth of Nations，简称《国富论》)一书中写了如下名言：“每个人都在力图应用他的资本，来使其生产品能得到最大的价值。一般地说，他并不企图增进公共福利，也不知道他所增进的公共福利为多少，他所追求的仅仅是他个人的安乐，仅仅是他个人的利益。在这样做时，有一只‘看不见的手’引导他去促进一种目标，而这种目标绝不是他所追求的东西。由于追求他自己的利益，他经常促进了社会利益，其效果要比他真正想促进社会利益时所得到的效果为大。”

传统经济学认为：人的经济行为的根本动机是自利，每个人都有权追求自己的利益，没有自私社会就不会进步，现代社会的财富是建立在对每个人自利权力的保护基础上的。因此，经济学不必担心人们参与竞争的动力，只需关注如何让每个求利者能够自由参与尽可能展开公平竞争的市场机制。只要市场机制公正，人们在追逐自我利益的过程中，市场这只“看不见的手”就会使整个社会富裕起来。

但下面的例子表明：“看不见的手”是有力的，但不是万能的。

例 1.1　囚徒困境(Prisoner’s Dilemma)问题的分析

A 和 B 两个窃贼在案发地点附近被警察抓住，分别关押。为使两个囚徒如实交代犯罪事实，地方检察官向两个囚徒宣布：如果两个囚徒都认罪，则两人各被判刑 3 年；如果一个囚徒认罪，另一个囚徒不认罪，则认罪者有功，立即释放，不认罪者被判刑 5 年；如果两人都不认罪，则地方检察官因证据不足不能判两人的偷窃罪，可以按照“私入民宅罪”将两人各判入狱 1 年。

显然，这是检察官给两个囚徒构造的一个博弈“困境”。

我们用表格形式表示两个囚徒的情况。表 1.1 中的数字描述表示囚徒被宣判服刑的年数，也称为对应他们所采取各种策略的支付(或收益)。

表 1.1　囚徒困境问题的支付

		A	
		认罪	不认罪
B	认罪	3，3	0，5
	不认罪	5，0	1，1

表中内容这样解释：每个囚徒都有认罪或不认罪两个策略，每个囚徒选择其中一个策略。表中的每组数字是两个囚徒选择不同策略得到的被判服刑年数，逗号左边的数字是 B 的收益，右边的数字是 A 的收益。以第一列为例：如果两个囚徒都认罪，则都将被判服刑 3 年；如果 B 不认罪，A 认罪，则 B 被判服刑 5 年，A 获释。

这个博弈问题的结果会是什么呢？处于"困境"下，一个博弈中各博弈方的问题是他们不知道对手会选择什么策略。因而只能猜测：每个人都会从自己的利益出发去做选择。在这种情况下，最有可能出现的结果是：每个人都会采用能够最大化自己得益的相应策略。

如果两个囚徒都想服刑时间最短，什么样的策略才是理性的呢？

B 的理性思考是："有两种可能性会发生：A 认罪或不认罪。假定 A 认罪，此时自己若认罪将被判服刑 3 年，若不认罪将被判服刑 5 年，所以最佳选择应该是认罪；相反，假定 A 不认罪，此时自己若认罪将获释，若不认罪将被判服刑 1 年，所以最佳选择应该是认罪。"

同理，A 也会选择认罪。其结果是两人都选择认罪，各被判服刑 3 年。

注意：在(认罪，认罪)这个策略组合中，两个囚徒都不能通过单方面改变策略以增加自己的效益，因此，谁都没有游离这个策略组合的动机，于是，就形成了一种均衡状态。

"囚徒困境"之所以称为"困境"，是因为这个博弈的最终结局恰恰是两个囚徒的最坏结果，即两个囚犯都选择认罪，结果都被判有期徒刑 3 年。

为什么两个人都选择了"认罪"而接受这种最坏的结果呢？正是因为"囚徒困境"问题的分析中隐含着两个前提假设：一是囚徒 A 和 B 两人都是自利理性的个人；二是两人无法沟通，要在不知道对方所选结果的情况下，独自进行策略选择。

其实"囚徒困境"不允许囚犯 A 和 B 进行沟通的假设，与实际生活中大部分情况的现实是有差异的。比如，在企业的价格战中，企业之间也会多有沟通，甚至结成价格联盟；即使是 20 世纪下半世纪的美苏军备竞赛中，两个超级大国也会经常进行外交谈判，及时交换信息。

如果将条件放宽，允许囚犯 A 和 B 一起在审讯室里待上 10 分钟，给予他们充分的串供机会。但惩罚加重：若两人中只有一个认罪，则认罪的释放，不认罪的终身监禁。

很明显，双方交流的目的是建立攻守同盟，克服自利心理，甚至可能订立一个口头协议，要求双方都不认罪。然后，双方再单独被提审。

我们不妨分析一下囚犯 A 的心理活动。他一定会认为，如果囚犯 B 遵守约定的话，则自己认罪就可获得自由；如果囚犯 B 认罪，自己不认罪就会被判终身囚禁。所以囚犯 A 仍然会选择认罪。事实上，囚犯 A 的策略选择并没有因为简单的沟通或协议而摆脱两难境地。同理，对于囚犯 B 也是一样。

2. 个体理性与集体理性的冲突

“囚徒困境”问题最早是由美国普林斯顿大学数学家 A. W. 塔克(A. W. Tucker) 1950 年提出来的。他当时编了一个故事，向斯坦福大学的一群心理学家解释什么是博弈论。“囚徒困境”提供了一个复杂的情景，“囚徒”们必须在竞争与合作中做出选择。

然而，不难发现，无论是对两个囚徒个人还是对两个囚徒总体，最佳的结果都不是同时认罪各得到 3 年的惩罚，而是都不认罪各得到 1 年的惩罚，这就形成了所谓“囚徒困境”。“囚徒困境”反映了一个很深刻的问题：个体理性与集体理性的冲突。以自我利益为目标的“理性”行为，导致了两个囚徒得到相对较劣的收益。

对“囚徒困境”问题分析的结果表明，个人理性通过市场导致社会福利最优的结论并不总是成立的。换句话说，虽然“看不见的手”是有力的，但不是万能的。

“囚徒困境”揭示了个体理性的选择与群体理性选择之间的矛盾，从个体利益出发的行为往往不能实现团体的最大利益；同时也揭示了市场理性本身的内在矛盾，从个体理性出发的行为最终也不一定能真正实现个体的最大利益，甚至会得到相当差的结果。博弈论分析的这一结果给现代社会科学造成了深远的影响。

“囚徒困境”被看成是博弈论的代表性案例，不仅因为故事简单易懂，更在于这种现象在人类社会中广泛存在。如交通拥堵问题，军备竞赛问题，环境污染问题，等等。从更深刻的意义上讲，“囚徒困境”模型动摇了传统社会学、经济学理论的基础，对经济学产生了革命性的影响。

美国著名经济学家哈佛大学的经济学教授格里高利・曼昆(N. Gregory Mankiw)指出：“自 20 世纪 80 年代以来，博弈论几乎应用于经济学的所有领域，包括工业组织、国际贸易、劳动经济以及宏观经济学。在这些领域，博弈论都成功地更新了原有的研究方法。”进入 20 世纪 90 年代以来，博弈论已融入主流经济学并对经济学产生了革命性的影响。

在现实生活中，博弈可以说无处不在，只要涉及人群的互动就有博弈。博弈论就是以数学为分析工具，研究解决对抗冲突问题最优方法的一门学科，自然也就成为社会科学的重要分析工具。

本章小结

博弈论是一种以数学为基础、研究发生对抗与冲突时如何选择最优策略的一门学问。博弈论的精髓在于基于系统思维基础上的理性换位思考，即在考虑自己的得益选择自己的行动时，应当理性地用他人的得益去推测他人的行动，从而选择最有利于自己的行动。理性是行为方式，即人用什么方式思维和行动。理性选择是个人有意地使某个目标函数极大化的行为，即理性行动者趋向于采取最优策略，以最小代价取得最大收益。对“囚徒困境”问题的博弈分析，反映出个体理性与集体理性的冲突，这一结果对传统经济学产生了革命性的影响。目前，博弈论已经成为现代经济学研究的一种重要方法。

我们的身边存在大量的博弈问题，每个人都会与博弈不期而遇，如果想在博弈中能智慧地应对，最好学点博弈论的思想和方法。正如保罗·萨缪尔逊说的那样：“要想在现代社会做一个有文化的人，你必须对博弈论有一个大致了解。”

练习 1

1. 本章开始提出的七个问题中，哪些性质是这些问题所共有的？

2. 回答下列问题：

(1)什么是博弈论？

(2)“囚徒困境”问题对经济学产生了什么影响？

3. 简述博弈论的研究特点。

第 2 章　博弈论的基本概念与特征

博弈论的研究方法和其他许多利用数学工具研究社会经济现象的学科一样，都是从复杂的现象中抽象出基本的概念，对这些概念构成的数学模型进行分析，再逐步引入对其局势产生影响的其他因素，进而分析并得到其结果。基于不同抽象水平，形成了三种博弈表述方式(标准式、扩展式和特征函数式)，利用这三种表述方式，就可以研究各种各样的博弈问题。在这个意义上，博弈论又被称为“社会科学的数学”。本章将介绍博弈论的基本概念，包括博弈论研究的基本假设、博弈的基本要素、三种表述模型、博弈的分类，以及博弈论的基本假设和研究方法的主要特征。

2.1　博弈论的基本概念

1. 博弈论研究的基本假设

博弈论的基本假设是强调个人理性，即他必须并且能够充分考虑到人们之间行为的相互作用及其可能的影响，能够做出合乎理性的选择。所谓合乎理性是指博弈参与者为最大化自己的目标函数，通常选择使其收益最大化的策略。从社会生活的实际看，这个假设是符合人们的心理规律的，因为在各种情形中各行为主体都有自己的利益或目标函数，都面临着策略选择问题，同时在主观或客观上也要求他选择最佳策略。从这个意义上看，可以把博弈论描述为一种分析当事人在一定情形中策略选择的方法。

博弈论研究的是理性行为，它认为：参与博弈的每个人都会根据对手的策略，选择自己的最优反应，以最大化自身的利益。注意：这里谈到的理性，不会考虑道德、良心和情感等因素，所有的一切都以最大化自身的利益为标准。参与博弈的每个人的收益不仅取决于自己的决策，还取决于其他参与博弈的人的决策。这是研究互动决策行为的一套理论，也可以看做是一种战略性思考问题的方式。

要特别注意博弈论中理性的假设是指不仅博弈的每个参与人都是理性的，而且彼此也都知道对方是理性的。这一点对博弈策略分析尤为重要。

2. 博弈的基本要素

一般来说，每一局博弈都至少包含三个要素：

(1)局中人(Player)

局中人，即博弈的参与人，又称博弈方，指的是博弈中能独立决策、独立行动并承担决策结果的个人或组织。小到个人、家庭，大到企业、国家，只要有独立的决策和行动，便可视为博弈方，也就是决策的主体。有两个局中人参加的博弈称为“两人博弈”，而多于两个局中人的博弈则称为“多人博弈”。

(2)策略与策略集(Strategy and Strategy Set)

策略，即局中人的行动。一局博弈中，每个局中人都有多个可选择的行动，每个行动称为这个局中人的一个策略。每一个策略都对应相应的结果，供博弈方选择的策略数量越多，博弈就越困难、越复杂。一个局中人的所有策略的集合称为该局中人的策略集或行动空间，决策者在实际行动中总会选择切实可行的策略付诸实施。如果在一局博弈中，每个局中人的策略集都是有限集合，则称该局博弈为“有限博弈”，否则称为“无限博弈”。

(3)支付与支付函数(Payoff and Payoff Function)

支付，指每个局中人选择出策略后所获得的收益。此收益不仅依赖于他自己策略的选择，也依赖于其他局中人策略的选择，因此它是所有局中人策略选择的支付函数(也称收益函数)。支付函数值可能本身就是某种量值，如产量、利润、工资等，也可能是量化的某种效用，如幸福感、成就感、满意程度等。支付函数值可能是正值，也可能是负值。支付是局中人真正关心的东西，是进行判断和决策的依据。博弈双方或多方都是围绕一定利益展开的，因此博弈胜负的评判结果主要是靠策略选择后的得失来衡量。

例如，在“囚徒困境”问题中，局中人是A和B；A的策略集合为{认罪，不认罪}，B的策略集合为{认罪，不认罪}；A和B的支付函数用表格表示(见表2.1)。

表2.1 “囚徒困境”问题的支付

		A	
		认罪	不认罪
B	认罪	3，3	0，5
	不认罪	5，0	1，1

注意：我们说的是每一局博弈至少包含上述这三个基本要素，具体的博弈还含有其他的因素：如信息、结果和均衡等。信息是局中人在进行博弈时有关其他局中人的特征和行动的知识；结果是博弈分析者感兴趣的要素的集合；均衡是所有局中人的最优策略形成的局势或行动的集合，是博弈最可能出现的结果。在“囚徒困境”问题中，{认罪，认罪}就是该博弈的均衡。对一般的博弈问题，人们最关心的是如何找出其均衡。

3. 博弈的表述模型

博弈论研究问题的方法是从博弈的复杂现象中抽象出基本的元素构成特有的数学模型，利用博弈论基础理论、数学等分析工具对模型进行基本分析，而后逐步引入对其局势产生影响的其他因素，再综合进行分析、确定计算方法进而预测得到博弈的结果。

基于不同类型的不同抽象水平，形成三种博弈表述方式：标准式(列表形式)，扩展式(博弈树形式)和特征函数式。标准式适合表示二人、三人的博弈；扩展式则可以表示多人的博弈，特别是动态多人博弈；特征函数式将出现在合作博弈的一般表示中。进一步地，冯·诺伊曼发现：任何一个博弈如果可以表示成标准式，就可以表示成扩展式；反之亦然。

我们以前面的"囚徒困境"问题为例，其标准式表述见表 2.2。

表 2.2　"囚徒困境"博弈的标准式

		A	
		认罪	不认罪
B	认罪	3，3	0，5
	不认罪	5，0	1，1

注意：两个囚徒是同时选择行动的，其扩展式如图 2.1 所示。

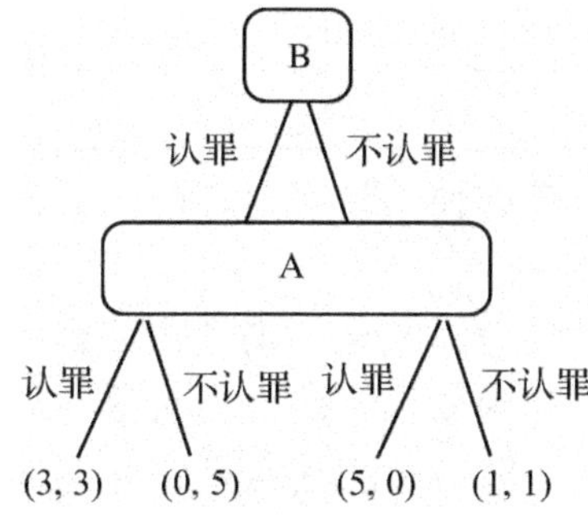

图 2.1　"囚徒困境"问题的扩展式表述

A 在不知道 B 选择结果的情况下选择自己的行动，他掌握的信息是不完全的，此时用标准式表述更为方便。

例 2.1　市场进入阻挠博弈

已经在市场上的垄断企业称为"在位者"，为丰厚的利润所吸引试图进入市场的新企业称为"进入者"，当出现这样的进入者时，在位者大多数都不会无动于衷，而是利用自己已经先行一步的优势，想方设法地阻止或恐吓新竞争者的进入。但实施这种阻挠策略会付出一定的代价，例如会使利润大幅度下降甚至亏损等。如果能够达到阻挠进入者的目的，就会使得自己长期独占市场或垄断市场。在位者遇到这种情况应该如何决策呢？下面就是这样的一个例子。1 代表进入者，2 代表在位者。注意到进入者和在位者在选择行动时是有先后顺序的。图 2.2 就是市场进入阻挠博弈的扩展式，博弈树中的节点 1 表示进入者的决策，节点 2 表示在位者的决策。

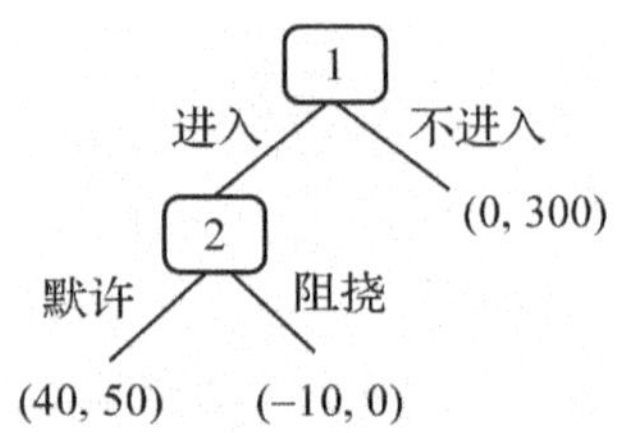

图 2.2　市场进入阻挠博弈的扩展式表述

如果要用标准式表述这个博弈就需要一些技巧，我们引入相机策略的概念。所谓相机策略是指仅在不确定事件发生时才采取的策略。这个博弈的标准式表述见表 2.3。

表 2.3　市场进入阻挠博弈的标准式

		在位者 2	
		如果进入者 1 进入，则接受；如果进入者 1 不进入，则不采取阻止措施	如果进入者 1 进入，则采取阻止措施；如果进入者 1 不进入，则不采取阻止措施
进入者 1	进入	（40，50）	（−10，0）
	不进入	（0，300）	（0，300）

从分析问题的角度考虑，像这种信息完全、博弈双方又不同时行动的博弈，采用扩展式表述更方便。

在博弈中，局中人往往是先考虑别人可能会怎么做，然后再采取行动。但是，如果你的做法是以对手的可能行动为依据，那么，对手在行动时，也同样会考虑你将来会怎么做，所以在某种程度上，你的做法其实是建立在你觉得对手认为你会怎么做的基础上，这就突出说明了研究博弈问题时要特别注意博弈双方在选择最优理性决策过程中的交互性。

例 2.2　田忌赛马的故事

田忌赛马的故事出自《史记》卷六十五：《孙子吴起列传第五》，是中国历史上有名的揭示如何善用自己的长处去对付对手的短处，从而在竞技中获胜的事例。《田忌赛马》是九年义务教育六年制小学教科书第十册第五单元的一篇讲读课文。

春秋战国时期(公元前 475 至公元前 221 年)齐国上将军田忌与齐威王赛马。比赛规则：每人从自己的上、中、下三个等级的马中，各选出一匹马参赛，每一场比赛各出一匹马，一共比三场，每匹马只能参加一场比赛，每场比赛后输者要付给赢者一千金。就同级的马而言，齐王的马都比田忌的马强，在这场赛马博弈中，局中人是如何决策的呢?

在比赛中参与人为齐王和田忌。我们约定：策略(上中下)表示先用上等马，再用中等马，最后用下等马，以此类推。以马出场的顺序而言，齐王的策略集为

（上中下），（上下中），（中上下），（中下上），（下上中），（下中上）

田忌的策略集与齐王的策略集相同，两位局中人的策略集各含有六个策略，他们选择不同的策略将会产生36种不同的局势。齐王和田忌的收益情况可以用表2.4表述。每个数据对中左边的数字表示齐王的收益，右边的数字表示田忌的收益。

表2.4　齐王与田忌赛马的收益

		田忌					
		上中下	上下中	中上下	中下上	下中上	下上中
齐王	上中下	3，−3	1，−1	1，−1	1，−1	1，−1	−1，1
	上下中	1，−1	3，−3	1，−1	1，−1	−1，1	1，−1
	中上下	1，−1	−1，1	3，−3	1，−1	1，−1	1，−1
	中下上	−1，1	1，−1	1，−1	3，−3	1，−1	1，−1
	下中上	1，−1	1，−1	−1，1	1，−1	3，−3	1，−1
	下上中	1，−1	1，−1	1，−1	−1，1	1，−1	3，−3

从表2.4可以看出比赛形势显然对田忌不利。

以前的比赛，齐王和田忌选择的策略都是(上中下)，所以每次比赛都是田忌连输3场。

这次由于田忌当时的门客孙膑(孙武的六世孙)的筹划，才使得这场赛马传为后世的佳话。孙膑向田忌建议，每场比赛前要齐王先报出他的出马次序，即齐王选择的策略。孙膑让田忌的下等马对齐王的上等马，用上等马对齐王的中等马，用中等马对齐王的下等马。按照这个应对策略，不管齐王选择哪个策略，都可以保证田忌净胜一局，赢得齐王的一千金(后田忌把孙膑推荐给齐威王，齐威王向孙膑请教兵法，并拜孙膑为齐国军师)。孙膑的赛马谋略再次验证了“知己知彼，百战不殆”的真理。

但读者考虑一下：在这场比赛中，齐王是理性的吗？如果比赛要求必须同时出马，且田忌和齐王都是理性的，比赛的结果又会是怎样的呢？

也许人类最有趣的行为就是竞争了，而研究对抗冲突之道的博弈论，将从理论上说明理性且自利的人怎样与对手对抗才能取得优势。

例2.3　给供应商设计的“囚徒困境”

假定你是一家公司的采购人员，正准备向两家供应商采购100万个配件。每个配件的生产成本是6元，市场价是10元/个。两家供应商只有一次机会，下次是否订货尚未可知。如果向两家分别订货50万个，则两家供应商各得利润200万元。这时你的总支出是1000万元。为节省开支，你可以策略地向两家供应商宣布，如果谁肯把价钱降到8元/个，谁就可以得到100万个配件的全部订货；如果两家都愿意以8元/个价格供货，则两家各半。按照8元/个价格订货100万个零配件，供应商的利润是200万元，订货 50 万个时供应商的利润是 100 万元。于是得到相应的标准式表述(见表 2.5)。

表 2.5 供应商博弈的标准式

		供应商乙	
		8 元/个	10 元/个
供应商甲	8 元/个	100，100	200，0
	10 元/个	0，200	200，200

不难看出，供应商乙的供货价或为 8 元/个，或为 10 元/个；供应商甲的理性思考为："有两种可能会发生：假定乙供货价为 8 元/个，此时自己若定价为 10 元/个，则收益为 0；若自己定价为 8 元/个，将得到 100 万元的收益。"所以甲的最佳选择应是供货价为 8 元/个。同样，供应商乙也会做出类似的分析。因此，该博弈的均衡状态是(8 元/个，8 元/个)。你订货的总成本是 800 万元。

实际上，你给两家供应商构造了一个"囚徒困境"，利用这个"囚徒困境"，很可能你就可以节省 200 万元。

4. 博弈的分类

博弈的形式各种各样，内容非常广泛。我们按照博弈所具有的不同特征，采用分类研究的方法，将博弈问题分为如下类型：

(1)合作博弈与非合作博弈

博弈论按照参与人之间是否具有约束力的协议(Binding Agreement)分为合作博弈和非合作博弈。合作博弈主要研究人们达成合作的条件及如何分配合作得到的收益，即收益分配问题；非合作博弈研究人们在利益相互影响的局势中如何决策使自己的收益最大，即策略选择问题。

合作博弈和非合作博弈的区别在于人们的行动为相互作用时，参与人能否达成一个具有约束力的协议。若有，就是合作博弈；否则就是非合作博弈。例如，两个寡头企业，如果他们之间达成一个协议，意向是联合起来最大化垄断利润，且各自按该协议生产，即是合作博弈，其面临的问题是如何分享合作带来的增益。但若两个企业间的协议不具有约束力，即没有哪一方能强制另一方遵守该协议，每个企业都只选择自己的最优产量(或价格等)，则是非合作博弈。另外，合作博弈强调的是团体理性、效率、公正和公平。非合作博弈强调的是个人理性、个人最优决策，其结果可能是"理想"的，也可能是"不理想"的。

现代的经济学家所谈的博弈论在不做特殊说明的前提下一般指非合作博弈，因为合作博弈论远比非合作博弈论复杂，在理论上的成熟度也远远落后于非合作博弈论，所以现在的博弈论在理论上多注重对后者的研究。

(2)完全信息博弈与不完全信息博弈

按照参与人是否清楚各种博弈策略的选择，对成败利益的得失是否有充分了解，分为完全信息博弈和不完全信息博弈。如果参与人清楚各种博弈策略的选择，对成败利益的得失有充分了解，则该博弈称为完全信息博弈；反之，则称为不完全信息博弈。

(3)静态博弈与动态博弈

静态博弈是指局中人同时采取行动，或者尽管有先后顺序，但后行动者不知道先行动者的策略的博弈；动态博弈是指双方的行动有先后顺序并且后行动者可以知道先行动者的策略的博弈。在四人进行的扑克牌游戏中，每个当事人所面临的是一场“完全无信息”的多人动态博弈；而在桥牌比赛中，每个当事人则面对的是一个“不完全无信息”博弈(有一定量信息，因为有一个人要摊牌)。在各种广为流传的棋谱中，要分析每一种可能的情况，即分析对局者在每种局势下的最佳走法，实际上进行的是二人轮流进行的“动态最优”博弈。

(4)常和博弈与非常和博弈

在每一个局势中，全体局中人的收益相加是一个常数的博弈，称为常和博弈；否则，称为非常和博弈。

(5)结盟博弈与不结盟博弈

按照局中人是否结盟情况，还可以将博弈分为结盟博弈与不结盟博弈。

2.2　博弈论分析方法的主要特征

博弈论已形成一套完整的思想体系和方法论体系。其分析方法具有下列特征：

1. 研究对象的普遍性和应用范围的广泛性

人们的行为之间存在相互作用与相互依赖，不同的行为主体及其不同的行为方式所形成的利益冲突与合作，已成为一种普遍现象，这使博弈论的研究对象具有普遍性。一切涉及人们之间利益冲突与一致的问题、一切关于竞争或对抗的问题都是博弈论的研究对象。

现实社会中广泛存在的合作与非合作博弈、完全信息与不完全信息下的博弈的事实，使博弈论的研究内容和应用范围十分广泛，涉及政治学、社会学、伦理学、经济学、生物学、军事学等诸多领域。

2. 研究方法的模型化、抽象化以及涉及学科的综合性

一是运用数学模型来描述所研究的问题，使博弈论的分析更为精确。

二是研究方法具有抽象化的特征。由于博弈论分析大量使用了现代数学，使它所描述和分析的过程及所揭示的结论都带有抽象、一般化的特点。

三是博弈论分析方法所体现的模式化特征。博弈论为人们提供了一个统一的分析框架或基本范式，从而使博弈论能够分析和处理其他数学工具难以处理的复杂行为，成为对行为主体间复杂过程进行建模的最适合的工具。

四是博弈论方法所涉及的学科的综合性。在博弈论分析中，不仅要应用现代数学

的大量知识，还涉及经济学、管理学、心理学和行为科学等学科。

3. 研究方法的实证性与研究结论的真实性

博弈论中的最佳策略是经济学意义上的最优化，它只回答是什么导致博弈均衡，均衡的结果是什么，所遵循的基本原则是科学结论的客观性和普遍性。从实践上看，博弈论突破了传统的完全竞争、完全信息假定，更加强调决策者的个人理性，强调不完全信息、不完全竞争条件下的经济分析，强调决策个体之间的相互影响和相互作用等外部性，强调通过规则、机制和制度的设计和优化在个人理性得到满足的基础上达到个人理性和集体理性的一致，等等。作为一门方法论科学，除了提供分析和解决博弈问题的独特和新颖的具有战略思维的思想方法以外，还提供了更加贴近现实的分析工具并填补了传统经济分析的许多空白。从这个意义上说，博弈论方法具有实证的特征，使研究结果更具有真实性。

本章小结

本章介绍了博弈论研究的基本假设与要素、三种表述模型、博弈的分类以及博弈论的基本假设和研究方法的主要特征。

博弈论的基本假设是强调个人理性，博弈论研究的是理性行为。

博弈的三种表述模型包括：标准式(列表形式)，扩展式(博弈树形式)和特征函数式。标准式适合表示二人、三人的博弈；扩展式则可以表示多人的博弈，特别是动态多人博弈；特征函数式将出现在合作博弈的一般表示中。利用这三种表述形式，可以研究形形色色的博弈问题。一般地，不完全信息的静态博弈用标准式表述，动态博弈用扩展式表述，这样的表述更便于问题的分析。关于博弈的分类，需要注意：合作博弈和非合作博弈的区别在于人们的行为相互作用时，参与人能否达成一个具有约束力的协议。若有，就是合作博弈；否则就是非合作博弈。静态博弈与动态博弈的区别取决于双方的行动是否有先后顺序，并且后行动者是否可以知道先行动者的策略。在众多博弈模型中，占有重要地位的是二人有限零和博弈。

博弈论研究对象的普遍性使得一切涉及人们之间利益冲突与一致的问题、一切关于竞争与对抗的问题都可以用博弈论方法去研究。

练习 2

1. 手势博弈。甲、乙两个小朋友正在玩石头、剪刀、布游戏，两人同时选择石头、剪刀或布。输赢的规则是：布包石头，布赢得 1 分；石头砸碎剪刀，石头赢得 1 分；剪刀剪碎布，剪刀赢得 1 分；如果两人选择同样的手势，两人的收益为 0。试用标准式表示该博弈。

2. 取硬币游戏。游戏背景：第一行有一枚硬币，第二行有两枚硬币。

游戏规则：两位选手参与游戏，轮流取硬币，每一轮次每个选手至少拿走一枚硬币，不允许在两行中挑选，取走最后一枚硬币的选手为获胜者。

假定取硬币游戏的参与者是甲和乙，甲开始第一轮次。

回答以下问题：

对任何一位选手来说，最好的结果是什么？存在理性最优策略吗？我们能够预测哪位选手获胜吗？

3. 取硬币游戏(续)。如果将取硬币游戏的背景改为：第一行有一枚硬币，第二行有两枚硬币，第三行有一或二或三枚硬币；参与者和游戏规则不变。回答以下问题：

(1)第三行的硬币数量对游戏结果有影响吗？

(2)在第三行硬币数量的每种可能情况下，谁将获胜？

4. 价格博弈。由于降价可以吸引新顾客，所以企业会利用降价来提高收益。不过，竞争对手也会采用同样的手段吸引新顾客。在表 2.6 所示的价格博弈中，两家公司都有两个策略可以选择：低价或高价。试对此博弈进行分析。

表 2.6　价格博弈的标准式

		乙公司	
		低价	高价
甲公司	低价	2000，2000	13000，0
	高价	0 ，13000	10000 ，10000

5. 三枪博弈。假设有甲、乙、丙三个决斗的枪手，每人一支枪，枪里只有一发子弹，每人的命中率为 100%，而每人的目标是尽量使最少人活着且自己也活着。

(1)如果他们同时开枪，每个人的最优决斗策略是什么？

(2)如果给丙先开枪的机会，丙可以瞄准其他二人中任何一人，也可以对空开枪，丙的最优策略是什么？

第3章　博弈论的发展与诺贝尔经济学奖

博弈论最初主要研究象棋、桥牌、赌博中的胜负问题，人们对博弈局势的把握只停留在经验上，没有进一步深入地向理论化发展，正式发展成一门学科是在20世纪初。博弈论现在已经成为社会科学的重要分析工具，在其他很多领域得到了广泛的应用。本章将介绍博弈论的发展历程，博弈论对经济学的重要影响以及获得诺贝尔经济学奖的博弈论学者们做出的贡献。相信通过对这部分内容的了解，会激发读者学习博弈之术、感悟博弈之道的浓厚兴趣。

3.1　博弈论发展简史

1. 博弈论的早期思想渊源

(1)中国先秦的博弈思想

在我国，博弈论的思想源远流长，古代人很早就认识了博弈问题，虽然没有形成一套完整的理论体系和方法，但博弈论的思想和实践活动，可以追溯到2000多年前。最早的博弈论思想产生于中国，早在2500多年前的春秋时期，《孙子兵法》中论述的军事思想和治国战略，就反映出其系统的博弈论思想。

100多年后孙武的后代孙膑，传承孙子兵法，帮助齐国大将田忌在赛马中赢了齐王，可以说是最早的博弈论应用典型案例之一。田忌所进行的是"在给定齐王策略不变情况下如何取胜"这一策略选择，实际上就是现代博弈论中的动态博弈问题。孙膑留给后世的《孙膑兵法》是一部重要的军事著作。

由后人在研读《孙子兵法》过程中总结出来的《三十六计》，集"韬略"、"诡道"之大成，可以称作是一部活生生的军事博弈论教科书。

《孙子兵法》、《孙膑兵法》和《三十六计》这几部兵书所揭示的各种情形下的谋略与策略，不仅对中国军事、政治的研究和发展产生了重要的作用和深远的影响，而且已广泛传播到世界各国，对世界军事科学的发展产生了深远的影响。其中《孙子兵法》早在公元735年就已经传到日本，除此之外，《孙子兵法》还有法文、英文、朝鲜文、越南文、泰国文、缅甸文、马来西亚文、希伯来文、阿拉伯文、法文、德文、意大利文、捷克文、荷兰文、希腊文等二十多种不同语种的译本。美国前国务卿亨利·基辛格在他的著作《论中国》中这样写道："《孙子兵法》问世已有两千余年，然而这部含有对战略、外交和战争深刻认识的兵法在今天依然是一部军事思想经典，读起来令人颇感孙子思想之深邃……孙子为此跻身世界最杰出的战略思想家行列。”

如果你熟悉中国的历史就会发现，博弈论思想的应用贯穿于整个中华民族发展的过程中，尤其在春秋战国时期。这一时期，诸侯林立，不但是诸子百家思想绽放的时期，也是博弈思想应用最频繁、最有成效的时期。

(2)古犹太人的博弈思想

在国外，博弈论的思想与实践活动也有很长的历史。古巴比伦王国的犹太法典，记载了公元 1 世纪至 5 世纪的古代法律及传统。犹太法典中讨论了一个所谓的“婚姻合同问题”，被人们认为是最早地使用了现代合作博弈理论。

婚姻合同问题　在公元 2 世纪至 6 世纪之间编纂的犹太教口传律法集《塔木德》，是一部犹太人作为生活规范的权威经典，而且是一部丰富多彩的文学作品。在希伯来语中，“塔木德”(Talmud)的意思是“伟大的研究”。在《塔木德》时代的犹太拉比（犹太教负责执行教规、律法并主持宗教仪式的人）们就已经具备了出色的博弈论知识，而且这种知识被罗伯特·奥曼 1985 年发表的一篇论文所证实。

在《塔木德·妇女部·婚书卷》第十章第四节记载了一起财产纠纷及解决方案：一个男子在和他的 3 个妻子的婚书中分别许诺：若婚姻终止，大妻可获得 100 块金币，二妻可获得 200 块金币，三妻可获得 300 块金币。可是等他死后人们清算遗产的时候，发现他的财产不够 600 块，只有 100 块或 200 块或 300 块这三种可能。那么，这时候他的 3 位妻子应该各分多少金币?（为数量表述清晰，以下我们称大妻为 100 块金币者，二妻为 200 块金币者，三妻为 300 块金币者）

犹太拉比们进行的裁决如下：当遗产只有 100 块金币时，则由她们平分；当遗产只有 200 块金币时，则 100 块金币者取 50 块金币，200 块金币者与 300 块金币者各取 75 块金币；当遗产只有 300 块金币时，则 100 块金币者取 50 块，200 块金币者取 100 块，300 块金币者取 150 块。拉比们裁定的财产分配解决方案(简称“塔木德解决方案”)如表 3.1 所示。

表 3.1　塔木德解决方案

遗产总额 / 债权人及债权	100	200	300
大妻 100	100/3	50	50
二妻 200	100/3	75	100
三妻 300	100/3	75	150

按照通常逻辑，这个分配方案显然存在严重问题。因为这三个人应得遗产的比例为 1∶2∶3，而在拉比们的裁决中，只有在遗产数为 300 块金币的情况下这一比例才成

立。这种分配方案合理吗？符合逻辑吗？长期以来，很多经学家企图找到这个问题的答案，却无人能给出合理的解释。直到1985年，罗伯特·奥曼和另一位科学家发表了一篇题为《博弈——犹太法典中破产问题的理论分析》的论文，这个千古之谜才算解开。这篇论文首次从现代博弈论角度证明了古代犹太拉比们的裁决完全符合现代博弈论的原理。从此这个犹太法典中的“三妻争产”故事就成了人类认识博弈论的最早实例之一。

在现代博弈论所能提供的各种破产争执解决方案中，“塔木德解决方案”最接近合作博弈理论的“核仁”(Nucleolus) 概念，因此也有人说“塔木德解决方案”是现代博弈论“核仁”概念的鼻祖。

(3)来自古典经济学的模型

1712年詹姆斯·瓦尔德格拉特(James Waldegradre)首次提出“最小最大”策略的概念；法国经济学家A·古诺(Augustin Cournot)在1838年提出的关于产量决策的“古诺模型”和伯特兰德(Bertrand)在1883年提出的关于价格决策的“伯特兰德模型”成为博弈论中的经典模型。

1921～1927年间，E. 波莱尔(Emile Borel)第一次给出了一个混合策略的现代形式，并找到了有三个或多个可能策略的二人博弈的最小最大解。1928年，美国普林斯顿大学的著名数学家J. 冯·诺伊曼证明了最小最大定理，该定理被认为是博弈论的精华，博弈论中的许多概念都与该定理相联系。

这一阶段博弈论的早期思想和基本概念已经形成。

2. 博弈论的创立

尽管博弈论的思想与实践在中外都有着悠长的历史，但现代博弈论的建立及其理论体系的形成，却是在20世纪40年代中期到50年代初期。

1944年以前，博弈论并没有形成完整的思想体系和方法论体系，人们主要集中于二人零和博弈的研究。这一阶段提出了一些重要的基本概念和定理，后来成为现代博弈论发展的基础。

1944年，冯·诺伊曼和经济学家奥斯卡·摩根斯特恩合著出版了《博弈论与经济行为》(THEORY OF GAMES AND ECONMIC BEHAVIOR)一书，成为博弈论的经典之作，也奠定了博弈论的基础(该书由王文玉、王宇翻译成中文于2004年出版，见图3.1)。该书不仅建立了博弈论的严格的公理化体系，且对大量的经济活动进行了深入的分析，从而奠定了这一学科的基础和理论体系。这本著作被后人看做是20世纪前半叶最重要的科学成就之一，这门由他们奠定基础的学科有着极为广阔的前景。

经过半个多世纪的研究和拓展，博弈论已经成为整个社会科学特别是经济学的核心，成为经济学的标准分析工具之一。由于博弈论还抽象地分析在冲突局势下决策者如何选择最优策略问题，因此博弈论的应用远远超出了经济学的范畴。博弈论概念和模型具有在多个领域使用的一种发展趋势：政治科学家使用博弈论检验政治制度；哲

图 3.1　《博弈论与经济行为》的作者以及中译本

学家发现博弈论是重新检验规范和社会制度的工具；生物学家发现博弈论为分析自然界生物间的利益冲突提供了框架。博弈论正在成为经济学、政治学、哲学、军事科学、生物学、法学、社会学等领域极其有用的分析工具，博弈论的发展与应用具有非常广阔的空间和强大的生命力。

3. 博弈论的蓬勃发展

20 世纪 50 年代是博弈论蓬勃发展的时期，在这段时期，涌现了许多著名的博弈理论家，他们提出了一系列重要概念和理论，形成了现代博弈论的理论体系。1950～1953 年间，美国普林斯顿大学数学系的约翰·纳什(John Nash，1994 年诺贝尔经济学奖获得者)发表了四篇具有划时代意义的论文，明确提出了“纳什均衡”这一基本概念。纳什证明了非合作博弈均衡——纳什均衡的存在性，并提出了“纳什方案”，该方案建议对合作博弈的研究可通过简化为非合作博弈形式来进行；纳什还创立了公理化讨价还价理论，证明了纳什讨价还价解的存在性，并首次提出了纳什方案的实施。纳什为非合作的一般理论和合作的讨价还价理论奠定了基础。

1950 年，A. W. 塔克(A. W. Tucker)在斯坦福大学的一次演讲中形象生动地揭示了“囚徒困境”。1953 年，库恩(H. W. Kuhn)提出了扩展型博弈及其形成；同年，L. S. 夏普利(Lloyd S. Shapley，2012 年诺贝尔经济学奖获得者)定义了联盟博弈解的概念，即著名的“夏普利值”。

1959 年，罗伯特·奥曼(Robert Aumann，2005 年诺贝尔经济学奖获得者)引进了强均衡的概念。以纳什非合作博弈理论为核心的现代博弈论体系，在 20 世纪 50 年代已经形成。M. 舒比克(Martin Shubik)(1959)出版了《策略与市场结构：竞争、垄断与博弈论》一书，标志着博弈论在经济学中应用的开始。

进入 20 世纪 60 年代，博弈论的研究取得重大突破和发展。1965 年，R. 泽尔腾(Reinhard Selten，1994 年诺贝尔经济学奖获得者)将纳什均衡的概念引入动态分析，提出了“子博弈完美纳什均衡”的概念。奥曼和 B. 皮莱格(B. Peleg)(1960)、M. 马希勒(M. Maschler)(1965)、夏普利(1969)等人系统研究了非转移效用的联盟博弈问题。

1966年，海萨尼(John Harsanyi，1994年诺贝尔经济学奖获得者)对合作博弈与非合作博弈的不同，给出了现在使用最普遍的定义。海萨尼(1967—1968)在《管理科学》杂志上分三部分发表了其著名论文“由贝叶斯对弈者进行的不完全信息博弈”，从而建立了不完全信息博弈论体系，为信息经济学的发展打下了理论基础。然而，尽管博弈论在这段时期得到了长足的发展，但仍然主要是纯理论意义上的，在经济学中的应用还很少。

在1970～1989年间，博弈论取得了空前的发展。一方面，博弈理论本身在几乎所有领域内都取得了重大突破。如重复博弈、随机博弈、策略均衡、谈判理论、信誉模型、多人博弈等，从而完善了博弈理论体系，也为博弈论的广泛应用奠定了理论基础。另一方面，博弈论已广泛应用到生物学、计算机科学、哲学、经济学等学科中，在实践中得到广泛传播，并为人们尤其是经济学家所普遍接受。

1972年，奥斯卡·摩根斯特恩创立了《国际博弈论杂志》，为博弈论的推广和应用做出了不可磨灭的贡献。同年，在美国康奈尔大学召开了博弈论国际讲座会第四届年会，各主要的经济学杂志刊登有关博弈论的论文篇幅越来越多，博弈论已渗透到经济学研究的各个领域。1974年，奥曼提出了相互关联均衡的概念。1975年，R. 泽尔腾引入了“颤抖手完美均衡”(Trembling Hand Perfect Equilibrium)的概念，此概念是对子博弈完美纳什均衡的改进。他们的工作使博弈论在策略均衡概念的研究方面进一步深化和改进。

这一时期在不完全信息博弈和重复博弈方面的研究，丰富了博弈论的研究内容及理论体系，并使博弈论研究更接近实际。1981年，奥曼发表了“重复博弈的一个考察”的论文，研究了有约束的博弈者的相互作用行为。1982年，D. M. 克里普斯(David M. Kreps)和R. 威尔逊(Robert Wilson)把子博弈完美均衡的思想推广到扩展形式子博弈中，称为“序列均衡”(Sequential Equilibria)。A. 尼曼(A. Neyman)(1985)和A. 鲁宾斯坦(A. Rubinstern)(1986)则系统阐述了重复博弈中的有限理性的思想，研究了重复的囚徒困境问题。这期间，经济学家们已把博弈论当作最为合适的分析工具，一大批关于博弈论及其在经济中应用的著作问世，使博弈论在经济学应用研究方面得到极大的发展。20世纪80年代末博弈论已形成了完整的科学体系，同时博弈论在经济学领域得到了非常广泛的应用。自20世纪90年代以来，博弈论已和现代经济学融为一体，成为主流经济学的一部分，并对经济学产生了革命性影响。

3.2 博弈论与诺贝尔经济学奖

诺贝尔经济学奖(The Nobel Economics Prize)并非诺贝尔遗嘱中提到的五大奖励领域之一，是由瑞典银行在1968年为纪念诺贝尔而增设的，全称应为“纪念阿尔弗雷德·诺贝尔瑞典银行经济学奖(The Bank of Sweden Prize in Economic Sciences in

Memory of Alfred Nobel)”，通常称为诺贝尔经济学奖，也称瑞典银行经济学奖。

从1994年普林斯顿大学博弈论专家约翰·纳什被授予诺贝尔经济学奖开始，到2012年，共有六届诺贝尔经济学奖与博弈论的研究有关，这说明博弈论在经济学界备受青睐，同时也引起了人们对博弈论的极大关注。近些年来，为什么博弈论的研究如此火热？主要原因还在于经济实践发展和与之相适应的经济理论发展的需要。近些年来的经济形势发生了深刻的变化，生产规模扩大，垄断势力增强，人们要谈判、合作、讨价还价，但所有这一切都建立在个人理性的基础之上，建立在竞争的基础之上。随着这种竞争的日益加剧，各种策略和利益的对抗、依存和制约，使博弈论主要是非合作博弈达到了全盛时期，由它的思想、概念、内容和方法出发，不但几乎全面地改写着经济学，而且在其他众多的领域也必将得到更加广泛的应用。

1. 1994年诺贝尔经济学奖

1994年，诺贝尔经济学奖授予了美国学者约翰·福布斯·纳什、约翰·海萨尼和德国学者莱茵哈德·泽尔腾。三位博弈论专家在非合作博弈的均衡分析理论方面做出了先驱性贡献，对博弈论和经济学产生了重大影响。

约翰·福布斯·纳什在经济博弈论领域做出了划时代的贡献，是继冯·诺依曼之后最伟大的博弈论大师之一。纳什的主要学术贡献体现在1950年和1951年的两篇论文之中(包括一篇博士论文)。他把自己的研究成果写成题为《非合作博弈》的长篇博士论文，1950年11月刊登在美国全国科学院每月公报上，立即引起轰动，其中一个最耀眼的亮点就是日后被称为“纳什均衡”的非合作博弈均衡的概念。纳什均衡概念在非合作博弈理论中起着核心的作用。后续的研究者对博弈论的贡献，都是建立在这一概念之上的。由于纳什均衡的提出和不断完善，为博弈论广泛应用于经济学、管理学、社会学、政治学、军事科学等领域奠定了坚实的理论基础。

约翰·海萨尼对博弈论最大的贡献在于他在不完全信息问题上的突破。在1967年和1968年，海萨尼发表了一篇分成三个部分的论文《贝叶斯参与人完成的不完全信息博弈》。该论文对当时博弈理论还无法有效讨论的不完全信息博弈进行了研究，提出了一种如何将一个具有不完全信息的博弈转换成一个具有完全(但不完美)信息博弈的方法。通过这种转换方法，不完全信息博弈被转换成一个等价的完全信息博弈，从而可以对原来的不完全信息博弈进行研究。目前这一转换方法已称为“海萨尼转换”，是处理不完全信息博弈的标准方法。由于海萨尼的这一篇论文，博弈理论在分析不完全信息博弈时的困难得到了解决，将不完全信息博弈纳入博弈理论的分析框架之中，极大地拓展了博弈理论的分析范围和应用范围，从而完成了博弈理论发展中的一个里程碑式的成就。正是因为这一贡献，使海萨尼获得了诺贝尔经济学奖。

泽尔腾定义了子博弈完美均衡(也称为子博弈精炼均衡)的概念，并在1965年发表了他最著名的博弈论论文《一个具有需求惯性的寡头博弈模型》。他当时没有想到这篇文章后来会被广泛引用，并成为子博弈完美均衡的正式定义，同时为后来获得诺贝尔经济学奖奠定了基础。1964 年，泽尔腾发表了一篇重要的博弈论论文《n 人博弈的评价》。1975 年，泽尔腾又发表了著名的论文《扩展式博弈精炼均衡概念的重新考察》。在论文中，泽尔腾提出了著名的“颤抖手均衡”的概念。他在把博弈论应用于实验研究和生物学等方面也有突出贡献。

2.1996 年诺贝尔经济学奖

1996 年，诺贝尔经济学奖授予了英国学者詹姆斯·莫里斯和美国学者威廉·维克瑞。其中莫里斯在信息经济学理论领域做出了重大贡献，尤其是不对称信息条件下的经济激励理论的论述，该理论已成为现代经济学的重要基石。除信息经济学外，他在其他方面也有很多重要建树。最著名的是他对公共财政理论的贡献，他在福利经济学、增长理论、项目评估方面都有贡献。

维克瑞获得诺贝尔奖，主要因为他的两项研究奠定了信息经济学的基础。一是他在 20 世纪 40 年代中期对所得税的研究，另一则是他在 20 世纪 60 年代初期对投标与喊价的研究，其中对于投标与喊价的研究可以说是维克瑞最重要的学术贡献。维克瑞对于投标的研究，其意义不只局限于投标方面，因为投标方法解决的是如何在信息不完整或其分配不对称下最有效率地配置资源的问题，这开创了信息经济学研究的先河。在信息不完整或其分配不对称的情况下，掌握较多信息者可以策略性地运用其信息以博取利益，而信息经济学所要探讨的，就是要如何设计契约或机制来处理各种刺激与管制的问题。维克里对投标与喊价的研究，带来了许多相关的研究，让我们更了解诸如保险市场、信用市场、厂商的内部组织、工资结构、租税制度、社会保险、政治机构等问题。维克瑞不但在信息经济学领域做出了杰出的贡献，同时对激励理论、博弈论等方面都做出了重大贡献。

3. 2001 年诺贝尔经济学奖

2001 年，诺贝尔经济学奖授予了三位美国学者乔治·阿克尔洛夫、迈克尔·斯宾塞和约瑟夫·斯蒂格利茨，以表彰他们应用博弈论在不对称信息市场分析方面所做出的开创性研究。这三名获奖者在 20 世纪 70 年代奠定了对充满不对称信息市场进行分析的理论基础。其中阿克尔洛夫所做出的贡献在于阐述了这样一个市场现实，即卖方能向买方推销低质量商品等现象的存在，是因为市场双方各自所掌握的信息不对称所造成的。阿克尔洛夫的“劣势选择”概念已经被写进大学本科的教科书中，他的理论还揭示出，在不规则的市场，如果买者无法观察到商品的内在质量，那么卖者就会以次充好。由于信息的不对称，将最终导致高质量的产品从市场中退出，而只有低质品仍留在市场中，结果造成市场萎缩。阿克尔洛夫还揭示了借贷人和放款人之间的信息非对称如何导致第三世界国家如此高的借贷率等问题，其影响相当深远。

迈克尔·斯宾塞最重要的研究成果是市场中具有信息优势的个体为了避免与逆向

选择相关的一些问题发生，如何能够将其信息“信号”可信地传递给在信息上具有劣势的个体。信号要求经济主体采取观察得到且具有代价的措施以使其他经济主体相信他们的能力，或更为一般地，相信他们产品的价值或质量。斯宾塞的贡献在于形成了这一思想并将之形式化，同时还说明和分析了它所产生的影响。

斯蒂格利茨最大贡献是不对称信息经济学理论。斯蒂格利茨曾多次强调假如不考虑信息的不对称性的话，那么经济学模型很可能是误导性的。他的这一警示具有巨大的理论意义，因为就不对称信息来说，不同的市场会有不同的特征。这一结论同样适用于公共管理的研究领域。

斯蒂格利茨的一系列论著不仅是进一步探索信息经济学理论的主要文献，而且也是有关领域深入研究的重要基础。在信息经济学文献中堪称是被人们引用文献最多的经济学家，他所倡导的一些前沿理论，如逆向选择和道德风险，已成为经济学家和政策制定者的标准工具。他所著的《经济学》在 1993 年首次出版后，一版再版，被全球公认为最经典的经济学教材之一，成为继萨缪尔森的《经济学》、曼昆的《经济学原理》之后西方又一本具有里程碑意义的经济学入门教科书。

4. 2005 年诺贝尔经济学奖

2005 年，诺贝尔经济学奖授予了以色列学者罗伯特·奥曼和美国学者托马斯·谢林，以表彰他们通过博弈论分析促进了人们对冲突与合作的理解所做出的贡献。

谢林的博弈理论建立在对新古典经济理论分析方法突破的基础之上，与主流的博弈理论在研究方法和侧重点上都有很大的不同，从而完善、丰富和发展了现代博弈论。谢林在其经典著作《冲突的战略》一书中，首次定义并阐明了威慑、强制性威胁与承诺、战略移动等概念，开始把关于博弈论的洞察力作为一个统一的分析框架来研究社会科学问题，并对讨价还价和冲突管理理论作了非常细致的分析。讨价还价理论是谢林早期的主要贡献所在。尽管当时谢林并没有刻意强调正式建立模型问题，但是他的很多观点后来随着博弈论的新发展而定形，而他所定义的概念也成为博弈理论中最基本的概念。比如，完美均衡概念中的不可置信威胁就源自谢林的可行均衡概念。他卓有成效的工作促进了博弈论的新发展并且加速了这一理论在社会科学领域的运用，特别是他对战略承诺的研究为许多现象(比如公司的竞争性战略、政治决策权的授权等)给出了解释。1988 年美国经济学联合会将其评为“杰出资深会员”时，其评语为“谢林关于社会关系的理论以及他对该理论多方面的应用源于他富有成效地将理论与实践相结合。他能切实涉及有着相同或不同利益的参与人的社会和经济状况的本质，并能具体而生动地把这种本质描述出来”。2005 年诺贝尔评奖委员对他的评价是：“谢林，这位自称‘周游不定的经济学家’，被证明是一位非常杰出、具有开创性的探险者。”

奥曼杰出的贡献是在决策制定理性观点方面，在过去的几十年中，奥曼对博弈论和经济理论的发展做出了重要贡献。他的研究具有与众不同的广度和深度，从博弈论基本概念的确立到理论研究工具与方法的发展、理论体系的形成及其在不同领域中的应用，都具有开创性的进展。在奥曼的诸多贡献中，长期合作的研究对社会科学的影响最为深远。在许多真实的情形中，长期合作关系要比单次合作更易维持。他表明合作常常是重复博弈的一个均衡解，即使在两个有激烈短期利益冲突的参与者之间，也是如此。重复博弈可以增进我们理解合作的先决条件，即为什么在下列情况下合作较困难：存在许多参与者；他们很少交互作用；交互作用可能中断；时间范围很短或不能清楚观察到其他行动。关于这些问题的观点有助于解释诸如价格战、贸易战的经济冲突，以及为什么一些团体在管理共有资源方面比其他的更为成功。其实，奥曼最早对无限次重复博弈进行了成熟的正式分析。重复博弈理论目前是社会科学中长期合作分析的一般框架。另外，奥曼和其他研究者在不同方向上扩展和推广了他的结论，例如关于偏离合作的“惩罚威胁”的可信性。他还与马希勒一起建立了不对称信息的重复博弈理论。奥曼的其他重要贡献有：对共同知识的概念进行了形式化；定义了强均衡的概念；引入了相关均衡；提出了完全竞争的连续统模型，等等。

5. 2007 年诺贝尔经济学奖

2007 年，诺贝尔经济学奖授予了三位美国学者利奥·赫尔维茨、埃里克·马斯金、罗杰·迈尔森，以表彰他们在应用博弈论创立和发展“机制设计理论”方面的突出贡献。早在 20 世纪 60 年代利奥·赫尔维茨发表的一篇题为《资源配置中的最优化与信息效率》的论文，拉开“机制设计理论”的序幕。他也因此被誉为“机制设计理论之父”。1973 年，赫尔维茨在最著名的《美国经济评论》杂志上发表论文《资源分配的机制设计理论》，解决了机制设计理论框架中的两个核心问题——激励相容原理和显示性原理，奠定了机制设计理论这门学问的框架。从研究者的角度看，一个机制的最值得关注的特征有两个：信息和激励。机制的运行总是伴随着信息的传递，那么信号空间的维度成为影响机制运行成本的一个重要因素，所谓信息问题就是要求机制的信号空间的维度越小越好，当然必要时还需考虑信息的复杂性。而激励问题就是我们通常说的激励相容，在不同的博弈解前提下，激励相容有不同的表现形式。近几十年来，机制设计理论一直是现代经济学研究的核心主题之一，有众多经济学家在这个领域做出了重要贡献。

马斯金最突出的贡献是将博弈论引入机制设计。机制设计此前只是从中央计划者的角度考虑问题。那么，在这个机制里面，谁是中央计划者呢？最后怎么执行？马斯金在这方面有重大的推动，他认为并不需要一个中央计划者，而是设计好一个机制，这些人都是为了自己的利益做事情，在这个机制的引导下行动。1977 年，马斯金完成论文《纳什均衡和福利最优化》，成为机制设计理论的一个里程碑。在该论文中，马斯金提出并证明了纳什均衡实施的充分和必要条件，他在证明充分条件时所构造的博弈被称为“马斯金博弈”。

迈尔森最突出的贡献是应用“机制设计”理论，为美国解决了如加州电力危机等在内的很多经济难题，在世界经济学界赫赫有名。20 世纪 80 年代，美国加州的电力改革要打破电力垄断的弊端，可是电力行业实行完全竞争又不可能，最好的办法是寡头垄断。迈尔森用“机制设计”理论，运用博弈论很好地为加州电力改革设计了方案，这个方案运行至今，效果良好。此外，迈尔森还解决了美国医学院的招生难题。美国医生是高收入群体，但是医学院大都是私立的。不控制医学院学生人数，就不能保证医生的质量和高收入。美国政府把迈尔森的“机制设计”原理引入相关法律，从而合理地限制了医学院招生的数量。

6. 2012 年诺贝尔经济学奖

2012 年度诺贝尔经济学奖授予两位美国学者埃尔文·罗斯及罗伊德·夏普利。他们得奖的理由是“在稳定配置理论及市场设计实践上所做出的贡献”。2012 年的诺贝尔经济学奖关注了一个经济学的中心问题：如何尽可能恰当地匹配不同的市场主体。比如，学生必须与学校相匹配，人体器官的捐献者必须同需要器官移植的患者相匹配。这样的匹配怎样才能尽可能有效地完成？什么样的方法对什么样的团体有益？今年的诺贝尔经济学奖授予的这两位学者，分别从稳定匹配的抽象理论和市场制度的实际设计这两个角度，对这些问题做出了回答。

罗伊德·S. 夏普利使用合作博弈的方法来研究和比对不同的匹配方法。关键问题在于保证一个配对是稳定的。埃尔文·罗斯意识到了夏普利的理论计算结果可以让实践中重要市场的运作方式变得更清晰。在一系列的经验性研究中，罗斯和他的同事认为理解某个特定市场制度为何成功，研究其稳定性是关键。罗斯成功地通过系统性的实验支持了这个结论。他还帮助重新设计了现存的制度，帮助医生和医院、学生和学校、器官捐赠者和病人之间进行配对。这些改良全部是基于夏普利和他的同事提出的 GS 算法，并做了各种修正，考虑到了特殊环境要求和伦理道德限制，比如排除转移支付的场景等。

尽管两位研究者的研究是各自独立完成的，但夏普利的基础理论与罗斯的经验性调查一经结合，各类实验和实际设计已经产生出了一个繁荣的研究领域，改善了许多种市场的表现。

本章小结

本章介绍了博弈论的发展历程，博弈论对经济学的重要影响以及获得诺贝尔经济学奖的博弈论学者们做出的贡献。

博弈论的发展经历了几个重要阶段：第一阶段是博弈论的早期思想和基本概念已经形成时期。中国古代的《孙子兵法》、《孙膑兵法》和《三十六计》等兵学著作揭示的各种情形下的谋略与策略，不仅对中国军事、政治的研究和发展产生了重要的作用和深远的影响，而且对国际军事科学、管理科学都产生了深远的影响。古代犹太人的口传律法集《塔木德》中也蕴含着丰富的合作博弈思想。要了解博弈论的早期思想，建议读者阅读《孙子兵法》、《孙膑兵法》和《三十六计》等兵学著作以及《中国历代军事战略》、《塔木德经》等著作。这样不但可以丰富我们的文化底蕴，而且有助于我们更好地掌握博弈论的思想方法。第二阶段是现代博弈论的建立及其理论体系的形成时期。其中冯·诺伊曼和经济学家奥斯卡·摩根斯特恩合著出版的《博弈论与经济行为》一书，奠定了博弈论的基础，被后人看做是20世纪前半叶最重要的科学成就之一。第三阶段是现代博弈论蓬勃发展时期。在这段时期，涌现了许多著名的博弈论专家，如约翰·纳什、A. W. 塔克、H. W. 库恩、L. S. 夏普利、L. 奥曼、R. 泽尔腾、J. 海萨尼等，他们提出了一系列重要概念和理论，如纳什均衡、夏普利值、子博弈完美纳什均衡、重复博弈、随机博弈、策略均衡、谈判理论、信誉模型、多人博弈等，形成了现代博弈论的理论体系。

博弈论在经济学中的应用取得了相当大的成就。1994～2012年期间，诺贝尔经济学奖曾六次眷顾博弈论，表明了博弈论在主流经济学中的地位及其对现代经济学的影响与贡献。本章对六次获诺贝尔经济学奖的博弈论专家们做了简要介绍，旨在使读者能够在了解这些科学巨人所做出的杰出贡献的同时，激发自己对博弈论学习的渴望，尽快入门，为应用博弈论或将来更深入研究博弈论奠定基础。

练习3

1. 简要回答博弈论的发展经历了哪几个重要阶段？

2. 为什么别人的红包更诱人。小张和小李在一家私企工作。到了年底，老板发给每人一个红包，两人都看到自己的红包里装的是1000元，但不知对方的红包里装多少钱。这时老板告诉他们：你们的红包里的金额可能是1000元或2000元。如果你们愿意和对方交换红包，可以由我来公证，不过你们要交给我100元公证费。小张认为，小李红包里是1000元或2000元的可能性各为50%，如果我与小李交换红包，假若他的红包里是1000元，我将亏损100元公证费；假若他的红包里是2000元，我将得到1900元。我的平均收益是50%×(−100)+50%×1900=900元。因此，交换红包是划算的。小李的想法与小张相同，于是两人都表示愿意交换。老板又问，你们真愿意交换？两人再次表示愿意。结果，两人各亏损了100元。

问：在这个互动的决策行为中，小张和小李的推理错在哪个环节？

第二篇
非合作博弈

第 4 章　纳什均衡
第 5 章　二人有限零和博弈
第 6 章　非零和博弈的混合策略纳什均衡
第 7 章　三人博弈

第 4 章　纳什均衡

纳什均衡(Nash Equilibrium)又称为非合作博弈均衡，是博弈论的一个重要概念，以 1994 年诺贝尔经济学奖获得者约翰·纳什的名字命名。纳什均衡指的是这样一种策略组合，这种策略组合由所有参与人的最优策略组成，此策略组合亦被称为纳什均衡点。在纳什均衡点上，每一个理性的参与者都不会有单独改变策略的动机，因为局中的每一个博弈者都不可能因为单方面改变自己的策略而增加获益。简言之，在纳什均衡点上，当其他人不改变策略时，他此时的策略是最好的。今天，纳什均衡被广泛应用于各个领域的研究，尤其在经济科学领域，纳什均衡对经济学科有非常重要的影响。本章将介绍纳什均衡的概念、寻找纳什均衡的方法、当博弈存在多重均衡时寻找谢林点的方法以及纳什均衡的应用。

4.1　占优策略与占优策略均衡

1. 占优策略

博弈中存在大量这样的问题：虽然博弈的双方都根据对手的策略理性地选择了使自身利益最大化的决策，但从他们的整体利益来看，双方选择的结果不一定是最好的结果。

例 4.1　再看“囚徒困境”博弈

在第 1 章例 1.1 介绍的“囚徒困境”中，两个囚徒的收益见表 4.1。

表 4.1　“囚徒困境”问题的收益

		B	
		认罪	不认罪
A	认罪	3，3	0，5
	不认罪	5，0	1，1

博弈论研究的是理性行为，这意味着每个局中人都会根据对手的策略选择自己的最优反应。首先，我们来看对于 A 的策略选择，B 的最优反应是什么：

如果 A 选择“认罪”，则 A 的最优反应是“认罪”；如果 A 选择“不认罪”，B 的最优反应是“认罪”。

其次，我们来看对于 B 的选择策略，A 的最优反应是什么：

如果 B 选择“认罪”，则 A 的最优反应是“认罪”；如果 B 选择“不认罪”，A 的最优反应是“认罪”。

A 的最优反应与 B 的相同。这表明：对博弈中的参与人 A、B 二人来说，不管对方选择什么策略，“认罪”策略都是他们各自的占优策略(Dominant Strategy)。相对应的“不认罪”策略称为劣策略(Dominated Strategy)。

一般来说，在一个二人博弈中，考察一个局中人 A 策略集中的任意两个策略 A_1、A_2，如果不论对方采取何种策略，局中人 A 的策略 A_1 的收益总是严格大于策略 A_2 的收益，我们就称策略 A_2 被策略 A_1 严格占优，或称策略 A_1 为严格占优策略，称策略 A_2 为严格劣策略；如果不论对方采取何种策略，该局中人的策略 A_1 的收益总是大于或等于(至少有一个大于)策略 A_2 的收益，我们就称策略 A_2 被策略 A_1 占优，或称策略 A_1 为占优策略，策略 A_2 为劣策略。

2. *占优策略均衡*

在经济学中，稳定且可测的互动行为模式被称为均衡。博弈论学者沿用这个叫法，当一个博弈中的每一位参与者都选择了各自的占优策略时，相应的博弈结果就是占优策略均衡(Dominant Strategy Equilibrium)。占优策略均衡是一个非合作均衡，换言之，每位参与者都独立行动，而不是一起协商各自的策略选择。例如“囚徒困境”博弈的占优策略均衡为(认罪，认罪)，即 A 选择“认罪”，B 也选择“认罪”。在占优策略均衡中，不论所有其他参与人选择什么策略，一个参与人的占优策略都是他自己的最优策略。

3. *合作均衡*

在“囚徒困境”博弈中，若从 A 和 B 的整体利益来看，A 和 B 都应更喜欢双方均“不认罪”这样一个结果，而不是以个体理性为基础选择的占优策略均衡(认罪，认罪)。如果两人合作，都选择“不认罪”会使两人共同的收益达到最优，所以我们就把(不认罪，不认罪)称作是“囚徒困境”博弈的合作均衡。所谓合作均衡是指各方协调行动，以求共同的支付最优化的策略而达到的结果。

一般来说，如果博弈的参与者都能够履行协商后的策略，则他们选择的策略就构成了合作均衡。显然，“囚徒困境”博弈的占优策略均衡与合作解相悖。当博弈的占优策略均衡与合作均衡相悖时，我们称这类的博弈为社会两难(Social Dilemma)博弈。

4. *破解社会两难博弈的方法*

占优策略的存在以及它与合作均衡相悖的事实，是导致社会两难现象的根本原因。社会两难博弈是一类非常重要的博弈。在上述的“囚徒困境”博弈中，假如 A 和 B 同属于一个犯罪组织，这种犯罪组织会严惩和警方合作的囚徒。这项附带的惩罚会改变支付，因而使“囚徒困境”博弈产生变化(见表 4.2)。

表 4.2　“囚徒困境”问题的新收益

		B	
		认罪	不认罪
A	认罪	处死，处死	处死，处死
	不认罪	处死，处死	1，1

A 和 B 约定均选择“不认罪”，如果谁违反约定，将会被该犯罪组织处死。于是，囚徒 A 和 B 按照约定均选择了“不认罪”，这样 A 和 B 就都可以只坐一年的牢。这种来自外部的干预，使得 A 和 B 都能切实履行约定，为解决“社会两难”博弈提供了一个方法。在很多非合作的场合，法规也能达到同样的目的。不论通过协议还是其他手段，只要使参与者们都能切实履行协调后的策略，他们所选的策略就是一个博弈的合作均衡。还有些博弈可能通过第三方的介入，使原本的“社会两难”博弈得到合作均衡。

例 4.2　烟草广告博弈

假定两家烟草公司 A 与 B 面临着“做广告”和“不做广告”的策略选择。如果两家公司都不做广告，他们将平分市场份额，并由于不支付广告费用而分享相同的高利润；如果两家公司都做广告，他们也将平分市场份额，并由于支付广告费用而降低利润；如果一家公司做广告，另一家公司不做，则做广告的公司将获得较大的市场份额和更高的利润。该博弈的标准式见表 4.3。

从 A 公司的角度看，如果 B 公司选择做广告，则 A 公司做广告的收益为 4，不做广告的收益为 2，因此 A 公司的选择是做广告；如果 B 公司选择不做广告，则 A 公司做广告的收益为 10，不做广告的收益为 8，因此 A 公司的选择仍然是做广告。做广告是 A 公司的占优策略。

表 4.3　广告博弈的标准式

		B公司	
		做广告	不做
A公司	做广告	4，4	10，2
	不做	2，10	8，8

类似地分析，做广告也是 B 公司的占优策略。烟草广告博弈的占优策略均衡为(做广告，做广告)，对应的收益是(4，4)。而该博弈的合作解是(不做广告，不做广告)，对应的收益是(8，8)。显然，该博弈的占优策略均衡与合作解相悖，属于社会两难博弈。

如果他们都不做广告，会获得更高的收益，那么他们是否可以达成都不做广告的协议呢？不能！因为谁遵守了协议，谁就可能被对手欺骗。这与两个囚徒身处不同审讯室一样，互相竞争的两家公司很难相信对手会采取对双方都有利的策略，而选择追求自身利益最大化的理性行为，导致了双方都不愿看到的效果。此时来自外部的干预即政府关于广告的禁令(或政府管制)，促成了烟草公司之间的合作，双方在政府的强制之下都不做广告，让两家烟草公司都获得较高的利润，实际上得到的结果正是博弈的合作解(不做广告，不做广告)。

政府管制最终的结果使烟草公司的利润却提高了。作为第三方即政府的介入，把陷入白热化广告战的各大烟草公司从“囚徒困境”中解救出来。这说明，完全的自由竞争并不是最有效的经济体系，适当的政府管制可以有效地提高社会的经济和政治效益。

除了客观存在的社会两难博弈，实际中还存在大量的非社会两难博弈，即有些博弈的占优策略均衡就是合作解。

例 4.3　合作开发博弈

A 公司与 B 公司正在考虑一个新技术开发的合作项目。每家公司都有两种策略可以选择：为项目投入足够的资源，或者留一手只投入最少量的资源。实际存在的困难是谁都无法监督对方投入的努力和资源，或强制对方做任何事情。假定要研发的新技术是一种实用型技术，即便合作失败，两家公司也能应用各自掌握的技术获得其相应的利润。该博弈的标准式表述见表 4.4(单位为百万元)。

表 4.4　新技术开发合作的标准式

		B 公司	
		投入	留一手
A 公司	投入	50，50	20，30
	留一手	30，20	10，10

由表 4.4 不难看出，A 公司和 B 公司的占优策略都是“投入”，因此，该博弈有占优策略均衡(投入，投入)，它恰好是两家公司都想要的结果。如果两家公司进行合作，他们必然选择这一策略组合。(投入，投入)不仅是该博弈的占优策略均衡，也是其合作解。

例 4.4　国际贸易战的博弈分析

按照经济学的结论，贸易可以使每个人的情况都变得更好。当一国开放贸易时，有赢家也有输家，但赢家的好处大于输家的损失。此外，国际贸易增加了可供消费者消费的物品多样性，使企业可以利用规模经济，使市场更具竞争力，并有助于技术扩散，使“看不见的手”有了施展其魔力的更好机会。尽管国际贸易有诸多好处，但出于保护工作岗位、保卫国家安全、扶植幼稚产业、防止不公平竞争等各种目的，开展世界贸易的国家又有各种限制贸易的政策，以致经常发生贸易战(Trade War)。所谓贸易战又称“商战”，是由于一些国家通过高筑关税壁垒和非关税壁垒，限制别国商品进入本国市场，同时又通过倾销和外汇贬值等措施争夺国外市场，引起的一系列报复和反报复。“打贸易战”策略指大规模地采取高关税及不合理的非关税壁垒等行为，阻止别国产品进入本国市场。“不打贸易战”策略指遵循世界贸易组织规定的各项基本原则，进行公平、自由的对外贸易。

假设A、B两国在国际贸易博弈中的策略选择及其相应的收益见表4.5。

表4.5 国际贸易博弈的标准式

		B国	
		打贸易战	不打贸易战
A国	打贸易战	−100，−100	50，−50
	不打贸易战	−50，50	100，100

分析：从A国的角度看，如果B国选择打贸易战，则A国选择打贸易战的收益为−100，选择不打贸易战的收益为−50，因此A国的选择是不打贸易战；如果B国选择不打贸易战，则A国选择打贸易战的收益为50，选择不打贸易战的收益为100，因此A国的选择仍然是不打贸易战。不打贸易战是A国的占优策略。类似地分析，不打贸易战也是B国的占优策略。该博弈的占优策略均衡为(不打贸易战，不打贸易战)，对应的收益是(100，100)。它恰好是两国都想要的结果，如果两国进行合作，他们必然选择这一策略组合。(不打贸易战，不打贸易战)不仅是占优策略均衡，也是合作解。

在国际贸易中，如果双方选择打贸易战，则双方利益都受到损害，如果一方选择打贸易战；另一方选择不打贸易战，则一方获利一方受损，但不能获得最大利益；如果双方都选择不打贸易战，则双方利益最大化。

公平自由的国际贸易是经济全球化的客观要求，它符合市场经济开放性的要求，可以突破国内市场狭小的界限，让国内企业参与国际竞争，同其他国家互通有无，优势互补，促进本国经济的发展，实现资源在世界范围的优化配置；公平自由的国际贸易中平等互利的基本原则，可以使双方都能获得各自利益，推动良好世界经济秩序的形成。

这种占优策略均衡与合作解重合的博弈，在博弈论的文献中并不多见。原因在于博弈论是一门注重实用的研究，占优策略均衡与合作解重合的博弈对个人和社会都不构成问题，从而不作为博弈论的研究重点。

在博弈论的许多重要应用中，合作解与非合作解的占优策略均衡是不同的。合作博弈的参与者在决定是否合作时，也要进行非合作博弈。因此，与合作的情形相比，非合作解与非合作均衡更为基本和重要。

5. 占优策略与合作均衡之间的关系

为进一步研究占优策略与合作解之间的关系，我们看下面的例子。

例4.5 合作困境博弈

在现实生活中，常常需要两个人一起合作完成一项工作。在这种情况下，两个合作者分别都有两种策略选择，即努力或偷懒。相应的博弈标准式见表4.6。

表 4.6　合作困境博弈的标准式

		乙	
		努力	偷懒
甲	努力	10，10	2，15
	偷懒	15，2	5，5

对表 4.6 所示的博弈标准式进行分析，其占优策略均衡显然应该是(偷懒，偷懒)，即双方都选择“偷懒”，收益为(5，5)。这一博弈结果就解释了为什么在群体工作中常常会出现有些人“磨洋工”的现象。

要改变合作困境，即改变博弈的均衡，可采取奖勤罚懒的措施。表 4.7 表示合作困境博弈的奖赏数表，表 4.8 表示合作困境博弈的惩罚数表。

表 4.7　合作困境博弈的奖赏数表

		乙	
		努力	偷懒
甲	努力	8，8	8，0
	偷懒	0，8	0，0

表 4.8　合作困境博弈的惩罚数表

		乙	
		努力	偷懒
甲	努力	0，0	0，−8
	偷懒	−8，0	−8，−8

在表 4.6 中的数值与奖赏数表中的数值对应相加得到表 4.9，在表 4.6 中的数值与惩罚数表中的数值对应相加得到表 4.10。

表 4.9　加上奖赏的合作困境博弈标准式

		乙	
		努力	偷懒
甲	努力	18，18	10，15
	偷懒	15，10	5，5

表 4.10　加上惩罚的合作困境博弈标准式

		乙	
		努力	偷懒
甲	努力	10，10	2，7
	偷懒	7，2	−3，−3

不难判断，表 4.9 和表 4.10 所示的博弈标准式的占优策略均衡(努力，努力)，与合作解是一致的。那么，奖惩在什么范围内，才能使博弈的占优策略均衡与合作解一致呢？不妨设两个博弈参与人选择相同策略时，如(努力，努力)，(偷懒，偷懒)的最大收益和最小收益分别为 a 和 b ($a>b$)，两个博弈参与人选择不同策略时所得到的不同收益分别为 c 和 d，则可得到如表 4.11 所示的合作博弈标准式的一般形式。

表 4.11 合作困境博弈的标准式一般形式

		乙	
		努力	偷懒
甲	努力	a，a	d，c
	偷懒	c，d	b，b

显然，只要 $a>c>d>b$，占优策略均衡与合作解(努力，努力)就一定是一致的；否则，就一定是不一致的。

这个分析的结果非常重要，它告诉我们：奖惩必须达到一定的力度，即我们必须使得博弈参与人选择不同策略时所得到的不同收益能够控制在博弈参与人都选择相同策略时所得到的最大收益和最小收益之间，才能使博弈的占优策略均衡与合作解一致。否则，必然会发生社会两难现象。

4.2 纳什均衡

1. 何谓纳什均衡

有些博弈存在占优策略和占优策略均衡，还有些博弈不存在占优策略均衡，如何分析这类博弈？为了分析这类博弈，我们需要引入一个不同的均衡概念——纳什均衡(Nash Equilibrium)。这个概念是以对博弈论做出重要贡献而获得 1994 年诺贝尔经济学奖的科学家约翰·纳什的名字命名的。

例 4.6 考虑如下二人博弈问题，甲、乙各有 3 个策略，其标准式表示见表 4.12。

表 4.12 博弈的标准式

		乙		
		B_1	B_2	B_3
甲	A_1	650，650	350，700	400，600
	A_2	700，350	600，600	350，650
	A_3	600，400	650，350	550，550

我们作如下分析：

如果乙选择策略 B_1，则甲选择策略 A_2；

如果乙选择策略 B_2，则甲选择策略 A_3；

如果乙选择策略 B_3，则甲选择策略 A_3。

这表明局中人甲不存在占优策略。

如果甲选择策略 A_1，则乙选择策略 B_2；

如果甲选择策略 A_2，则乙选择策略 B_3；

如果甲选择策略 A_3，则乙选择策略 B_3。

这表明局中人乙不存在占优策略。

因此，该博弈不存在占优策略均衡。但仔细观察策略组合(A_3，B_3)，可以发现一个有趣的特征：甲、乙每个人的策略都是对对手策略的最优反应。我们称策略组合(A_3，B_3)为该博弈的纳什均衡。

纳什均衡的一般定义：如果有两个策略(或者更一般的有多个策略，每个策略对应一个参与者)，每个策略都是另一策略(或其他参与者的策略)的最优反应，我们就称这一策略组合为纳什均衡策略组合。如果一个博弈存在纳什均衡策略组合，参与者也选择了这组策略，我们就得到了这个博弈的一个纳什均衡。

换言之，所谓纳什均衡，指的是参与人的这样一种策略组合，在该策略组合上，任何参与人单独改变策略都不会得到好处。

在例 4.6 中，策略组合(A_3，B_3)为该博弈的纳什均衡，我们也称(A_3，B_3)为该博弈的纳什均衡点。

纳什均衡指的是这样一种策略组合，这种策略组合由所有参与人最优策略组成，即在纳什均衡点上，每一个理性的参与者都不会有单独改变策略的冲动，因为局中的每一个博弈者都不可能因为单方面改变自己的策略而增加获益。再简单一点说，在纳什均衡点上，所有的参与者面临这样的一种情况：当其他人不改变策略时，他此时的策略是最好的。也就是说，此时如果他改变策略，他的收益将会降低。这种平衡在外界环境没有变化的情况下，倘若有关各方坚持原有的利益最大化原则并理性面对现实，那么这种平衡状况就能够长期保持稳定。与之相反，任何固定的纳什均衡以外的策略组合如果出现，都意味着至少有一个局中人犯了错误。

上述博弈的纳什均衡为(A_3，B_3)，但它并不是占优策略均衡。纳什均衡与占优策略均衡同属非合作均衡的范畴。与占优策略均衡相比，纳什均衡的概念更加广泛。“社会两难”是一种特殊的占优策略均衡；占优策略均衡是一种特殊的纳什均衡；纳什均衡又是一种特殊的非合作均衡。这几个概念之间的关系如图 4.1 所示。

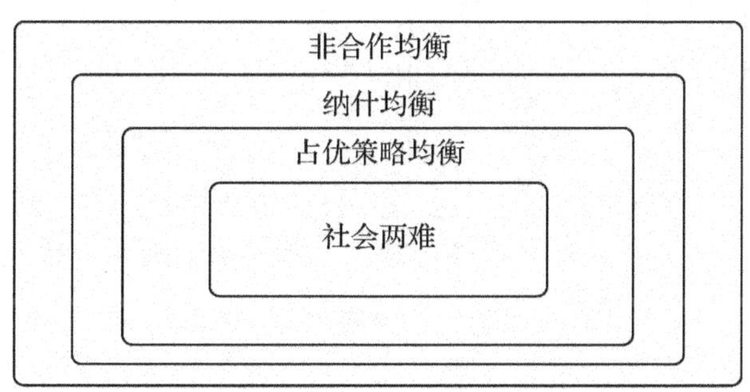

图 4.1　非合作均衡概念关系

2. 寻找纳什均衡的简单方法——划线法

博弈分析的目标之一就是找到博弈参与者之间稳定的、可预测的互动行为模式，纳什均衡正是这样一种模式。寻找纳什均衡的关键是确定最优反应策略，确定最优反应策略的一个简单实用的方法，是将收益矩阵中与每一个策略的最优反应策略相对应的收益数字标注下划线，如果一个方框中的两个数字都被标注下划线，那么这个方框对应的策略组合就是该博弈的一个纳什均衡。

我们以表 4.12 表述的博弈为例来说明。由划线法，我们可以轻松找到此博弈的纳什均衡为（A_3，B_3）（见表 4.13）。

表 4.13　标注下划线

		乙		
		B_1	B_2	B_3
甲	A_1	650，650	350，$\underline{700}$	400，600
	A_2	$\underline{700}$，350	600，600	350，$\underline{650}$
	A_3	600，400	$\underline{650}$，350	$\underline{550}$，$\underline{550}$

例 4.7　商场选址博弈

一个新建城市的北部居住着富裕人群，城市南部居住着中产阶级人群。有两家百货公司都要在这个新建城市里选择地址建百货商场。备选地址有：市郊，市中心，城市北部，城市南部。甲公司的商品定位偏重时尚，适合居住在城市北部的富裕人群；乙公司的商品定位偏重实惠，适合居住在城市南部的中产阶级人群。市中心的顾客主要是来自其他地区的顾客，市场潜力最大。两家百货公司的标准式见表 4.14。

表 4.14　选址博弈的标准式

		乙公司			
		市郊	市中心	城北	城南
甲公司	市郊	30，40	50，95	55，95	55，120
	市中心	115，40	100，100	130，85	120，95
	城北	125，45	95，65	60，40	115，120
	城南	105，50	75，75	95，95	35，55

不难发现，该博弈不存在占优策略均衡。于是，我们采用划线法得到表 4.15。

表 4.15　划线后的选址博弈的标准式

		乙公司			
		市郊	市中心	城北	城南
甲公司	市郊	30，40	50，95	55，95	55，120
	市中心	115，40	100，100	130，85	120，95
	城北	125，45	95，65	60，40	115，120
	城南	105，50	75，75	95，95	35，55

该选址博弈有唯一的纳什均衡(市中心，市中心)，即双方都将百货商场建在市中心。可能的原因是只有市中心才能吸引四个地区的所有顾客。

例 4.8　制造商的博弈

厂商Ⅰ和厂商Ⅱ就某种产品的市场占有主要份额进行博弈，他们能够选择生产数量，比如可以选择产量高(H)、中(M)、低(L)或完全不生产(N)。价格随着产量增加而下降，其标准式见表 4.16(单位为百万元)。

表 4.16　制造商博弈的标准式

		厂商Ⅱ			
		H	M	L	N
厂商Ⅰ	H	0，0	12，8	18，9	36，0
	M	8，12	16，16	20，15	32，0
	L	9，18	15，20	18，18	27，0
	N	0，36	0，32	0，27	0，0

该博弈不存在占优策略均衡，我们用划线法求其纳什均衡，得到表 4.17。

表 4.17　划线后的制造商博弈的标准式

		厂商Ⅱ			
		H	M	L	N
厂商Ⅰ	H	0，0	12，8	18，9	36，0
	M	8，12	16，16	20，15	32，0
	L	9，18	15，20	18，18	27，0
	N	0，36	0，32	0，27	0，0

这个博弈的纳什均衡是(M，M)。

由上面几个例子我们看到，不存在占优策略的博弈，可能存在纳什均衡。

3. 多重纳什均衡

例 4.9 狩猎博弈

在原始社会，人们靠狩猎为生。某一天有甲和乙两个猎人围住了一头鹿，他们各卡住鹿可能逃跑的两个路口中的一个。只要他们齐心协力，鹿就会成为他们的猎物，不过仅凭一个人的力量是无法猎捕到鹿的。如果此时周围跑过一群兔子，两位猎人中的任何一个只要去抓兔子一定会获得成功，他会抓住 4 只兔子。从能够填饱肚子的角度来看，4 只兔子可以供一个人吃 4 天，1 只鹿如果被抓住将被两个猎人平分，可供每人吃 10 天。两人博弈的收益见表 4.18.

表 4.18 猎鹿博弈的收益矩阵

		猎人乙	
		抓兔	打鹿
猎人甲	抓兔	4，4	4，0
	打鹿	0，4	10，10

博弈论研究的是理性行为，这意味着每个局中人都会根据对手的策略选择自己的最优反应。首先，我们来看对于甲的策略，乙的最优反应是什么：如果甲选择“抓兔”，乙的最优反应是“抓兔”；如果甲选择“打鹿”，乙的最优反应是“打鹿”。可见，乙不存在占优策略；其次，我们来看对于乙的策略，甲的最优反应是什么。同样地分析可知，甲也不存在占优策略。这表明：此博弈不存在占优策略均衡。但它存在两个纳什均衡：(抓兔，抓兔)和(打鹿，打鹿)。这是一个多重纳什均衡问题。

例 4.10 电视频道性别战博弈

有一对夫妻，丈夫喜欢看足球赛节目，妻子喜欢看情感剧节目，但是家里只有一台电视，于是就产生了争夺频道的矛盾。每个人都有两个选择：看足球赛节目；看情感剧节目。如果双方同意看足球赛节目，丈夫收益为 2，妻子收益为 1；如果双方同意看情感剧节目，丈夫收益为 1，妻子收益为 2；如果双方意见不一致，各自收益为 0。该博弈的标准式见表 4.19。

表 4.19 电视频道性别战的标准式

		妻子	
		足球赛	情感剧
丈夫	足球赛	$\underline{2}$，$\underline{1}$	0，0
	情感剧	0，0	$\underline{1}$，$\underline{2}$

使用划线法可知该博弈有两个纳什均衡(足球赛，足球赛)与(情感剧，情感剧)。这个博弈的一个典型特征是：有两个纳什均衡，博弈双方各自会偏好一个均衡。究竟哪一个均衡出现呢？如果夫妻俩以往没有进行过频道之争博弈，就很难了解正确的预

测应该是什么。如果这个家庭是丈夫说了算，则很可能出现丈夫偏爱的均衡；否则，很可能出现妻子偏爱的均衡；或者出现轮流做主的情况。实际上，丈夫可以按照如下来决策：抛一枚硬币，如果它出现正面，就去看足球，如果出现反面，就去看情感剧。虽然，抛硬币的结果，最终还是选择足球或者情感剧，没有扩大你的策略集合。但是，在开始选择的时候，硬币的结果没有出来，妻子不能肯定选择足球，也不能肯定选择情感剧。那么这个选择就明显不同于那两个策略，这样就多出了一个策略(称之为混合策略，将在下一章中讨论)。

例 4.11　斗鸡博弈

两个决斗者约定，每人各驾驶一辆小车相向对开，在即将相撞之前，每个人都有两个选择：转向一边而避免相撞；继续向前。如果一个人选择转向，另一个人选择向前，则选择转向的人被视为“懦夫”，而选择向前的人被视为“勇士”；如果两人都选择向前，就会出现车毁人亡的局面。我们把他们在各种情况下的收益赋予一定的数值(见表 4.20)。

表 4.20　斗鸡博弈的标准式

		决斗者 B	
		转向	向前
决斗者 A	转向	0，0	<u>−10</u>，<u>10</u>
	向前	<u>10</u>，<u>−10</u>	−100，−100

使用划线法可知，该博弈有两个纳什均衡：(向前，转向)与(转向，向前)，即一个人向前，另一个人转向避让，即对每个人来说，最好的结果是，对方转向，而自己向前。

斗鸡博弈(也称懦夫博弈)的情景并不鲜见，如美国和苏联领导人之间(就核武器方面)的博弈。美苏两个超级军事大国，长期处于敌对状态。但从历史事实来看，两国很少出现公开的直接冲突。通常的情况是一方强硬时，对方就采取暂时回避政策，因为他们都不想出现两败俱伤的局面。当实力相当的双方对峙时，关键是如何猜测到对方的策略，从而制定出能够克制对方的策略来取得胜利。

例 4.12　协调博弈

一个正在考虑选择新的内部电邮系统的客户，以及一个正在考虑制造它们的供应商，他们的选择是：建立技术先进的系统，或者建立一个功能简单的一般系统。假定更先进的系统能够提供更多的功能，该博弈的标准式见表 4.21。

表 4.21　协调博弈的标准式

		客户	
		先进	一般
供应商	先进	20，20	0，0
	一般	0，0	5，5

为了能够合作成功，供应商和客户必须选择一个相容的标准，因此他们选择的策略必须相互吻合。通过划线法可以得到两个纳什均衡：(先进，先进)，(一般，一般)。如果他们可以协商的话，我们相信(先进，先进)将是比(一般，一般)更容易出现的纳什均衡。因为一方请求对方选择先进，对方一定会答应(因为对方选择先进也是最好的)。这个博弈与性别战和懦夫博弈不同之处在于，在此博弈中双方都存在共同偏好的均衡。

类似的分析同样适用于例 4.9 狩猎博弈。

4. 谢林点

在上述几个博弈中，我们发现有些博弈存在多重均衡的情况，如何判断哪个均衡最有可能出现？博弈论专家托马斯·谢林认为，在现实生活中博弈的参与人可以从各方的文化和经验中找到线索，进而判断出一个均衡，它发生的概率大于其他均衡发生的概率。为了纪念托马斯·谢林，人们将这种从各方的文化和经验中找到线索，以该线索为基础选择出的均衡称为谢林点(Schelling Point)。为了更好地理解谢林点的概念，我们再来看一个有多个纳什均衡的博弈问题。

在中国许多农村地区，每周都有一天为集市日，不同的城镇在不同的日期组织集市。特别是：每个城镇都恪守所选的日期而不轻易改变。下面我们尝试用博弈论的方法来具体分析这一现象。

假如对某件农具，村民甲为卖方，乙为买方。每个人都可以在周一至周六的任何一天去赶集(假如在他们周边有六个城镇的集市，集市日分别在周一至周六)。他们每个人都有 6 个策略。如果他们在同一天去赶集，他们就可以交易，双方都可以获利，收益各为 3 个单位；如果他们不在同一天去赶集，由于不能交易，双方都获利为－1。该博弈的标准式见表 4.22。

用划线法可知这个博弈有 6 个纳什均衡。两个村民为了达成交易会猜测对方选择哪个纳什均衡。如果村民甲和乙住在其中一个城镇附近，而该城镇的集市日是星期四，他们就会选择(星期四，星期四)这个纳什均衡。同理也适用于其他城镇。

特别地，对这个简单问题的博弈分析使我们得到两个重要启示：

(1)在特定情况下，惯例和传统能够帮助我们确定博弈的多重纳什均衡中哪个更可能出现。

表 4.22　赶集日博弈的标准式

		村民乙(买方)					
		星期一	星期二	星期三	星期四	星期五	星期六
村民甲(卖方)	星期一	$\underline{3}$，$\underline{3}$	−1，−1	−1，−1	−1，−1	−1，−1	−1，−1
	星期二	−1，−1	$\underline{3}$，$\underline{3}$	−1，−1	−1，−1	−1，−1	−1，−1
	星期三	−1，−1	−1，−1	$\underline{3}$，$\underline{3}$	−1，−1	−1，−1	−1，−1
	星期四	−1，−1	−1，−1	−1，−1	$\underline{3}$，$\underline{3}$	−1，−1	−1，−1
	星期五	−1，−1	−1，−1	−1，−1	−1，−1	$\underline{3}$，$\underline{3}$	−1，−1
	星期六	−1，−1	−1，−1	−1，−1	−1，−1	−1，−1	$\underline{3}$，$\underline{3}$

(2)协调博弈中的纳什均衡可以解释：为什么习俗和惯例看似很随意，实际却很稳定，因为它们都是纳什均衡，能够自我强化。

需要指出的是：在博弈分析中真正令我们感到棘手的并不是这个博弈的纳什均衡的存在性，而是当这个博弈有多个纳什均衡时如何决策。因为，当一个博弈有多个纳什均衡存在时，要所有参与者都能预测同一个纳什均衡的出现，并同时采取这个纳什均衡对应的行动，是非常困难的。即使大家都预测到了纳什均衡的存在，但是如果预测的不是同一个纳什均衡的话，实际上出现的博弈结果就不会是纳什均衡，而是非纳什均衡。对于那些有多个纳什均衡存在的博弈而言，我们无法肯定地证明这个博弈的纳什均衡一定会出现，这也是博弈分析中真正的难题，通常称这个问题为纳什均衡的多重性问题。

为了解决纳什均衡的多重性问题，博弈论专家们提出了一系列均衡概念，如聚点均衡、帕累托最优标准、风险优势标准、相关均衡、抗共谋均衡、子博弈完美均衡，颤抖手完美均衡，等等。这一系列均衡概念都是在纳什均衡的基础上发展起来的，其基本思路都是通过逐步剔除不合理均衡而得到更为精确和合理的均衡，通常称之为纳什均衡的精炼。

以上，我们通过实例分析了标准式博弈的占优策略均衡和纳什均衡问题。不可忽视的是，有些存在纳什均衡的博弈不能用标准式描述，还有些标准式博弈不存在纳什均衡，对这些问题的分析将分别在下节和第 5 章第 2 节及第 6 章第 1 节中详述。

4.3　古诺模型

按照经济学对市场结构的分类，对于任何市场，如果只有一家企业，市场结构就是垄断的；如果只有几家企业，市场结构就是寡头。寡头企业以一种竞争企业所没有的方式相互依存，寡头的关键特征是合作与利己之间的冲突。如果有许多企业，当这些企业生产和出售有差别的同种产品时，则市场结构就是垄断竞争；当很多企业生产和出售的是相同产品，没有一个卖者或买者能控制价格，进入很容易并且资源可以随时从一个使用者转向另一个使用者。则市场结构就是完全竞争。

特别地，如果市场结构是寡头市场结构，那么，任何一个寡头的行为对其他所有企业的利润都可能有极大的影响。我们关心的是：寡头市场中的决策者的行为发生直接相互作用时的决策以及这种决策的均衡问题。

1. 古诺模型概述

寡头垄断市场是指只有少数几个企业竞争的一种普遍存在的市场结构。在该市场中，一定数量的生产同质商品的企业必须在考虑其他企业行为策略的基础上制定自己的产量决策。1838 年，法国经济学家古诺(Augustin Cournot)提出了在双头垄断市场情形下的关于产量决策的古诺模型。该模型经过不断地发展和改进，已经成为分析寡头垄断市场中各企业生产行为的应用最广泛的模型之一。对该模型的研究是产业组织理论的重要基础。

假设 1 在某个市场有 n 个厂商销售完全相同的商品，由于市场容量有限的原因，在一定的价格水平上该市场只能销出有限数量的该种商品。如果向市场投放超出前述数量的该种商品，则必须要降价才能将它们全部销售出去，即商品总量越大，“市场出清价格”就越低。因此，能够将商品全部销售出去的“市场出清价格”是投放到该市场的该种商品总量的减函数，而商品的总量就是这 n 个厂商各自产量的总和。

假设 2 这 n 个厂商的产量决策是各自独立的且不受任何限制，各厂商在决定自己生产多少时无法知道其他厂商的决定。在这种情况下，这 n 个厂商该如何进行产量决策呢?

分析：对生产厂商来说，收益就是生产利润(销售收入减去成本后剩下的余额)。设第 i 个厂商的产量为 q_i ($i=1,2,\cdots,n$)，则 n 个厂商的总产量就是 $Q=\sum\limits_{i=1}^{n}q_i$ 。又已知“市场出清价格”是投放到该市场的该种商品总量的减函数，即 $P(Q)=P\Big(\sum\limits_{i=1}^{n}q_i\Big)$ 。再假设第 i 个厂商生产每单位产量的成本为固定的 C (假定不变成本为 0)，则第 i 个厂商的收益就是 $q_i\times P\Big(\sum\limits_{i=1}^{n}q_i\Big)-C\times q_i$ 。从该式很容易知道，第 i 个厂商生产 q_i 数量的收益不仅取决于他自己既定的单位成本 C 和自己的产量决策，还通过价格取决于其他厂商的产量决策。因此，他在决策时必须考虑其他厂商的决策方式和对自己决策的可能影响。

2. 双寡头市场结构的古诺模型

下面我们通过一个具体的双寡头市场作仔细的分析。对有三家或更多数量的寡头市场和对双寡头市场的分析方法是类似的。

例 4.13 现假设寡头市场上只有两个厂商生产完全相同的产品，两厂商同时决定各自的产量。

设厂商 1 的产量为 q_1 ，厂商 2 产量为 q_2 ，则总产量为 $Q=q_1+q_2$ 。市场出清价格是总产量的函数：$P(Q)=8-Q$ 。没有固定成本，边际成本相等，即 $c_1=c_2=2$ 。从而两厂商的利润收益函数分别为

$$u_1(q_1, q_2)=q_1P(Q)-c_1q_1=q_1[8-(q_1+q_2)]-2q_1=6q_1-q_1q_2-q_1^2$$

$$u_2(q_1, q_2)=q_2P(Q)-c_2q_2=q_2[8-(q_1+q_2)]-2q_2=6q_2-q_1q_2-q_2^2$$

在本博弈中，寻找均衡策略的充分必要条件是求出 q_1 和 q_2 的最大值，即

$$\begin{cases}\max\limits_{q_1}(6q_1-q_1q_2-q_1^2)\\\max\limits_{q_2}(6q_2-q_1q_2-q_2^2)\end{cases}$$

这时，我们可以把 u_1 看成是 q_1 的一元二次函数，利用求极值的方法，可求得使 u_1 实现最大值的产量 q_1，即

$$q_1=\frac{1}{2}(6-q_2)=3-\frac{q_2}{2} \tag{1}$$

同样，可以把 u_2 看成是 q_2 的一元二次函数，利用求极值的方法，可求得使 u_2 实现最大值的产量 q_2，即

$$q_2=\frac{1}{2}(6-q_1)=3-\frac{q_1}{2} \tag{2}$$

将式(1)与(2)联立解之得 $q_1^*=q_2^*=2$。于是市场总商品量为 $Q=2+2=4$。双方的收益(利润)均为 $2\times(8-4)-2\times2=4$，即 $u_1^*=u_2^*=4$，两厂商的利润和为 $4+4=8$。

上面是两厂商独立同时做产量决策，根据实现自身利益最大化的原则而得到的结果。那么，这个结果有没有真正实现自身的最大利益呢？从社会整体的角度来看效益又如何呢？

其实，市场的总收益应该是

$$U=Q\times P(Q)-C\times Q=Q(8-Q)-2Q=6Q-Q^2$$

的最大值。容易求得使总收益最大的总产量 $Q^*=3$，最大总收益 $U^*=9$。显然，若从总体最优的目标出发，既节省了资源，又取得了更优的效益。

实质上，古诺模型是“囚徒困境”博弈的一个变种。这一模型在现实中最好的例子是石油输出国组织(Organization of the Petroleum Exporting Countries，OPEC)规定的生产限额和生产限额的不断被突破。虽然成立了石油输出国组织，但为各自获取更大的市场和更多的利润，仍有些国家的实际产量大于限产计划，从而导致石油价格下跌，直至各石油生产国都得到最不能令人满意的纳什均衡。

目前，不断发展和改进了的古诺模型不仅广泛应用于分析寡头垄断市场中各企业生产行为，同时也被有效地应用于分析任意数量厂商的市场均衡。

本章小结

本章介绍了博弈论中最重要的纳什均衡的概念、寻找纳什均衡的方法、当博弈存在多重均衡时寻找谢林点的方法以及纳什均衡的应用。这些方法的简单性和清晰表述往往能为某个问题提供其他研究方法没有察觉的洞见。

如果不论对方采取何种策略，该局中人的策略 A_1 的收益总是大于或等于(至少有一个大于)策略 A_2 的收益，我们就称策略 A_2 被策略 A_1 占优，或称策略 A_1 为占优策略，策略 A_2 为劣策略。当一个博弈中的每一位参与者都选择了各自的占优策略时，相应的博弈结果就是占优策略均衡。占优策略均衡是一个非合作均衡。如果博弈的参与者都能够履行协商后的策略，则他们选择的策略就构成了合作均衡。当博弈的占优策略均衡与合作均衡相悖时，我们称这类的博弈为社会两难博弈。破解社会两难博弈可以通过第三方的介入，使原本的社会两难博弈得到合作均衡，例如法律法规、强制性协议等。

纳什均衡指的是这样一种策略组合，这种策略组合由所有参与人最优策略组成。在纳什均衡点上，所有的参与者面临这样的一种情况：当其他人不改变策略时，他此时的策略是最好的。我们可以通过划线法寻找一个博弈的纳什均衡。有些博弈不存在占优策略均衡，但可能存在纳什均衡。对纳什均衡的多重性问题，我们需要预测哪个均衡最有可能出现。托马斯·谢林提出可以从博弈各方的文化和经验中找到线索，进而判断出一个均衡，它发生的概率大于其他均衡发生的概率。

练习 4

1. 一个慈善家给 A 和 B 两个穷人每人一张纸，A 和 B 都可以在自己的那张纸片上写下一个要求："给我 1000 元"或"给对方 3000 元"；纸片写好后交给慈善家，慈善家就会满足 A 和 B 两个人的要求。

(1)写出该博弈的标准式并给出 A 和 B 各自的占优策略；

(2)求出该博弈的纳什均衡；

(3)A 和 B 的选择说明什么道理。

2. 努力工作还是偷懒。一个团队正在承担一项任务，该任务要依靠每个人都付出努力，每个人可供选择的策略是：努力工作或偷懒。如果一个人偷懒，其他人就要付出更多的努力。假设员工甲、乙共同完成一项任务，他们的收益表见表 4.23。

表 4.23　博弈的收益表

		员工乙	
		努力	偷懒
员工甲	努力	10，10	2，20
	偷懒	20，0	5，5

回答下列问题：

(1)这个博弈存在占优策略吗？如果存在，是什么？

(2)存在占优策略均衡吗？如果存在，是什么？

(3)该博弈的合作解是什么？

(4)这个博弈属于社会两难博弈吗？为什么？

3. 旅行者困境。哈佛大学巴罗教授在研究囚徒困境的过程中，曾提出一个“旅行者困境”的模型：甲、乙两个旅行者从旅游的地方各买了一个花瓶，可是下飞机提取行李的时候，发现花瓶被摔坏了。于是，他们向航空公司索赔。航空公司知道花瓶的价格是在八九十美元上下浮动，但是不知道两位旅客买的确切价格是多少。于是，航空公司请两位旅客在 0～100 美元以内的整数(包括 100 美元)写下花瓶的价格。如果两人写得一样，航空公司将认为他们讲的是真话，并按照他们写的数额赔偿；如果两人写得不一样，航空公司就论定写得低的旅客讲的是真话，并且照这个低的价格赔偿，但是对讲真话的旅客奖励 2 美元，对讲假话的旅客罚款 2 美元。在甲、乙两人都是理性人的假设之下，这个博弈的纳什均衡是什么？

4. 用划线法求解以下博弈：

(1)

表 4.24　(1)题博弈的收益表

		局中人 2		
		B_1	B_2	B_3
局中人 1	A_1	1，1	5，0	0，0
	A_2	0，5	4，4	0，0
	A_3	0，0	0，0	3，3

(2)

表 4.24　(2)题博弈的收益表

		局中人 2		
		B_1	B_2	B_3
局中人 1	A_1	4，3	5，1	6，2
	A_2	2，1	8，4	3，4
	A_3	3，0	9，6	2，8

5. 垃圾处理博弈。甲、乙二人在风景优美的郊区各有一座别墅，两座别墅相邻。该地区不提供垃圾日常处理服务。他们可以雇用一辆卡车处理垃圾，费用是每人每年支付 5000 元。此外，他们还有另外一个选择，甲可以将垃圾倒在乙的别墅旁边属于自己的一块空地上，乙可以将垃圾倒在甲的别墅旁边属于自己的一块空地上。如果别人不在别墅附近倒垃圾，别墅带给每位房主的年收益为 50000 元；如果别人在别墅附近倒垃圾，别墅带给每位房主的年收益则为 40000 元。利用上述信息，我们可以得到该博弈的标准式(见表 4.25)。

(1)求该博弈的纳什均衡；

(2)求该博弈的合作解。

表 4.25　垃圾处理博弈的标准式

		乙	
		倾倒	雇卡车
甲	倾倒	40000，40000	50000，35000
	雇卡车	35000，50000	45000，45000

6. 鹰鸽博弈。在群体生物学中，假设一种动物每次遇到另一种动物都会为争夺某种资源展开争斗。鹰搏斗起来总是凶悍霸道、全力以赴、孤注一掷，除非身负重伤，否则决不退却；而鸽是以风度高雅的惯常方式进行威胁恫吓，从不伤害对手，往往委曲求全。如果是鹰跟鹰进行搏斗，就会一直打到其中一只受重伤或者死亡才罢休；如果是鹰同鸽搏斗，鸽就会迅即逃跑。因此，鸽不会受到伤害；如果是鸽同鸽相遇，那就谁也不会受伤。一般说来，收益取决于获取资源所得到的效益和争斗付出的成本。我们假设鸟 A 与鸟 B 相遇，它们都有两个策略可以选择：鹰策略或鸽策略，博弈的收益情况见表 4.26。

表 4.26　鹰鸽博弈双方的收益表

		鸟 B	
		鹰策略	鸽策略
鸟 A	鹰策略	−25，−25	14，−9
	鸽策略	−9，14	5，5

回答以下问题：

(1)该博弈有几个纳什均衡，各是什么？

(2)可以确定该博弈的谢林点吗？

7. 双寡头市场。假设寡头市场上只有两个厂商生产完全相同的产品，两厂商同时决定各自的产量(所谓同时主要表明各厂商在决定自己生产多少时无法知道其他厂商的决定)。设厂商 1 的产量为 q_1，厂商 2 产量为 q_2，则总产量为 $Q=q_1+q_2$。市场出清价格是总产量的函数：$P(Q)=10-Q$。假定没有固定成本，边际成本相等，即 $c_1=c_2=4$。在这种情况下，这两个厂商该如何进行产量决策？

第 5 章　二人有限零和博弈

在众多博弈模型中，占有重要地位的是二人有限零和博弈。二人有限零和博弈是指：博弈只有两个局中人，各自的策略集中只含有限个策略，每局中两个局中人的收益总和为零(即一个局中人的赢得恰为另一个局中人所输掉的值)。由于二人有限零和博弈的收益函数可以用表格中的有序数据来表示，因此二人有限零和博弈亦称为矩阵博弈(收益表也称收益矩阵)，这是博弈论模型中最基本模型，常简称为零和博弈。本章将介绍二人有限零和博弈的概念、纯策略意义下纳什均衡的概念和求解方法、混合策略意义下纳什均衡的概念和求解的基本方法，特别介绍了利用 Office 办公系统中的 Excel 软件求解任意二人有限零和博弈的方法。

5.1　二人有限零和博弈的纳什均衡

1. 引例

例 5.1　俾斯麦海之战

1943 年 2 月，第二次世界大战中的日本在太平洋战区已处于明显的劣势。为扭转战局，日军海军上将木村受命运送陆军由集结地——南太平洋新不列颠群岛的拉包尔出发，穿过俾斯麦海，开往新几内亚岛的莱城，去支援困守在那里的日军(见图 5.1)。

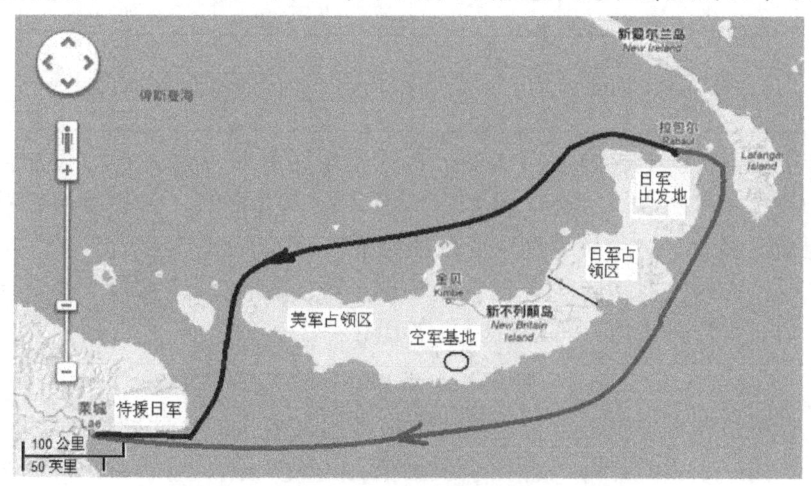

图 5.1　俾斯麦海之战的海空对抗示意图

当盟军统帅麦克阿瑟获悉此情报以后，立即命令他麾下的太平洋战区空军司令肯尼将军组织空中打击。交战双方的指挥官都进行了冷静与全面的谋划。

自然条件对于双方来说是已知的。基本情况是：从拉包尔到莱城的海上航线有南线和北线两条，通过时间均为 3 天。气象预报表明，未来 3 天中，北线阴雨，能见度差；而南线则天气晴好，能见度佳。盟军和日军收益矩阵见表 5.1，其中每个格子中左边的正数表示盟军飞机轰炸日军的天数，右边负数的绝对值表示日军被盟军飞机轰炸的天数。

表 5.1 俾斯麦海之战盟军和日军的收益矩阵

		日军	
		北线	南线
盟军	北线	2，－2	2，－2
	南线	1，－1	3，－3

木村知道在日本舰队穿过俾斯麦海的 3 天航程中，不可能躲开盟军的袭击，他要谋划的是合理选择日本舰队的航线，尽可能减少盟军空袭造成的损失；肯尼将军要谋划的是合理选择盟军侦察机重点搜索的方向，组织空中打击，尽一切可能重创或全歼日本舰队。观察表 5.1 可知，盟军和日军都没有严格占优策略。

与前两节中介绍的博弈不同之处在于：在每种局势下，双方收益之和为零。由于这个特点，该模型可以简化(见表 5.2)。

表 5.2 俾斯麦海之战盟军的收益矩阵

		日军	
		北线	南线
盟军	北线	2	2
	南线	1	3

盟军希望赢得(轰炸天数)尽可能多，但他们也深知日军必然想方设法使自己的付出(被轰炸天数)尽可能少。因此，盟军肯尼将军在作选择时，首先要考虑选择每个策略时至少能赢得多少，然后从中选取最有利的策略。

具体来说：先对收益矩阵的各行求最小值(至少赢得)，然后再对矩阵各行最小组成的集合中的元素取最大值(争取最佳)。于是有

$$\max_i \min_j \{a_{ij}\} = \max\{2,1\} = 2$$

同理，日军首先考虑在对方每个策略中最多损失多少，在此前提下争取损失最小。具体来说：对同一个收益矩阵的各列求最大值(最多损失)，然后对矩阵各列最大组成的集合中的元素取最小值(争取最佳)。于是有

$$\min_j \max_i \{a_{ij}\} = \min\{3,2\} = 2$$

上述求解思想可概括为“从最坏处去着想，争取最好的结果”，这是理性思考的表现。此例中，恰有

$$\max_i \min_j \{a_{ij}\} = \min_j \max_i \{a_{ij}\} = 2$$

这正是历史上实际对局的结果，即局势 1 成为事实：

肯尼将军选择盟军侦察机重点搜索北线；木村选择日本舰队取道北线航行。盟军飞机在 1 天后发现日本舰队，基地在南线的盟军轰炸机群远程飞行，在恶劣天气中，实施了 2 天有效的轰炸，重创了日本舰队，但未能全歼。

这是一个二人有限零和博弈。下面给出二人有限零和博弈的一般定义。

2. 零和博弈的定义

定义 1　用Ⅰ、Ⅱ分别表示博弈中的两个局中人，其中一个人的所得为另一个人所失，得失之和为零。设局中人Ⅰ有 m 个策略 A_1，A_2，…，A_m；局中人Ⅱ有 n 个策略 B_1，B_2，…，B_n；其策略集分别表示为

$$S_1 = \{A_1, A_2, \cdots, A_m\}, S_2 = \{B_1, B_2, \cdots, B_n\}$$

局中人Ⅰ从策略集 S_1 中选一个策略 A_i，同时局中人Ⅱ从策略集 S_2 中选一个策略 B_j，这样就构成一个局势(A_i，B_j)。对应于策略集 S_1 和 S_2，一共有 $m\times n$ 个局势。在局势(A_i，B_j)下局中人Ⅰ的收益记为 a_{ij}，则局中人Ⅰ的收益矩阵为

$$\boldsymbol{A} = (a_{ij})_{m\times n} = \begin{pmatrix} a_{11} & a_{12} & \cdots & a_{1n} \\ a_{21} & a_{22} & \cdots & a_{2n} \\ \vdots & \vdots & & \vdots \\ a_{m1} & a_{m2} & \cdots & a_{mn} \end{pmatrix}$$

记这个博弈为 $G=\{S_1, S_2; \boldsymbol{A}\}$，称具有这种形式的博弈为二人有限零和博弈或简称为零和博弈。

3. 纯策略纳什均衡

在完全信息博弈中，如果在每个给定信息下，参与者在他的策略空间中只能选取唯一确定的策略，称这个策略为纯策略。

我们关心的问题是：在二人零和博弈 $G=\{S_1, S_2; \boldsymbol{A}\}$ 中，各局中人应该如何选择自己的策略，使自己在博弈中获得最好的结果。

分析问题的一般方法：

首先，在收益矩阵 $\boldsymbol{A}$ 的每行取最小值，在得到的 m 个最小值中再取最大值，得到

$$\max_{1\leqslant i\leqslant m} \min_{1\leqslant j\leqslant n} a_{ij}$$

然后在收益矩阵 $\boldsymbol{A}$ 的每列取最大值，在得到的 n 个最大值中再取最小值，得到

$$\min_{1\leqslant j\leqslant n} \max_{1\leqslant i\leqslant m} a_{ij}$$

如果成立等式

$$\max_{1\leqslant i\leqslant m}\min_{1\leqslant j\leqslant n} a_{ij} = \min_{1\leqslant j\leqslant n}\max_{1\leqslant i\leqslant m} a_{ij} = a_{i^* j^*}$$

则策略 A_{i^*}，B_{j^*} 分别称为局中人Ⅰ、Ⅱ的最优纯策略；对应的策略组合即局势(A_i，B_j)称为博弈 $G=\{S_1，S_2；\boldsymbol{A}\}$ 在纯策略意义下的纳什均衡；数值 $V_G=a_{i^* j^*}$ 为局中人Ⅰ在均衡中的收益，称为博弈 $G=\{S_1，S_2；\boldsymbol{A}\}$ 的值。

例 5.2 设零和博弈 $G=\{S_1，S_2；\boldsymbol{A}\}$，其中

$$S_1 = \{A_1, A_2, A_3\}, S_2 = \{B_1, B_2, B_3\},$$

$$\boldsymbol{A} = \begin{pmatrix} 6 & -1 & 0 \\ 3 & 1 & 2 \\ -3 & 0 & -1 \end{pmatrix}$$

局中人Ⅰ，Ⅱ应如何选择自己的策略，以保证自己在博弈中取得有利的地位?

解：对矩阵 **A** 的每行元素取最小值，即

$$\min\{6, -1, 0\} = -1；\min\{3,1,2\} = 1；\min\{-3,0,-1\} = -3$$

再从这些最小值中取最大值：$\max\{-1，1，-3\}=1$，则有

$$\max_{1\leqslant i\leqslant 3}\min_{1\leqslant j\leqslant 3} a_{ij} = a_{22} = 1$$

对矩阵 **A** 的每一列元素中取出最大值，即

$$\max\{6,3,-3\} = 6;\max\{-1,1,0\} = 1；\max\{0,2,-1\} = 2$$

再从这些最大值中取最小值：$\min\{6，1，2\}=1$，则有

$$\min_{1\leqslant j\leqslant 3}\max_{1\leqslant i\leqslant 3} a_{ij} = a_{22} = 1$$

由于 $\max\limits_{1\leqslant i\leqslant 3}\min\limits_{1\leqslant j\leqslant 3} a_{ij} = \min\limits_{1\leqslant j\leqslant 3}\max\limits_{1\leqslant i\leqslant 3} a_{ij} = a_{22} = 1$，故局中人Ⅰ、Ⅱ只有分别采取 A_2、B_2 时才是他们各自的最优纯策略，而局势(A_2，B_2)为博弈 $G=\{S_1，S_2；\boldsymbol{A}\}$ 在纯策略意义下的纳什均衡。博弈 $G=\{S_1，S_2；\boldsymbol{A}\}$ 的值 $V_G=a_{22}=1$。

可以看出：元素 a_{22} 为所在第 2 行中的最小值，又为所在第 2 列中的最大值，即 a_{22} 满足不等式

$$a_{i2} \leqslant a_{22} \leqslant a_{2j} (i = 1,2,3; j = 1,2,3)$$

我们称 a_{22} 为矩阵 **A** 的鞍点元素，与 a_{22} 对应的局势(A_2，B_2)也称为博弈 $G=\{S_1，S_2；\boldsymbol{A}\}$ 的鞍点。

4. 最小最大定理

1928 年，冯·诺依曼从数学上证明了，在有两个人的博弈中，只要他们的利益是完全相悖的，总存在一个理性的行动过程。这一结论被称为最小最大定理(Minmax Theoren)。

最小最大定理 零和博弈 $G=\{S_1，S_2；\boldsymbol{A}\}$ 在纯策略意义下有纳什均衡的充分必要条件是：存在策略组合(A_{i^*}，B_{j^*})，使得

$$\max_{1\leqslant i\leqslant m}\min_{1\leqslant j\leqslant n} a_{ij} = \min_{1\leqslant j\leqslant n}\max_{1\leqslant i\leqslant m} a_{ij} = a_{i^* j^*}$$

或

$$a_{ij^*} \leqslant a_{i^*j^*} \leqslant a_{i^*j} (i=1,2,\cdots,m;\ j=1,2,\cdots,n)$$

注意：最小最大定理是博弈论的一个基本原理。每个局中人遵循的决策准则是“做最坏的打算，争取最好的结果”，它适用于所有一输一赢的博弈。冯·诺依曼证明，在这样的博弈中，总有一种“最优的”方法。

例 5.3　设零和博弈 $G=\{S_1, S_2; \boldsymbol{A}\}$，其中

$$S_1=\{A_1,A_2,A_3,A_4\},\ S_2=\{B_1,B_2,B_3,B_4\}$$

$$\boldsymbol{A}=\begin{pmatrix} -1 & -1 & 3 & -1 \\ -2 & -2 & -1 & -1 \\ -1 & -1 & 2 & 5 \\ -2 & -2 & -3 & -1 \end{pmatrix}$$

求博弈 $G=\{S_1, S_2; \boldsymbol{A}\}$在纯策略意义下的纳什均衡和博弈的值。

解：对矩阵 $\boldsymbol{A}$ 的每行求最小值，得到$\{-1, -2, -1, -3\}$，再求其最大值得到-1，即$\max\limits_{1\leqslant i\leqslant 4}\min\limits_{1\leqslant j\leqslant 4} a_{ij}=-1$。

对矩阵 $\boldsymbol{A}$ 的每列求最大值，得到$\{-1, -1, 3, 5\}$，再求其最小值得到-1，即$\min\limits_{1\leqslant j\leqslant 4}\max\limits_{1\leqslant i\leqslant 4} a_{ij}=-1$。从而

$$\max_{1\leqslant i\leqslant 4}\min_{1\leqslant j\leqslant 4} a_{ij} = \min_{1\leqslant j\leqslant 4}\max_{1\leqslant i\leqslant 4} a_{ij} = a_{i^*j^*} = -1\ (i^*=1,3;j^*=1,2)$$

所以，局势(A_1, B_1)，(A_1, B_2)，(A_3, B_1)，(A_3, B_2)都是博弈 $G=\{S_1, S_2; \boldsymbol{A}\}$在纯策略意义下的纳什均衡，博弈值 $V_G=-1$。

可以看出，博弈在纯策略意义下的纳什均衡可以不唯一，但博弈的值是唯一的。

例 5.4　以弱敌强博弈

在中外的战争史上，不乏以弱胜强的例子。例如发生在中国古代的巨鹿之战(公元前 207 年，项羽指挥的 6 万起义军击败章邯指挥的 40 万秦军)、昆阳大战(公元 23 年，刘秀指挥的 2 万起义军击败王邑、王寻指挥的 43 万王莽军)，都是以弱胜强的优秀战例。

下面将这种情形模型化。假设红军准备进攻一座城市，它有兵力两个师；守城的蓝军有三个师。通往城市有甲、乙两条道路或方向。假设两军相遇时，人数居多的一方取胜；当两方人数相等时，守方获胜，并假定军队只能整师调动。

红军攻击策略：

A_1：两个师集中沿甲方向进攻。

A_2：一个师沿甲方向进攻，另一个师沿乙方向进攻。

A_3：两个师集中沿乙方向进攻。

蓝军防守策略：

B_1：三个师集中守甲方向。

B_2：两个师守甲方向，一个师守乙方向。

B_3：一个师守甲方向，两个师守乙方向。

B_4：三个师集中守乙方向。

用 1 和 −1 分别表示胜和败，攻、守双方布阵的所有可能结果见表 5.3。

表 5.3　以弱敌强博弈的收益矩阵

		蓝军			
		B_1	B_2	B_3	B_4
红军	A_1	−1，1	−1，1	1，−1	1，−1
	A_2	1，−1	−1，1	−1，1	1，−1
	A_3	1，−1	1，−1	−1，1	−1，1

由表 5.3 可知，这是一个二人零和博弈。因此，该模型可以简化成表 5.4。

表 5.4　以弱敌强博弈中红军的收益矩阵

		蓝军			
		B_1	B_2	B_3	B_4
红军	A_1	−1	−1	1	1
	A_2	1	−1	−1	1
	A_3	1	1	−1	−1

使用上例的方法分析，由表 5.4 可知红军在作选择时，首先要考虑选择每个策略时至少能赢得多少，然后从中选取最有利的策略。具体来说：先对收益矩阵的各行求最小(至少赢得)，然后再对矩阵各行最小组成的集合中的元素取最大(争取最佳)。于是有

$$\max_i \min_j a_{ij} = \max\{-1, -1, -1\} = -1$$

蓝军在作选择时，首先考虑在对方每个策略中自己最多损失多少，在此前提下争取损失最小。具体来说：对同一收益矩阵的各列求最大(最多损失)，然后对矩阵各列最大组成的集合中取最小(争取损失最小)。于是有

$$\min_j \max_i \{a_{ij}\} = \min\{1,1,1,1\} = 1$$

与前两个例子不同的是

$$\max_i \min_j a_{ij} \neq \min_j \max_i a_{ij}$$

进一步观察表 5.4 可知：蓝军的目标是追求最小损失，因此他不会选择 B_1，B_4，剔除策略 B_1，B_4 后的博弈收益见表 5.5。

表 5.5 以弱敌强博弈中剔除策略 B_1，B_4 后红军的收益矩阵

		蓝军	
		B_2	B_3
红军	A_1	−1	1
	A_2	−1	−1
	A_3	1	−1

红军的目标是追求最大赢得，他知道蓝军不会选择策略 B_1，B_4，此时红军就不会选择策略 A_2。剔除策略 A_2 后得到新的博弈收益矩阵见表 5.6。

表 5.6 以弱敌强博弈中剔除策略 A_2 后红军的收益矩阵

		蓝军	
		B_2	B_3
红军	A_1	−1	1
	A_3	1	−1

分析结果表明：红军只能选择集中优势兵力的攻击策略，即选择 A_1 或 A_3；蓝军只能选择分兵把守的防御策略，即选择 B_2 或 B_3。两方的形势是相同的，即红军尽管开始在军力上弱于蓝军，但实际上其获胜的可能与守方是相同的，这就给军事谋略的运用留下了发挥的空间。

5.2 混合策略纳什均衡

1. 混合策略的概念

在完全信息博弈中，如果在每个给定信息下只以某种概率选择不同策略，则称之为混合策略。混合策略是纯策略在空间上的概率分布，纯策略是混合策略的特例。纯策略的收益可以用效用表示，混合策略的收益只能以预期效用表示。

例 5.5 以弱敌强博弈(续)

由表 5.6 可知，在这个博弈中，由于

$$\max_{1\leqslant i\leqslant 2}\min_{1\leqslant j\leqslant 2}a_{ij}=-1,\ \min_{1\leqslant j\leqslant 2}\max_{1\leqslant i\leqslant 2}a_{ij}=1$$

$$\max_{1\leqslant i\leqslant 2}\min_{1\leqslant j\leqslant 2}a_{ij}\neq\min_{1\leqslant j\leqslant 2}\max_{1\leqslant i\leqslant 2}a_{ij}$$

由最小最大定理，该博弈在纯策略意义下没有纳什均衡，即此博弈不存在鞍点，从而双方都没有最优纯策略。对于这类博弈问题，局中人如何选择纯策略来参加博弈呢？在这种情况下，一个比较切合实际、合乎逻辑的想法必然是：既然局中人都没有最优纯策略可选，是否可以给出一个不同策略的概率分布？

解：我们可以设想局中人红军和蓝军随机地选取纯策略来进行博弈。例如，红军

以概率 x 选取纯策略 A_1，以概率 $1-x$ 选取纯策略 A_3；蓝军以概率 y 选取纯策略 B_2，以概率 $1-y$ 选取纯策略 B_3。于是，对红军来说，他的赢得可用期望值 $E(x,y)$ 来描述，即

$$E(x,y) = -xy + x(1-y) + (1-x)y - (1-x)(1-y)$$
$$= -4xy + 2x + 2y - 1 = -4\left(x-\frac{1}{2}\right)\left(y-\frac{1}{2}\right)$$

由上式可以看出，当 $x=\frac{1}{2}$ 时，即红军以概率 $\frac{1}{2}$ 选取纯策略 A_1 时，其期望值至少是 0，但不能保证期望值超过 0，这是因为蓝军取 $y=\frac{1}{2}$ 时，即以概率 $\frac{1}{2}$ 选取纯策略 B_1 时，可以控制红军的赢得不会超过 0。

从上述分析可以看出，每个局中人决策时，不是决定用哪一个纯策略，而是决定用多大概率选择每一个纯策略。为了研究这种不确定的博弈问题，我们给出混合策略的概念。

定义 2 一般地，设零和博弈 $G=\{S_1, S_2; \boldsymbol{A}\}$，其中

$$S_1 = \{A_1, A_2, \cdots, A_m\}, S_2 = \{B_1, B_2, \cdots, B_n\}, A = (a_{ij})_{m\times n}$$

假设局中人Ⅰ以概率 x_1，x_2，…，x_m 分别选取策略 A_1，A_2，…，A_m，局中人Ⅱ以概率 y_1，y_2，…，y_n 分别选取策略 B_1，B_2，…，B_n，则将纯策略集合对应的概率向量

$$\boldsymbol{X} = (x_1, x_2, \cdots, x_m) \quad \left(x_i \geqslant 0, i = 1,2,\cdots,m; \sum_{i=1}^{m} x_i = 1\right)$$

$$\boldsymbol{Y} = (y_1, y_2, \cdots, y_n) \quad \left(y_j \geqslant 0, j = 1,2,\cdots,n; \sum_{j=1}^{n} y_j = 1\right)$$

分别称为局中人Ⅰ与Ⅱ的混合策略，而 $(\boldsymbol{X}, \boldsymbol{Y})$ 称为混合局势（显然，纯策略可以看成是混合策略的一种特殊情况），又称数学期望

$$E(\boldsymbol{X},\boldsymbol{Y}) = \sum_{i=1}^{m}\sum_{j=1}^{n} a_{ij}x_i y_j$$

为局中人Ⅰ的期望收益，$-E(\boldsymbol{X}, \boldsymbol{Y})$ 为局中人Ⅱ的期望收益。

上述期望收益的概念是容易理解的：因为在混合策略条件下，每次双方会选择哪一个纯策略完全是一个随机事件，而任何一个纯局势的出现，都是两个相应的纯策略共同出现的结果。根据概率知识，交事件的概率就等于相应事件概率之积。同时，在混合策略条件下，每次可能出现的博弈值也完全是一个随机变量。根据数学期望的定义，随机变量的期望就等于每一随机变量与其相应的概率之积的代数和。

对给定博弈 $G=\{S_1, S_2; \boldsymbol{A}\}$，称 $G^* = \{S_1^*, S_2^*; E\}$ 为博弈 G 的混合扩充，其中 $S_1^* = \{\boldsymbol{X}\}$ 为局中人Ⅰ的所有混合策略构成的集合；$S_2^* = \{\boldsymbol{Y}\}$ 为局中人Ⅱ的所有混合策略构成的集合。

局中人Ⅰ的目标是寻求一种以混合概率 $\boldsymbol{X}^*$ 选取的策略，使局中人Ⅱ不论采取何种

混合策略 $\boldsymbol{Y}$ 时，都能使自己的期望收益中最小的尽可能大。换言之，局中人Ⅰ想找到一个最大的数 V_{S_1}，使其在以混合概率 $\boldsymbol{X}^*$ 选取策略时，对局中人Ⅱ的每种混合策略 $\boldsymbol{Y}$ 都有

$$E(\boldsymbol{X}^*,\boldsymbol{Y}) \geqslant V_{S_1}, \forall \boldsymbol{Y} \in S_2^* \quad (1)$$

我们称 $\boldsymbol{X}^*$ 为局中人Ⅰ的最优混合策略，简称最优策略。

同理，局中人Ⅱ也想以混合概率 $\boldsymbol{Y}^*$ 作为最优策略，使局中人Ⅰ不论采取何种策略 $\boldsymbol{X}$ 时，都能使自己的期望损失中最大的尽可能小。换言之，局中人Ⅱ想找到一个最小的数 V_{S_2}，使其在以概率 $\boldsymbol{Y}^*$ 选取策略时，对局中人Ⅰ的每种混合策略 $\boldsymbol{X}$ 都有

$$E(\boldsymbol{X},\boldsymbol{Y}^*) \leqslant V_{S_2}, \boldsymbol{X} \in S_1^* \quad (2)$$

我们称 $\boldsymbol{Y}^*$ 为局中人Ⅱ的最优策略。

实质上，最优混合策略的选取与最优纯策略选取的原则是一致的，即“从最不利的状态出发，选择使结果最好的策略”。

2. 混合策略意义下的纳什均衡

可以证明，在任何一个给定的二人零和博弈中，对局中人Ⅰ和Ⅱ分别存在最优策略 $\boldsymbol{X}^*$ 和 $\boldsymbol{Y}^*$ 以及 V_{S_1} 和 V_{S_2}，使得式(1)和(2)成立，且 $V_{S_1}=V_{S_2}=V_G$，V_G 为局中人Ⅰ在均衡下所得到的期望收益，我们称 V_G 为博弈 G 的值，而混合局势($\boldsymbol{X}^*$，$\boldsymbol{Y}^*$)称为 G 在混合策略意义下的一个纳什均衡。

可以证明：任何一个给定的二人零和博弈 G 一定存在混合策略意义下的纳什均衡。

例 5.6　设零和博弈 $G=\{S_1, S_2; \boldsymbol{A}\}$，其中

$$S_1=\{\mathrm{A}_1,\mathrm{A}_2\},\ S_2=\{\mathrm{B}_1,\mathrm{B}_2\},\ \boldsymbol{A}=\begin{pmatrix}3 & 7\\ 5 & 1\end{pmatrix}$$

判断该博弈是否存在纯策略意义下的纳什均衡；如果不存在，求出该博弈在混合策略意义下的一个纳什均衡，并给出该博弈的值。

解：由于

$$\max_{1\leqslant i\leqslant 2}\min_{1\leqslant j\leqslant 2} a_{ij}=\max\{3,1\}=3, \min_{1\leqslant j\leqslant 2}\max_{1\leqslant i\leqslant 2} a_{ij}=\min\{5,7\}=5$$

故此博弈不存在鞍点，从而该博弈不存在纯策略意义下的纳什均衡。

此时，设局中人Ⅰ以概率 x 选取纯策略 A_1，以概率 $1-x$ 选取纯策略 A_2；局中人Ⅱ以概率 y 选取纯策略 B_1，以概率 $1-y$ 选取纯策略 B_2。于是，对局中人Ⅰ来说，他的赢得可用期望值 $E(x,y)$ 来描述：

$$\begin{aligned}E(x,y)&=3xy+7x(1-y)+5(1-x)y+(1-x)(1-y)\\&=-8xy+6x+4y+1=-8\left(xy-\frac{3}{4}x-\frac{1}{2}y\right)+1\\&=-8\left(x-\frac{1}{2}\right)\left(y-\frac{3}{4}\right)+4\end{aligned}$$

由上式可以看出，当 $x=\frac{1}{2}$时，即局中人Ⅰ以概率$\frac{1}{2}$选取纯策略 A_1 时，其期望值至少是 4，但不能保证期望值超过 4，这是因为局中人Ⅱ取 $y=\frac{3}{4}$时，即以概率$\frac{3}{4}$选取纯策略 B_1 时，可以控制局中人Ⅰ的赢得不会超过 4。

所以，局中人Ⅰ的最优混合策略为 $\boldsymbol{X}^*=\left(\frac{1}{2}, \frac{1}{2}\right)$；局中人Ⅰ的最优混合策略为 $\boldsymbol{Y}^*=\left(\frac{3}{4}, \frac{1}{4}\right)$。该博弈在混合策略意义下的一个纳什均衡为($\boldsymbol{X}^*$，$\boldsymbol{Y}^*$)，该博弈的值 $V_G=4$。

对混合策略的一个合理的解释是：一个局中人选择混合策略的目的是要给其他局中人造成不确定性。这样，尽管其他人知道他选择某个策略的概率是多大，但却不能猜透他实际上会选择哪个策略。所以，混合策略是一个局中人对其他局中人行为的不确定性的反应。

混合策略告诉了我们局中人决策的具体方式以及平均意义上的收益(期望收益或称为预期收益)。

求解零和博弈的纳什均衡，通常采用代数法或线性规划法，计算量较大。为了回避复杂的计算，我们采取一个“最优策略”，即使用 Excel 软件求解各种各样的零和博弈(详见本章 5.3)。

例 5.7 再论“田忌赛马”

再看第 2 章的例 2.2 田忌赛马的故事，赛马博弈的局中人为齐王和田忌。齐王和田忌的收益情况的标准式表述见表 5.7。每个数据对中左边的数字表示齐王的收益，右边的数字表示田忌的收益。

表 5.7 齐王与田忌赛马博弈的标准式

		田忌					
		上中下	上下中	中上下	中下上	下中上	下上中
齐王	上中下	3，−3	1，−1	1，−1	1，−1	1，−1	−1，1
	上下中	1，−1	3，−3	1，−1	1，−1	−1，1	1，−1
	中上下	1，−1	−1，1	3，−3	1，−1	1，−1	1，−1
	中下上	−1，1	1，−1	1，−1	3，−3	1，−1	1，−1
	下中上	1，−1	1，−1	−1，1	1，−1	3，−3	1，−1
	下上中	1，−1	1，−1	1，−1	−1，1	1，−1	3，−3

在比赛的局中人和策略集一定的情况下，不同的比赛规则就决定了不同的比赛结果。

(1)如果规定两人同时选择的"策略"都必须是(上中下)，那么结果肯定是田忌连输 3 局(不比就知道结果了，这只能算是哄齐王高兴的游戏)。

(2)由于孙膑的筹划，每场比赛前要齐王先报出他的出马次序，然后采取相应的策略就保证田忌净胜一局(在孙膑谋划的比赛中，齐王不是理性的人)。

显然，(1)、(2)两种情形都不属于博弈论研究的模型。

(3)博弈论假定局中人都是理性的，按照这个假设：当田忌出下马时，齐威王最好的选择是出下马；但齐威王出下马时，田忌应出中马；但此时齐威王又应出中马了……这样，博弈就没有纯策略纳什均衡了。

假如在赛马中田忌和齐威王都是理性的，并规定他们必须同时出马，那么，他们就只能按(上中下)的组合随机出马了。显然，这个博弈就是一个零和博弈的混合策略问题。用代数的方法可以求得该博弈的一个混合策略纳什均衡($\boldsymbol{X}^*$，$\boldsymbol{Y}^*$)，其中齐王的最优混合策略为 $\boldsymbol{X}^*=\left(\frac{1}{6},\frac{1}{6},\frac{1}{6},\frac{1}{6},\frac{1}{6},\frac{1}{6}\right)$；田忌的最优混合策略为 $\boldsymbol{Y}^*=\left(\frac{1}{6},\frac{1}{6},\frac{1}{6},\frac{1}{6},\frac{1}{6},\frac{1}{6}\right)$。该博弈的值 $V_G=1$，这是齐王的预期收益，即多次进行这样的赛马，齐王平均每次能赢田忌一千金。

3. 奇数定理

威尔逊(Wilson)在 1971 年指出：几乎所有有限策略的博弈都有奇数个纳什均衡，包括纯策略纳什均衡和混合策略纳什均衡。这就是著名的奇数定理(Oddness Theorem)。按照这个定理，一般来说，如果一个博弈有两个纯策略纳什均衡，就一定有第三个混合策略纳什均衡。

如果在有多个纳什均衡或没有纳什均衡的情况下，需要考虑预期收益，就可以按照奇数定理，去寻找问题的混合策略纳什均衡。

5.3　应用 Excel 软件求解二人零和博弈

计算混合策略纳什均衡需要应用适当的算法且计算量较大，尤其是对于高阶的混合策略博弈问题(矩阵阶数大于 3)的求解更繁复。然而，根据下述重要定理，我们可以借助 Office 办公系统中的 Excel 轻松地求解这类问题。

1. 剔除严格劣策略

首先我们需要对问题作预处理：先剔除严格劣策略。这是因为在"局中人是理性的"假设前提下，博弈中如果某个局中人的策略集合中存在严格劣策略，理性的他永远不会选择严格劣策略的，这就相当于采取相应严格劣策略的概率为 0。所以在求混合策略均衡时，我们必须先对这样的严格劣策略赋予 0 概率，或者剔除掉该严格劣策略。由于通过反复剔除严格劣策略所得到的博弈与原博弈有相同的纳什均衡，因此，这种处理方法是简化大而复杂的标准式博弈的一种有效途径。

注意：反复剔除法不普适于劣策略，因为对有的博弈有可能会删除了均衡解，与原博弈不同解。

如博弈矩阵 $\boldsymbol{A}=\begin{pmatrix} 2 & 2 & 3 \\ 3 & 2 & 4 \\ 9 & -1 & -10 \\ -3 & 0 & 6 \end{pmatrix}$，若划掉了第一行，就丢掉了一个均衡解 (a_1, b_2)。因此剔除劣策略时要具体问题具体分析。

2. 预备知识

要用 Excel 中规划求解工具求解二人零和博弈问题，需要了解如下约定：

设 $\boldsymbol{A}=(a_{ij})_{m\times n}$ 为局中人Ⅰ的收益矩阵，

$$\boldsymbol{A}=(a_{ij})_{m\times n}=\begin{pmatrix} a_{11} & a_{12} & \cdots & a_{1n} \\ a_{21} & a_{22} & \cdots & a_{2n} \\ \vdots & \vdots & & \vdots \\ a_{m1} & a_{m2} & \cdots & a_{mn} \end{pmatrix}$$

记 $\boldsymbol{X}=(x_1, x_2, \cdots, x_m)$，$\boldsymbol{Y}=(y_1, y_2, \cdots, y_n)$ 分别为局中人Ⅰ和局中人Ⅱ的混合策略，$\boldsymbol{E}_m=(\underbrace{1, 1, \cdots, 1}_{m个1})$，$\boldsymbol{E}_n=(\underbrace{1, 1, \cdots, 1}_{n个1})$，$\boldsymbol{Y}^{\mathrm{T}}$ 表示 $\boldsymbol{Y}$ 的转置，$\boldsymbol{E}_m^{\mathrm{T}}$ 表示 $\boldsymbol{E}_m$ 的转置。

根据上述约定，我们给出下述定理。这是用 Excel 中规划求解工具求解二人零和博弈问题的重要理论依据。

定理 1　求矩阵博弈 $G=\{S_1, S_2, \boldsymbol{A}\}$ 的纳什均衡 $(\boldsymbol{P}^*, \boldsymbol{Q}^*)$ 等价于求解两个线性规划问题：

$$(1)\quad \max Z=\sum_{j=1}^{n} y_j \quad \text{s.t.}\begin{cases}\boldsymbol{A}\boldsymbol{Y}^{\mathrm{T}}\leqslant \boldsymbol{E}_m^{\mathrm{T}} \\ \boldsymbol{Y}\geqslant 0\end{cases} \qquad 和 \qquad (2)\quad \min Z=\sum_{i=1}^{m} x_i \quad \text{s.t.}\begin{cases}\boldsymbol{X}\boldsymbol{A}\geqslant \boldsymbol{E}_n \\ \boldsymbol{X}\geqslant 0\end{cases}$$

原博弈的解为

$$V_G=\frac{1}{\sum_{i=1}^{m} x_i},\ \boldsymbol{P}^*=V_G\boldsymbol{X},\ \boldsymbol{Q}^*=V_G\boldsymbol{Y}^{T}$$

这里的 V_G 即为局中人Ⅰ的期望收益值，$(\boldsymbol{P}^*, \boldsymbol{Q}^*)$ 为该博弈的混合纳什均衡。

说明：式中的 s. t. 为 subject to 的缩写，意即“受限于”其后的条件。关于矩阵、向量之间的运算，读者可参阅附录。

定理 2　设有两个矩阵博弈 $G_1=\{S_1, S_2; \boldsymbol{A}_1\}$ 和 $G_2=\{S_1, S_2; \boldsymbol{A}_2\}$，其中 $\boldsymbol{A}_1=(a_{ij})$，$\boldsymbol{A}_2=(a_{ij}+k)$（$k$ 为任意常数），则有

(1)$V_{G_2}=V_{G_1}+k$。

(2)$T(G_1)=T(G_2)$。式中 $T(G)$表示矩阵博弈 G 的解集。

3. 求解二人零和博弈的实例

例 5.7　求解二人零和博弈 $G=\{S_1，S_2，\boldsymbol{A}\}$，其中局中人Ⅰ的收益矩阵为

$$\boldsymbol{A}=\begin{pmatrix}3 & 7\\5 & 1\end{pmatrix}$$

根据上述定理，要求解例 5.7，应该先求解下列的规划问题：

$$(1)\quad \max Z=y_1+y_2 \quad \text{s.t.}\begin{cases}\boldsymbol{AY}^{\mathrm{T}}\leqslant \boldsymbol{E}_2^{\mathrm{T}}\\ \boldsymbol{Y}\geqslant 0\end{cases} \qquad 和 \qquad (2)\quad \min Z=x_1+x_2 \quad \text{s.t.}\begin{cases}\boldsymbol{XA}\geqslant \boldsymbol{E}_2\\ \boldsymbol{X}\geqslant 0\end{cases}$$

下面我们就结合例 5.7，详细介绍如何用 Excel 软件求解二人零和博弈的基本操作过程。为使用 Excel 软件求解，首先需将矩阵、向量表示形式的规划问题展开整理成标量表示形式。

例 5.7 中规划问题标量表示形式：

$$(1')\quad \max Z=y_1+y_2 \quad \text{s.t.}\begin{cases}3y_1+7y_2\leqslant 1\\ 5y_1+y_2\leqslant 1\\ y_1,y_2\geqslant 0\end{cases} \qquad 和 \qquad (2')\quad \min Z=x_1+x_2 \quad \text{s.t.}\begin{cases}3x_1+5x_2\geqslant 1\\ 7x_1+x_2\geqslant 1\\ x_1,x_2\geqslant 0\end{cases}$$

第一步　先加载规划求解工具。

建立好规划模型后，即可使用 Excel 软件的规划求解工具求解。由于在默认情况下 Excel 不加载规划求解工具，所以要应用规划求解工具，且 Excel 软件的工具菜单中没有规划求解命令时，应先加载规划求解工具。其操作步骤如下：

(1)单击“工具”菜单中的“加载宏”命令，这时出现“加载宏”对话框。

(2)在当前“加载宏”列表框中选定“规划求解”的复选框，单击确定按钮。

这以后在“工具”菜单中，将出现“规划求解”命令。当需要进行规划求解操作时，直接执行该命令即可，如果不再需要进行规划求解操作，可以按照类似的方法，通过“加载宏”命令取消当前“加载宏”列表中“规划求解”复选框，这样会把“规划求解”命令从工具菜单中移去。

第二步　建立工作表，如图 5.2 所示。

	A	B	C	D
1				
2				
3				
4				
5				
6				
7				

图 5.2　建立工作表

第三步　进行规划求解操作。

我们先求解规划(1′)：

(1)单击“工具”菜单中的“规划求解”命令，这时将出现“规划求解参数”对话框，如图 5.3 所示。

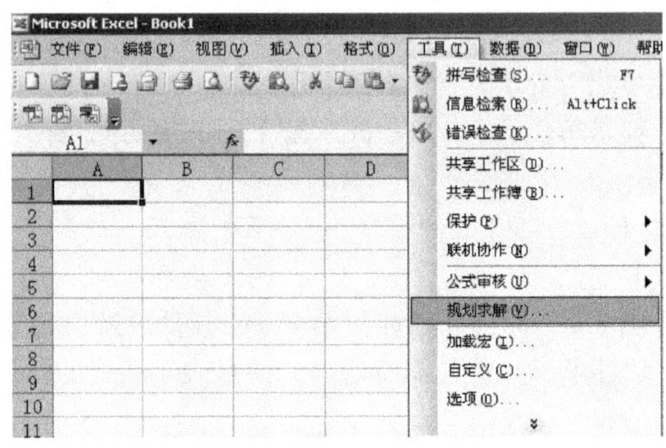

图 5.3　规划求解参数对话框

(2)设置目标函数。指定设置目标单元格为目标函数所在的单元格。我们输入 \$D\$1 即准备用 D1 单元格初始存放目标函数表达式，最终存放目标函数值。然后选择求最大值(若求解第 2 个规划就需选择“最小值”)，如图 5.4 所示。

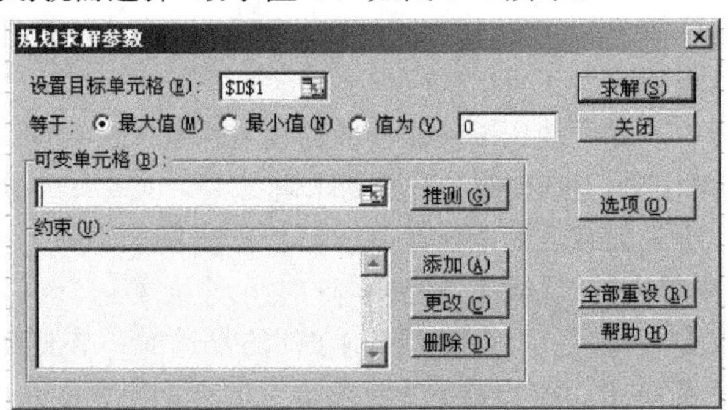

图 5.4　设置目标函数

(3)设置决策变量。指定可变单元格为决策变量所在的单元区域。我们输入 \$B\$2：\$B\$3，即准备用 B_2-B_3 单元格存放求解后输出变量的值。为使变量名和变量的值对应关系清晰起见，我们在工作表中的 A_2-A_3 单元格中输入各决策变量名，与准备存放决策变量值的 B_2-B_3 单元格相对应，如图 5.5 所示。

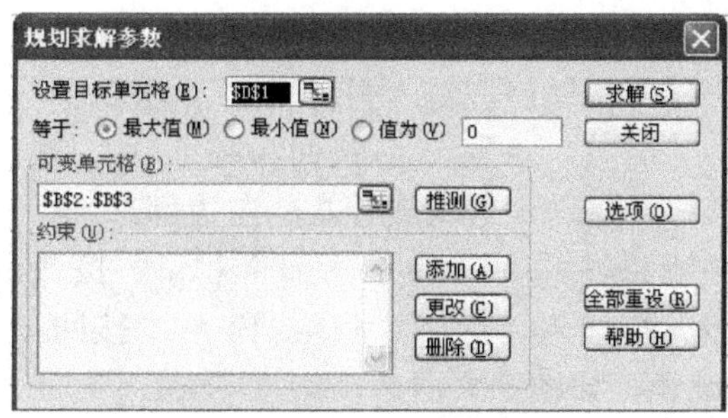

图 5.5　设置决策变量

(4)设置约束条件。单击“添加”按钮，这时将出现“添加约束”对话框，如图 5.6 所示。

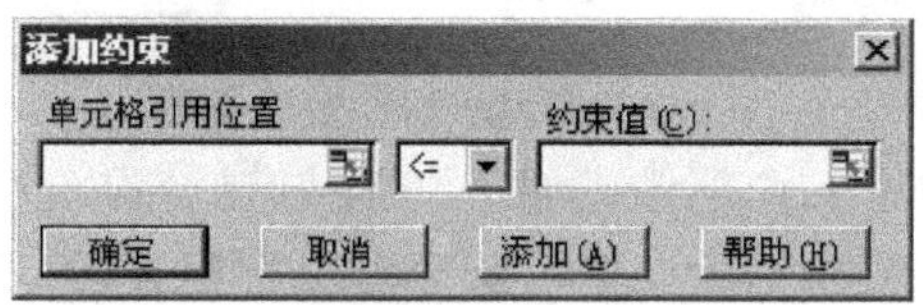

图 5.6　添加约束对话框

在单元格引用位置中指定约束不等式或等式(关系运算符的右边只能放常数)所在的单元格。我们输入＄D＄2，选择“＜＝”关系运算符，在约束值中输入 1，单击添加按钮，即添加了一个约束条件：＄D＄2＜＝1，如图 5.7 所示。

图 5.7　添加一个约束条件

(5)按照上述步骤逐个添加下表中的约束条件，添加完毕后，单击确定按钮，这时的规划求解参数对话框如图 5.8 所示。

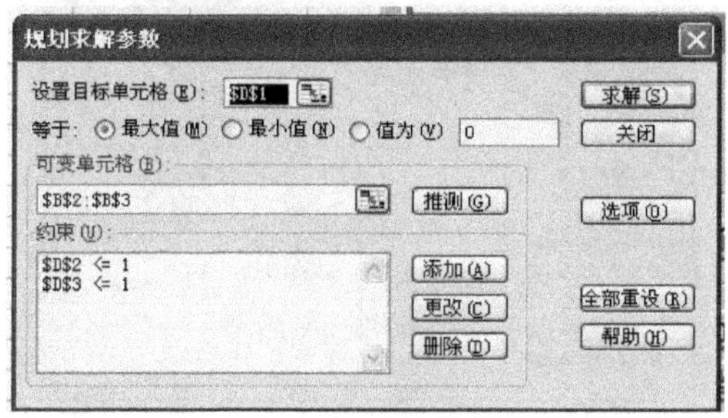

图 5.8　规划求解参数对话框

这时，工作表中应根据规划求解参数的设置输入相关的内容。注意 D1－D3 单元格输入的应为公式形式，如 D1 单元格应输入目标函数表达式：

$$=B_2+B_3\ \text{按回车键}$$

D2－D3 单元格输入约束条件不等式或等式的左边部分：

D2 单元格输入　　$=3*B_2+7*B_3$　　按回车键

D3 单元格输入　　$=5*B_2+B_3$　　按回车键

得到规划求解参数设置，如图 5.9 所示。

D3　　fx　=5*B2+B3

	A	B	C	D
1			max	0
2	y1			0
3	y2			0

图 5.9　规划求解参数设置图

注意：操作中只需注意工作表中的输入内容与规划求解参数的设置正确的对应关系，这两部分操作没有一定的先后顺序，甚至可以交互进行。

(6)单击"规划求解"参数对话框中的"求解"按钮，Excel 开始计算，最后出现"规划求解"对话框，根据需要选择是保存现规划求解结果还是恢复为原值，是否保存方案，是否生成运算结果报告等。我们选择保存现规划求解结果，并生成运算结果报告，如图 5.10 所示。

	A	B	C	D
1				0.25
2	y1	0.1875		1
3	y2	0.0625		1

图 5.10　运算结果报告

至此，我们得到 $\boldsymbol{Y}^*=(0.1875,\ 0.0625)$。

注意：如果求出的解存在小于零的分量，则应在"规划求解参数"窗口中选择"选项"按钮，在出现的"规划求解选项"窗口中选择"假定非负"，"确定"后重新运行。

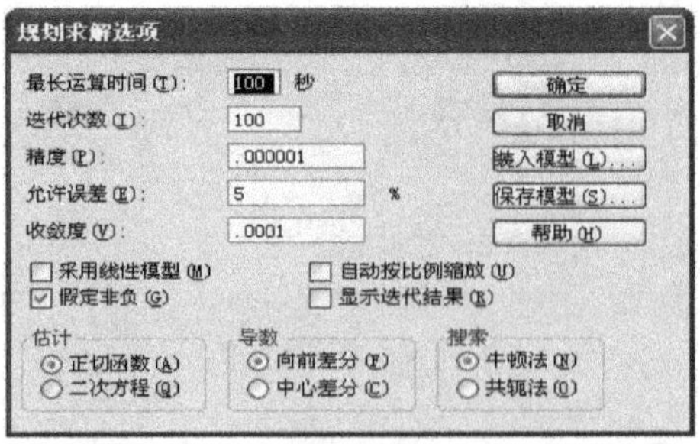

规划求解选项

最长运算时间(T)：100 秒　　确定

迭代次数(I)：100　　取消

精度(P)：.000001　　装入模型(L)...

允许误差(E)：5 %　　保存模型(S)...

收敛度(V)：.0001　　帮助(H)

☐ 采用线性模型(M)　　☐ 自动按比例缩放(U)

☑ 假定非负(G)　　☐ 显示迭代结果(R)

估计：⊙ 正切函数(A)　○ 二次方程(Q)

导数：⊙ 向前差分(F)　○ 中心差分(C)

搜索：⊙ 牛顿法(N)　○ 共轭法(O)

图 5.11　选择"假定非负"

类似的过程可得到

可变单元格

单元格	名字	初值	终值
B2	x1	0	0.125
B3	x2	0	0.125

图 5.12　运算结果报告

即
$$\boldsymbol{X}^*=(0.125,\ 0.125)。$$

因此
$$V_G=\frac{1}{x_1+x_2}=\frac{1}{0.125+0.125}=4$$

$$\boldsymbol{P}^*=V_G\boldsymbol{X}=4(x_1,x_2)=4(0.125,0.125)=(0.5,0.5)$$
$$\boldsymbol{Q}^*=V_G\boldsymbol{Y}^T=4(0.1875,0.0625)=(0.75,0.25)$$

结果是：局中人Ⅰ的混合策略为 $\boldsymbol{P}^*=(0.5,\ 0.5)$，局中人Ⅱ的混合策略为 $\boldsymbol{Q}^*=(0.75,\ 0.25)$。该博弈的混合策略纳什均衡为($\boldsymbol{P}^*$，$\boldsymbol{Q}^*$)，局中人Ⅰ的期望收益值为 4。

例 5.8　求“田忌赛马”博弈的混合纳什均衡：

齐威王的收益矩阵为

$$\boldsymbol{A}=\begin{pmatrix} 3 & 1 & 1 & 1 & 1 & -1 \\ 1 & 3 & 1 & 1 & -1 & 1 \\ 1 & -1 & 3 & 1 & 1 & 1 \\ -1 & 1 & 1 & 3 & 1 & 1 \\ 1 & 1 & -1 & 1 & 3 & 1 \\ 1 & 1 & 1 & -1 & 1 & 3 \end{pmatrix}$$

第一步 先求出 $\boldsymbol{Y}$。

图 5.13　规划求解参数设置图

D2 =3*B2+B3+B4+B5+B6-B7

	A	B	C	D	E
1				0	
2	y1			0	
3	y2			0	
4	y3			0	
5	y4			0	
6	y5			0	
7	y6			0	

图 5.14　添加约束对话框

可变单元格

单元格	名字	初值	终值
B2	y1	0	0.166666667
B3	y2	0	0.166666667
B4	y3	0	0.166666667
B5	y4	0	0.166666667
B6	y5	0	0.166666667
B7	y6	0	0.166666667

图 5.15　运算结果报告

得到

$$\boldsymbol{Y}^{\mathrm{T}}=(y_1,y_2,y_3,y_4,y_5,y_6)=\left(\frac{1}{6},\frac{1}{6},\frac{1}{6},\frac{1}{6},\frac{1}{6},\frac{1}{6}\right)$$

第二步 再求出 $\boldsymbol{X}$。

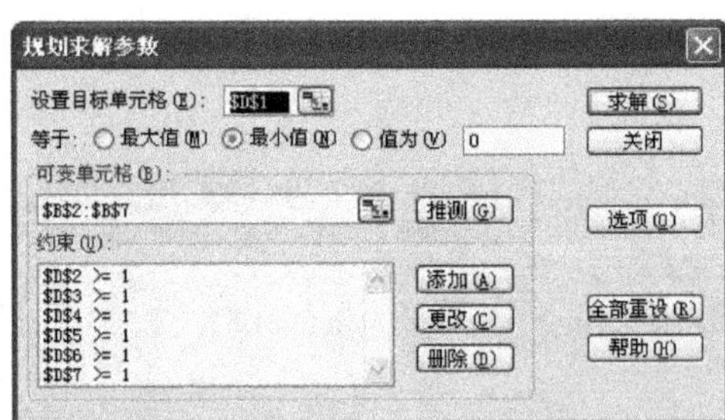

图 5.16　规划求解参数设置图

D7 =-B2+B3+B4+B5+B6+3*B7

	A	B	C	D
1				0
2	x1	0		0
3	x2	0		0
4	x3	0		0
5	x4	0		0
6	x5	0		0
7	x6	0		0

图 5.17　添加约束对话框

可变单元格

单元格	名字	初值	终值
B2	x1	0	0.166666667
B3	x2	0	0.166666667
B4	x3	0	0.166666667
B5	x4	0	0.166666667
B6	x5	0	0.166666667
B7	x6	0	0.166666667

图 5.18　运算结果报告

得到

$$\boldsymbol{X}=(x_1,x_2,x_3,x_4,x_5,x_6)=\left(\frac{1}{6},\frac{1}{6},\frac{1}{6},\frac{1}{6},\frac{1}{6},\frac{1}{6}\right)$$

第三步　最后求出原博弈的混合策略纳什均衡($\boldsymbol{P}^*$，$\boldsymbol{Q}^*$)：

$$V_G=\frac{1}{\sum_{i=1}^{6}x_i}=1$$

$$\boldsymbol{P}^*=V_G\boldsymbol{X}=(x_1,x_2,x_3,x_4,x_5,x_6)=\left(\frac{1}{6},\frac{1}{6},\frac{1}{6},\frac{1}{6},\frac{1}{6},\frac{1}{6}\right)$$

$$\boldsymbol{Q}^*=V_GY^T=(y_1,y_2,y_3,y_4,y_5,y_6)=\left(\frac{1}{6},\frac{1}{6},\frac{1}{6},\frac{1}{6},\frac{1}{6},\frac{1}{6}\right)$$

结果：齐威王的混合策略为

$$\boldsymbol{P}^*=\left(\frac{1}{6},\ \frac{1}{6},\ \frac{1}{6},\ \frac{1}{6},\ \frac{1}{6},\ \frac{1}{6}\right)$$

田忌的混合策略为

$$\boldsymbol{Q}^*=\left(\frac{1}{6},\ \frac{1}{6},\ \frac{1}{6},\ \frac{1}{6},\ \frac{1}{6},\ \frac{1}{6}\right)$$

该博弈的混合策略纳什均衡为($\boldsymbol{P}^*$，$\boldsymbol{Q}^*$)，齐威王的期望收益值为 1。

例 5.9　求解二人零和博弈 $G=\{S_1,\ S_2,\ \boldsymbol{A}\}$，其中

$$S_1=\{a_1,a_2,a_3,a_4,a_5\},\ S_2=\{b_1,b_2,b_3,b_4,b_5\}$$

局中人Ⅰ的收益矩阵为

$$\boldsymbol{A}=\begin{pmatrix}4&3&1&4&1\\6&1&3&6&10\\8&4&10&6&10\\5&7&9&8&7\\7&1&9&9&4\end{pmatrix}$$

显然，局中人Ⅰ有严格劣策略 a_1、a_2，剔除 a_1、a_2 后得到

$$\boldsymbol{A}_1=\begin{pmatrix}8&4&10&6&10\\5&7&9&8&7\\7&1&9&9&4\end{pmatrix}$$

局中人Ⅱ有严格劣策略 b_3、b_4，因此剔除矩阵 $\boldsymbol{A}_1$ 中的第 3、4 列，得到

$$\boldsymbol{A}_2=\begin{pmatrix}8 & 4 & 10\\5 & 7 & 7\\7 & 1 & 4\end{pmatrix}$$

局中人Ⅰ有严格劣策略 a_5，剔除 a_5 后，得到新的收益矩阵

$$\boldsymbol{A}_3=\begin{pmatrix}8 & 4 & 10\\5 & 7 & 7\end{pmatrix}$$

局中人Ⅱ有严格劣策略 b_5，因此剔除 b_5 后，得到

$$\boldsymbol{A}_4=\begin{pmatrix}8 & 4\\5 & 7\end{pmatrix}$$

注意：此时局中人Ⅰ的策略集是$\{a_3，a_4\}$；局中人Ⅱ的策略集是$\{b_1，b_2\}$；而取其他策略的概率为 0.

利用 Excel 求解得：

可变单元格

单元格	名字	初值	终值
\$B\$2	x3	0	0.055555556
\$B\$3	x4	0	0.011111111

可变单元格

单元格	名字	初值	终值
\$B\$2	y1	0	0.083333333
\$B\$3	y2	0	0.083333333

再经计算得原博弈的解：局中人Ⅰ的期望收益为 $V_G=6$，其最优混合策略 $\boldsymbol{P}^*=(0，0，1/3，2/3，0)$，局中人Ⅱ的最优混合策略 $\boldsymbol{Q}^*=(1/2，1/2，0，0，0)$.

该博弈的混合策略纳什均衡为$(\boldsymbol{P}^*，\boldsymbol{Q}^*)$。

例 5.10 试求例 5.3 中零和博弈 $G=\{S_1，S_2；\boldsymbol{A}\}$的混合纳什均衡，其中

$$S_1=\{a_1,a_2,a_3,a_4\}，\ S_2=\{b_1,b_2,b_3,b_4\}$$

$$\boldsymbol{A}=\begin{pmatrix}-1 & -1 & 3 & -1\\-2 & -2 & -1 & -1\\-1 & -1 & 2 & -2\\-2 & -2 & -3 & -3\end{pmatrix}$$

我们按照最小最大定理已经求出了该博弈的四个纳什均衡：局势$(a_1，b_1)$，$(a_1，b_2)$，$(a_3，b_1)$，$(a_3，b_2)$都是博弈 $G=\{S_1，S_2；\boldsymbol{A}\}$在纯策略意义下的纳什均衡，博弈值 $V_G=-1$。根据奇数定理，该博弈至少存在一个混合纳什均衡。

如果我们直接按上述例题的做法，先剔除严格劣策略：划掉矩阵 $\boldsymbol{A}$ 的第四行，再划掉新矩阵的第三列，再划掉下一个新矩阵的第二行，得

$$\boldsymbol{A}_3=\begin{pmatrix}-1 & -1 & -1\\-1 & -1 & 5\end{pmatrix}$$

然后用 Excel 求解，结果失败(算法不收敛)。这与 Excel 中的“规划求解”所采用的算法有关。

根据定理 2，将 $\boldsymbol{A}$ 的每个元素都加上 3，得

$$\boldsymbol{A}_1=\begin{pmatrix}2 & 2 & 2\\ 2 & 2 & 8\end{pmatrix}$$

再用 Excel 求解并计算，得到一个混合纳什均衡解：

$$\boldsymbol{P}^*=(0.3,0,0.7,0),\boldsymbol{Q}^*=(0.5,0.5,0,0),\quad V_G=-1$$

这里需要讲一下最优混合策略的实现问题。由于混合策略具有随机性，因此，局中人在采用最优混合策略进行博弈时，通常需要借助于一个随机装置。假如混合策略是(0.5，0.5)，即可通过掷硬币的方式，正面朝上出策略 1，反面朝上出策略 2；若混合策略是(3/4，1/4)，则可在一个小罐子里装上 3 个黑子和 1 个白子，摸出黑子出策略 1，摸出白子出策略 2；若最优混合策略是由 3 个或 4 个纯策略构成，随机装置可以采用不同花色的扑克牌来构造；若最优混合策略是由 6 个纯策略构成，可以采用掷骰子或抓阄等方法。总之，我们可以根据实际情况选择或构造适当的随机装置。

在博弈论发展的初期，有关零和博弈的研究十分重要。零和博弈是研究其他类型博弈的基础，它为复杂博弈的深入研究奠定了基石。然而在现实生活中，利己并不一定非得损人。尤其是在商业中，只有合作才可以得到双赢的结果，不但你得到好处，你的对手也得到好处。这种情况称为非零和博弈。在非零和博弈中，一个局中人的所得并不一定意味着其他局中人要遭受同样数量的损失。其中隐含的一个意思是，参与者之间可能存在某种共同的利益，“双赢”或者“多赢”是博弈论中非常重要的理念。

本章小结

本章介绍了二人零和博弈、纯策略意义下纳什均衡的概念和求解方法；介绍了混合策略意义下纳什均衡的概念和求解方法，特别值得关注的是利用 Excel 软件求解零和博弈的方法。

二人零和博弈刻画的是完全对抗性的博弈，这类博弈有的存在纯策略意义下纳什均衡，有的不存在纯策略意义下纳什均衡，判断的依据是最小最大定理。

当二人零和博弈不存在纯策略意义下的纳什均衡时，一定存在混合策略意义下的纳什均衡。我们可以仿照例 5.5 求解其在混合策略意义下的纳什均衡，但计算比较繁琐；建议采用 Excel 或其他软件求解博弈在混合策略意义下的纳什均衡及博弈的值。

练习 5

1. 判断下列零和博弈 $G=\{S_1, S_2; \boldsymbol{A}\}$ 是否有鞍点，如果有鞍点，试求出博弈的纳什均衡。

(1)$\boldsymbol{A}=\begin{pmatrix}9 & -6 & -3\\5 & 6 & 4\\7 & 4 & 3\end{pmatrix}$；　　(2) $\boldsymbol{A}=\begin{pmatrix}0 & 4 & 1 & 3\\-1 & 3 & 0 & 2\\-1 & -1 & 4 & 1\end{pmatrix}$；

(3)$\boldsymbol{A}=\begin{pmatrix}6 & 5 & 6 & 5\\1 & 4 & 2 & -1\\8 & 5 & 7 & 5\\0 & 2 & 6 & 2\end{pmatrix}$；　　(4) $\boldsymbol{A}=\begin{pmatrix}15 & -20 & -12 & 3\\4 & 2 & -10 & -6\\20 & -18 & -15 & -8\\-12 & 8 & -10 & 6\\10 & 9 & -11 & 4\end{pmatrix}$；

(5)$\boldsymbol{A}=\begin{pmatrix}2 & 4\\5 & 3\end{pmatrix}$；　　(6) $\boldsymbol{A}=\begin{pmatrix}2 & 3 & 6\\2 & 4 & 4\\5 & 3 & 5\end{pmatrix}$。

2. 用 Excel 软件求解下列零和博弈 $G=\{S_1, S_2; \boldsymbol{A}\}$：

(1) $\boldsymbol{A}=\begin{pmatrix}-1 & 2 & 1\\1 & -2 & 2\\3 & 4 & -3\end{pmatrix}$；(2) $\boldsymbol{A}=\begin{pmatrix}3 & -2 & 4\\-1 & 4 & 2\\2 & -1 & 6\end{pmatrix}$。

3. 用 Excel 软件求解下列零和博弈 $G=\{S_1, S_2; \boldsymbol{A}\}$：

$$\boldsymbol{A}=\begin{pmatrix}3 & 2 & -1 & 4 & 3\\6 & -1 & 5 & -2 & -1\\1 & -3 & -8 & 12 & -9\\-5 & 6 & 7 & -2 & 4\end{pmatrix}$$

第 6 章　非零和博弈的混合策略纳什均衡

非零和博弈是非合作博弈中的一种博弈。在这种博弈中，各方的收益或损失的总和不是零值。在非零和博弈中，对局各方不再是完全对立的，一个局中人的所得并不一定意味着其他局中人要遭受同样数量的损失。这隐含着博弈参与者之间可能存在某种共同的利益，可以“双赢”或者“多赢”。本章将通过实例介绍二人非零和博弈的混合策略纳什均衡的概念和具体的求解方法，最后介绍有限策略博弈的一般性结论——奇数定理的应用。

6.1　非零和博弈的混合策略纳什均衡

1. 约翰・纳什的结论

通过对二人零和博弈的研究，我们知道其混合策略是以一定的概率在两个或多个纯策略中进行选择的策略，并且知道任何一个给定的二人零和博弈一定存在混合策略下的纳什均衡。现在的问题是：上述结论可否推广到二人非零和博弈(对于存在纳什均衡的二人非零和博弈，可采用第 4 章中介绍的划线法求解)？我们先看一个例子。

例 6.1　现价折扣促销博弈

现价折扣，即在现行价格基础上打折销售，这是一种最常见且行之有效的促销手段。这种促销手段可以让顾客现场获得看得见的利益并激发购买的欲望，同时销售商也会因销量的迅速提升获得满意的目标利润。很多现价折扣促销活动是随机安排的，消费者事先不知道哪个销售商何时做促销活动。销售商为什么要随机安排呢？如果消费者知道什么时候打折销售，它就会专等打折销售的那几天来购买。消费者可能也希望自己的购买活动是不可预测的，因为一旦销售商知道消费者什么时候来购买，可能就不会在那个时间进行打折优惠了。

假设这是一个二人博弈，销售商和消费者分别是其中的一个参与者，销售商的选择是安排明天打折销售还是今天打折销售；消费者的选择是安排明天购买还是今天购买。两个参与者的收益矩阵见表 6.1。

表 6.1　现价折扣促销博弈的收益矩阵

		消费者	
		明天购买	今天购买
销售商	明天打折	3，7	9，4
	今天打折	7，3	4，9

用划线法(第 4 章中的 4.2)得知，该博弈没有纯策略纳什均衡。那么，这个二人非零和博弈有没有像二人零和博弈那样的混合策略纳什均衡?

约翰·纳什证明的定理告诉我们：任何一个给定的二人博弈(不管是否零和)一定存在混合策略纳什均衡。

自然，接下来的任务就是如何求解二人非零和博弈的混合策略纳什均衡。

2. *求解二人非零和博弈混合策略纳什均衡的方法*

为了能借助二人零和博弈的处理方式解决二人非零和博弈问题，需要做出如下规定：对于二人非零和博弈的标准式见表 6.2。

表 6.2　二人非零和博弈的标准式

		局中人Ⅱ			
		B_1	B_2	…	B_n
局中人Ⅰ	A_1	a_{11}，b_{11}	a_{12}，b_{12}	…	a_{1n}，b_{1n}
	A_2	a_{21}，b_{21}	a_{22}，b_{22}	…	a_{2n}，b_{2n}
	…	…	…	…	…
	A_m	a_{m1}，b_{m1}	a_{m2}，b_{m2}	…	a_{mn}，b_{mn}

规定 $\boldsymbol{A}=(a_{ij})_{m\times n}$ 为局中人Ⅰ的收益矩阵，其元素由表 6.2 中每个数对的第一个元素构成；$\boldsymbol{B}=(b_{ij})_{m\times n}$ 为局中人Ⅱ的收益矩阵，其元素由表 6.2 中每个数对的第二个元素构成。因此，在混合策略($\boldsymbol{X}$，$\boldsymbol{Y}$)下，其中

$$\boldsymbol{X}=(x_1,x_2,\cdots,x_m)\ ,x_i\geqslant 0,\ i=1,2,\cdots,m,\ \sum_{i=1}^{m}x_i=1$$

$$\boldsymbol{Y}=(y_1,y_2,\cdots,y_n),\ y_j\geqslant 0,\ j=1,2,\cdots,n,\ \sum_{j=1}^{n}y_j=1$$

局中人Ⅰ的期望收益为

$$E_1(\boldsymbol{X},\boldsymbol{Y})=\sum_{i=1}^{m}\sum_{j=1}^{n}a_{ij}x_iy_j$$

局中人Ⅱ的期望收益为

$$E_2(\boldsymbol{X},\boldsymbol{Y})=\sum_{i=1}^{m}\sum_{j=1}^{n}b_{ij}x_iy_j$$

我们结合例6.1介绍求解二人非零和博弈混合策略纳什均衡的具体方法。

例6.2　求现价折扣促销博弈的混合策略纳什均衡及期望收益。

由在例6.1可知，销售商(局中人Ⅰ)的收益矩阵为 $\boldsymbol{A}=\begin{pmatrix}3 & 9\\7 & 4\end{pmatrix}$，消费者(局中人Ⅱ)的收益矩阵为 $\boldsymbol{B}=\begin{pmatrix}7 & 4\\3 & 9\end{pmatrix}$。

参照二人零和博弈的处理方式，博弈的双方应该随机地选择自己的策略，即按照一定的概率随机地选择自己策略集合中任一策略。那么，博弈双方如何确定以什么样的概率选择自己的每一个策略呢?

一个合理性原则应该是：所选的这一组概率应该能够使得对方对他的每一个纯策略的选择持无所谓的态度，也就是使对方的每一个纯策略的期望收益相等。

假设销售商选择策略“明天打折”的概率为 x，选择策略“今天打折”的概率为 $1-x$；消费者选择策略“明天购买”的概率为 y，选择策略“今天购买”的概率为 $1-y$。销售商和消费者各自对每一个纯策略的期望收益见表6.3。

表6.3　销售商和消费者各自对每一个纯策略的期望收益

销售商		消费者	
明天打折的期望收益	$3y+9(1-y)$	明天购买的期望收益	$7x+3(1-x)$
今天打折的期望收益	$7y+4(1-y)$	今天购买的期望收益	$4x+9(1-x)$

根据上述的合理性原则，销售商选择“明天打折”和“今天打折”的概率 x 和 $1-x$ 一定要使消费者选择“明天购买”和“今天购买”的期望收益相等，即 x 的选择应满足关系式：

$$7x+3(1-x)=4x+9(1-x)$$

解之得 $x=2/3$，从而 $1-x=1/3$。

在这个博弈中，销售商为消费者计算期望收益，并使两种策略的期望收益相等，这看起来有点奇怪，其实这正是合理性原则的体现。因为这样做可以使销售商的期望收益达到最大，销售商的真正目的是让消费者只能随机地选择消费策略。

同理，消费者选择“明天购买”和“今天购买”的概率 y 和 $1-y$ 一定要使销售商选择“明天打折”和“今天打折”的期望收益相等，即 y 的选择应满足关系式：

$$3y+9(1-y)=7y+4(1-y)$$

解之得 $y=5/9$，从而 $1-y=4/9$。

因此，销售商以混合策略 $\boldsymbol{X}^*=(x_1^*,\ x_2^*)=(2/3,\ 1/3)$ 的概率选择策略“明天打折”和“今天打折”；消费者以混合策略 $\boldsymbol{Y}^*=(y_1^*,\ y_2^*)=(5/9,\ 4/9)$ 的概率选择策略“明天购买”和“今天购买”。

在混合策略 $(\boldsymbol{X}^*,\ \boldsymbol{Y}^*)$ 下，由

$$\boldsymbol{A}=\begin{pmatrix}3 & 9\\7 & 4\end{pmatrix},\ \boldsymbol{B}=\begin{pmatrix}7 & 4\\3 & 9\end{pmatrix}$$

销售商的期望收益为

$$\begin{aligned}E_1(\boldsymbol{X}^*,\boldsymbol{Y}^*) &= \sum_{i=1}^{2}\sum_{j=1}^{2}a_{ij}x_i^*y_j^* = 3x_1^*y_1^*+9x_1^*y_2^*+7x_2^*y_1^*+4x_2^*y_2^*\\ &= 3\times\frac{2}{3}\times\frac{5}{9}+9\times\frac{2}{3}\times\frac{4}{9}+7\times\frac{1}{3}\times\frac{5}{9}+4\times\frac{1}{3}\times\frac{4}{9}=\frac{17}{3}\end{aligned}$$

消费者的期望收益为

$$\begin{aligned}E_2(\boldsymbol{X}^*,\boldsymbol{Y}^*) &= \sum_{i=1}^{2}\sum_{j=1}^{2}b_{ij}x_i^*y_j^* = 7x_1^*y_1^*+4x_1^*y_2^*+3x_2^*y_1^*+9x_2^*y_2^*\\ &= 7\times\frac{2}{3}\times\frac{5}{9}+4\times\frac{2}{3}\times\frac{4}{9}+3\times\frac{1}{3}\times\frac{5}{9}+9\times\frac{1}{3}\times\frac{4}{9}=\frac{17}{3}\end{aligned}$$

由于这时谁也无法通过改变自己的混合策略(概率分布)而改善自己的收益(期望收益)，因此这样的混合策略组合是稳定的，故该博弈的混合策略纳什均衡为($\boldsymbol{X}^*$，$\boldsymbol{Y}^*$)。其中

$$\boldsymbol{X}^*=(x_1^*,x_2^*)=(2/3,1/3),\boldsymbol{Y}^*=(y_1^*,y_2^*)=(5/9,4/9)$$

3. 反复剔除严格劣策略

在“局中人是理性的”假设前提下，无论是零和博弈还是非零和博弈，如果某个局中人的策略集合中存在严格劣策略，理性的他就永远不会选择严格劣策略的。因此，反复剔除严格劣策略准则不仅适用于零和博弈，同样适用于非零和博弈。

如表 6.4 所示的两人博弈：

表 6.4　两人博弈的收益矩阵

		局中人 2			
		w	x	y	z
局中人 1	a	3，2	4，1	2，3	0，4
	b	4，4	2，5	1，2	0，4
	c	1，3	3，1	3，1	4，2
	d	5，1	3，1	2，3	1，4

用划线法可知，该博弈无纯策略纳什均衡。

但我们观察到：局中人 1 有严格劣策略 b(d 严格优于 b)，先剔除表中的策略 b，得

表 6.5　剔除局中人 1 的严格劣策略后博弈的收益矩阵

		局中人 2			
		w	x	y	z
局中人 1	a	3，2	4，1	2，3	0，4
	c	1，3	3，1	3，1	4，2
	d	5，1	3，1	2，3	1，4

局中人 2 有严格劣策略 y(z 严格优于 y)，再剔除表中的策略 y，得

表 6.6　剔除局中人 2 的严格劣策略后博弈的收益矩阵

		局中人 2		
		w	x	y
局中人 1	a	3，2	4，1	0，4
	c	1，3	3，1	4，2
	d	5，1	3，1	1，4

第一轮剔除严格劣策略的操作完成。

这时，局中人 1 没有严格劣策略；局中人 2 有严格劣策略 x(z 严格优于 x)，再剔除表中的策略 x，得

表 6.7　经过两轮剔除严格劣策略后博弈的收益矩阵

		局中人 2	
		w	z
局中人 1	a	3，2	0，4
	c	1，3	4，2
	d	5，1	1，4

第二轮剔除严格劣策略后，局中人 1 有严格劣策略 a(d 严格优于 a)，再剔除表中的策略 a，得

表 6.8　经过三轮反复剔除严格劣策略后博弈的收益矩阵

		局中人 2	
		w	z
局中人 1	c	1，3	4，2
	d	5，1	1，4

至此，我们可以仿照例 6.2 的方法求出博弈的混合策略纳什均衡(当然，被剔除的策略的选择概率为零)。

对于策略集元素较多的二人非零和博弈混合纳什均衡的求解方法，由于计算较繁琐，我们可借助 Office 办公系统中的 Excel 环境。有兴趣的读者可以参考文献[9]。

6.2 奇数定理的应用

根据第 5 章中给出的奇数定理，一般来说，如果一个有限策略的博弈有两个纯策略纳什均衡，就一定有第三个混合策略纳什均衡。

对有限策略的非零和博弈，如果在有多个纳什均衡或没有纳什均衡的情况下，需要考虑预期收益，就可以按照奇数定理，去寻找问题的混合策略纳什均衡。

在第 4 章例 4.10 的斗鸡博弈中，双方的收益矩阵见表 6.9。

表 6.9 斗鸡博弈的收益矩阵

		决斗者 B	
		转向	向前
决斗者 A	转向	0，0	−10，10
	向前	10，−10	−100，−100

该博弈有两个纳什均衡：(向前，转向)与(转向，向前)。从收益情况看，决斗者 A 更喜欢前一个均衡，而决斗者 B 更喜欢后一个均衡。这类博弈虽然存在纯策略均衡，我们仍然会认为混合策略均衡是最优的，这是因为参与博弈的双方分别存在一个(10，−10)和(−10，10)的诱惑，即他们都存在单独偏离的动机。根据奇数定理，它很可能有一个混合策略纳什均衡。仿照例 6.2 的求解过程，可以计算出：决斗者 A 的混合策略为 $\boldsymbol{X}^*=(9/10,\ 1/10)$，即以 0.9 的概率选择“转向”策略，以 0.1 的概率选择“向前”的策略；决斗者 B 的混合策略为 $\boldsymbol{Y}^*=(9/10,\ 1/10)$，即以 0.9 的概率选择“转向”策略，以 0.1 的概率选择“向前”的策略。该博弈的混合策略纳什均衡为($\boldsymbol{X}^*$，$\boldsymbol{Y}^*$)。

在混合策略($\boldsymbol{X}^*$，$\boldsymbol{Y}^*$)下，由

$$\boldsymbol{A}=\begin{bmatrix}0 & -10\\10 & -100\end{bmatrix},\quad \boldsymbol{B}=\begin{bmatrix}0 & 10\\-10 & -100\end{bmatrix}$$

得到决斗者 A 的期望收益为

$$\begin{aligned}E_1(\boldsymbol{X}^*,\boldsymbol{Y}^*)&=\sum_{i=1}^{2}\sum_{j=1}^{2}a_{ij}x_i^*y_j^*=0x_1^*y_1^*-10x_1^*y_2^*+10x_2^*y_1^*-100x_2^*y_2^*\\&=0\times\frac{9}{10}\times\frac{9}{10}-10\times\frac{9}{10}\times\frac{1}{10}+10\times\frac{1}{10}\times\frac{9}{10}-100\times\frac{1}{10}\times\frac{1}{10}\\&=-1\end{aligned}$$

决斗者 B 的期望收益为

$$E_2(\boldsymbol{X}^*,\boldsymbol{Y}^*)=\sum_{i=1}^{2}\sum_{j=1}^{2}b_{ij}x_i^*y_j^*=0x_1^*y_1^*+10x_1^*y_2^*-10x_2^*y_1^*-100x_2^*y_2^*$$
$$=0\times\frac{9}{10}\times\frac{9}{10}+10\times\frac{9}{10}\times\frac{1}{10}-10\times\frac{1}{10}\times\frac{9}{10}-100\times\frac{1}{10}\times\frac{1}{10}$$
$$=-1$$

在混合策略纳什均衡($\boldsymbol{X}^*$，$\boldsymbol{Y}^*$)下，没有人通过单方面偏离能获得更好的期望收益。

我们已经基本掌握了求解混合策略纳什均衡的基本思想和方法，通过选择混合策略可以有效地解决不确定性问题。

6.3　混合策略在外交谈判中的运用

在不存在纯策略的博弈中，为了实现混合策略的最优策略，即混合策略的纳什均衡，我们的原则是保证组合中每种策略的预期收益都相等。之所以采用这样的原则能达到最佳，是因为保证每种策略的预期收益都相等后，对博弈中的其他参与者而言，你的策略选择就显得随机而不好被猜测了，在多次重复博弈过程中，对手也只得从自己的策略组合中随机选择，从而达到一个博弈均衡。

为了实现这个目的，我们会根据每种策略收益的比率来调整每种策略出现的概率。拿石头、剪刀、布游戏来说，这个游戏不存在必胜的策略，所以将采用混合策略，由于每种策略的收益都是相等的，故每种策略的概率都是 1/3。

下面我们分析更复杂些的混合策略博弈的实例。

例 6.3　经贸外交谈判

A、B 两国正进行一场经贸合作的外交谈判，每个国家可以选择贸易合作或不进行贸易合作两种策略。其目的都是尽可能的让自己国家的收益最大，这场谈判的收益矩阵如下：

表 6.10　经贸合作外交谈判的收益矩阵

		B 国	
		合作	不合作
A 国	合作	5，5	1，9
	不合作	2，8	8，2

用划线法得知，该博弈没有纯策略纳什均衡。

要计算出上面收益列表中的混合策略均衡点，我们可以假设 A 国使用合作策略的概率为 p，那么使用不合作策略的概率是 $1-p$。相对应地，B 国使用合作策略的概率为 q，使用不合作策略的概率是 $1-q$。

根据上面的收益矩阵，我们可以计算出B国选用两种不同策略时的收益：

B国采取合作策略的收益为　$5\times p+8\times(1-p)$

B国采取不合作的收益为　$9\times p+2\times(1-p)$

根据求解混合策略的纳什均衡原则，我们要保证B国选择每种策略的收益都相等，即令

$$5\times p+8\times(1-p)=9\times p+2\times(1-p)$$

求解得$p=0.6$，则$1-p=0.4$，即A国采取合作策略的概率为0.6，采取不合作策略的概率为0.4。

我们再来通过A国的收益计算B国的策略概率情况：

A国采取合作策略的收益为　$5\times q+1\times(1-q)$

A国采取不合作策略的收益为$2\times q+8\times(1-q)$

同理，要使A国选择每种策略的收益都相等，即令

$$5\times q+1\times(1-q)=2\times q+8\times(1-q)$$

求解得$q=0.7$，$1-q=0.3$，即B国采取合作策略的概率为0.7，采取不合作策略的概率是0.3。

因此，A国的混合策略为$\boldsymbol{X}^*=(0.6,0.4)$；B国的混合策略为$\boldsymbol{Y}^*=(0.7,0.3)$。该博弈的混合策略纳什均衡为$(\boldsymbol{X}^*,\boldsymbol{Y}^*)$。

假如上面的收益矩阵的某一项发生了变化，会导致博弈均衡朝什么方向变化呢？假设A国修改了自己的某项经济政策，提高了双方合作时自己的收益，使得上面的收益矩阵变为表6.11所示的形式。

表6.11　经贸合作外交谈判的收益矩阵

		B国	
		合作	不合作
A国	合作	7，3	1，9
	不合作	2，8	8，2

我们猜测一下：A国采取合作的概率会增加还是会减少？

如果仅从A国自己的利益出发，新政策的实施能让自己合作策略的收益提高，那么为了提高自己的收益，应该是加大合作的概率。但从B国的角度来看，和A国合作后A国的收益增加，对应导致自己的收益减少，因此B国应该减小自己使用合作策略的概率才对。那么这两种角度哪种正确或影响更大一些呢？我们可以通过计算上面混合策略的纳什均衡点来得出结论。

B国采取合作策略的收益为　$3\times p+8\times(1-p)$

B国采取不合作的收益是为　$9\times p+2\times(1-p)$

根据求解混合策略的纳什均衡原则，我们要保证B国选择每种策略的收益都相等，

即令

$$3\times p+8\times(1-p)=9\times p+2\times(1-p)$$

求解得：$p=0.5$，$1-p=0.5$，即 A 国采取合作策略的概率为 0.5。和之前的 0.6 相比，其采取合作策略的概率有所下降。

我们再来通过 A 国的收益计算下 B 国的策略概率情况：

A 国采取合作策略的收益为　$7\times q+1\times(1-q)$

A 国采取不合作策略的收益为 $2\times q+8\times(1-q)$

同理，要使 A 国选择每种策略的收益都相等，即令

$$7\times q+1\times(1-q)=2\times q+8\times(1-q)$$

求解得：$q=7/12=0.583$，$1-q=0.417$，即 B 国采取合作策略的概率为 0.583，和之前的 0.7 相比，其采取合作策略的概率也有所下降。

由此可见，是后一种的影响更大一些，即当合作后 A 国的收益增加，会使得 B 国减少合作的可能性。可以推测：之后 A 国为了应对对手策略概率的变化，也因此会调低自己采取合作策略的概率。

特别指出：在使用混合策略的博弈过程中，当其中的某一项策略收益发生变动时，也需要根据对手的变化调整自己的策略概率，所以这个均衡一直是动态的，当某一方出招时，均衡就会被打破，从而导致预期的结果产生偏差。博弈参与者会因此修改自己的策略概率，达到一个新的纳什均衡。

要注意的是，使用混合策略的博弈一般都是多次重复的无限博弈，所以在后续的博弈过程中，某一项策略的收益有相当大的可能性发生变动。如果不注意这一点，一直采用最初的策略概率来进行博弈，那么更加聪明的对手会根据这一点修改自己的策略概率来提高自己的收益。就拿上面的外贸合作例子来看，假如 A 国在修改某项经济政策提高自己合作后的收益后，还是维持之前 0.6 的合作概率，那么 B 国可以更多地采取不合作策略，减少 A 国的收益来使自己的收益增加。

这个例子的模型，可以用来解释现实社会中的不少博弈现象：比如现实中的政治军事博弈，每个国家都不可能做到全知全能，前期因为手头掌握的信息有限，制定的对策方案会随着信息的增加、对手对自己策略的调整而逐渐改变，最终的博弈走向可能会和当初构想的完全不同。一般来说，战术层面上的博弈，预测的准确率能超过 60%就算不错了。如果制定 10 年左右的战略规划，能保证 10 年后的结果能实现前期 80%目标就算非常完美了。所以，我们在制定策略时，不要太过在乎前期策略的准确率，只要把握住大方向即可。一些战术层面上的博弈，应放手让第一线的决策人自己把握。如果为了提高前期策略的准确率，强行要求按照最初的策略方案来执行，最终极有可能导致整个战略层面的失败。

本章小结

本章通过实例重点介绍了求解非零和博弈纳什均衡的基本思路和方法，并尝试讨论了混合策略在实际中的应用。博弈中的局中人实施混合策略的目的是给其他局中人造成不确定性。尽管其他局中人能猜测到他选择某个纯策略的概率有多大，但却不知道他到底会选哪个纯策略。

约翰·纳什给出了一个重要的结论：任何一个给定的二人博弈(不管是否零和)一定存在混合策略纳什均衡。奇数定理又告诉我们：几乎所有有限策略的博弈都有奇数个纳什均衡，包括纯策略纳什均衡和混合策略纳什均衡。这些定性的结果，为我们有效求解有限策略的博弈问题奠定了理论基础。根据这些定性的结果，我们可以通过选择混合策略有效地解决某些不确定性问题。

练习 6

1. 一个二人非零和博弈的收益见表 6.12。先检查该博弈有无纯策略纳什均衡，若有，有几个？再用奇数定理判断该博弈有无混合策略纳什均衡。

表 6.12　博弈双方的收益矩阵

		局中人 2	
		B_1	B_2
局中人 1	A_1	10，10	3，15
	A_2	15，3	0，0

2. 如果题 1 中的博弈有混合策略纳什均衡，求出其混合策略纳什均衡。

3. 征纳税博弈。设 M 是纳税人应纳税款，C 是税务机关检查成本，F 是罚款金额。假定 $C<M+F$。税务机关与纳税人的收益见表 6.13。

表 6.13　博弈双方的收益矩阵

		纳税人	
		逃税	不逃税
税务机关	检查	$M-C+F$，$-M-F$	$M-C$，$-M$
	不检查	0，0	M，$-M$

(1)试判断该博弈有无纯策略纳什均衡；

(2)求出其混合策略纳什均衡；

(3)思考一下：在这个博弈模型中，纳税人应纳税款 M、税务机关检查成本 C 和罚款金额 F 对纳税人逃税的影响是什么？为什么会有那样的影响？

(4) 要想使结果更贴近现实，模型应作哪些改进？

第 7 章 三人博弈

局中人超过二人的博弈称为多人博弈，多人博弈的情形相当广泛。多人博弈与二人博弈最大的区别是：在多人博弈中，其中的一部分参与者出于小团体利益的考虑有可能结成小联盟，这在二人博弈中是不可能发生的。三人博弈的研究是多人博弈研究的基础。本章主要讨论三人博弈问题。

7.1 三人博弈的纳什均衡

1. 三人博弈的联盟结构

我们知道：由三个元素 A、B、C 构成的集合 $S=\{A, B, C\}$，如果不计空集$\varnothing$，则集合 S 的所有子集有 7 个，它们为

$$\{A\},\{B\},\{C\},\{A,B\},\{A,C\},\{B,C\},\{A,B,C\}$$

为此，我们将所有参与者构成的集合 $S=\{A, B, C\}$的所有可能的联盟全部列出，称为联盟结构：

(1)$\{A\}$，$\{B\}$，$\{C\}$；

(2)$\{A, B, C\}$；

(3)$[\{A, B\}, \{C\}]$，$[\{A, C\}, \{B\}]$，$[\{B, C\}, \{A\}]$。

我们在本章只讨论不结盟情况即结构(1)的求解。结构(2)与(3)的求解将在本书第三篇合作博弈中讨论。

2. 三人博弈求解方法

例 7.1 三人选数博弈

有 A、B、C 三个人玩“选数游戏”。游戏规则要求每人从三个数字 1、2、3 中任意选一个数，每个人的收益为：用 4 乘以三人所选数字的最小者，再减去自己所选中的数字。比如，A 选择 2，B 选择 3，C 选择 2，则 A 的收益为 4×2－2＝6，B 的收益为 4×2－3＝5，C 的收益为 4×2－2＝6。由此可知，三人选数博弈的收益矩阵见表 7.1。每个单元格中的三个数字，依次是 A、B、C 三个人的收益。例如，A、B、C 三个人依次选择(2，3，2)，则 A、B、C 三个人的收益依次是(6，5，6)。

表 7.1　三人选数博弈的收益矩阵

		局中人 C								
		1			2			3		
		局中人 B			局中人 B			局中人 B		
		1	2	3	1	2	3	1	2	3
局中人A	1	3，3，3	3，2，3	3，1，3	3，3，2	3，2，2	3，1，2	3，3，1	3，2，1	3，1，1
	2	2，3，3	2，2，3	2，1，3	2，3，2	6，6，6	6，5，6	2，3，1	6，6，5	6，5，5
	3	1，3，3	1，2，3	1，1，3	1，3，2	5，6，6	5，5，6	1，3，1	5，6，5	9，9，9

对第一类问题的求解思路：把表 7.1 所示的收益矩阵分为从左至右三个子矩阵，在每个子矩阵中，由于参与人 C 的策略不变，因此可以看做是在参与人 C 选定策略条件下，参与人 A 与 B 的博弈。由此得到三人博弈求解方法：

第 1 步　对每个子矩阵用划线法对参与人 A 与 B 的博弈求解。

第 2 步　将参与人 C 在三个子矩阵相同位置的单元格中的收益进行比较，在最大的收益下面划线。

第 3 步　找出 3 个收益数字下面都有划线的单元格，与之对应的策略组合就是一个纳什均衡。

表 7.2　三人选数博弈的收益矩阵划线结果

		局中人 C								
		1			2			3		
		局中人 B			局中人 B			局中人 B		
		1	2	3	1	2	3	1	2	3
局中人A	1	$\underline{3}$，$\underline{3}$，$\underline{3}$	$\underline{3}$，2，$\underline{3}$	$\underline{3}$，1，3	$\underline{3}$，$\underline{3}$，2	3，2，2	3，1，2	$\underline{3}$，$\underline{3}$，1	3，2，1	3，1，1
	2	2，$\underline{3}$，$\underline{3}$	2，2，3	2，1，3	2，3，2	$\underline{6}$，$\underline{6}$，$\underline{6}$	$\underline{6}$，5，$\underline{6}$	2，3，1	$\underline{6}$，$\underline{6}$，5	6，5，5
	3	1，$\underline{3}$，$\underline{3}$	1，2，3	1，1，3	1，3，2	5，$\underline{6}$，$\underline{6}$	5，5，6	1，3，1	5，6，5	$\underline{9}$，$\underline{9}$，$\underline{9}$

按照该算法，表 7.1 所示的收益矩阵划线的结果见表 7.2。可知该博弈有三个单元格中的每个数字都被划线：（$\underline{3}$，$\underline{3}$，$\underline{3}$），（$\underline{6}$，$\underline{6}$，$\underline{6}$），（$\underline{9}$，$\underline{9}$，$\underline{9}$）。对应地，有三个纳什均衡：（1，1，1），（2，2，2），（3，3，3）。

对第二类问题的求解思路：把表 7.2 所示的收益矩阵中所有单元格中的数字进行比较，找到三个数字之和最大的单元格，对应的策略组合就是一个纳什均衡。在本例中，三个数字之和最大的单元格是（9，9，9），对应的策略组合就是博弈的纳什均衡（3，3，3），而且这是一个稳定的纳什均衡。在这种情况下，没有一个参与者愿意改变其策略。

但是还存在许多这样的情况：非合作博弈中不存在具有约束力的制约机制迫使每个参与人按照约定选择其策略，约定的策略组合可能不会被不折不扣地执行，所以其相应的纳什均衡有可能是不稳定的。

7.2　公共物品供给博弈

1. 私人物品与公共物品

私人物品有两个特征，即消费的排他性和消费的竞争性。所谓消费的排他性，是指特定物品不能供两个以上的消费者同时消费；所谓消费的竞争性，指的是特定物品的消费过程必定减少该物品的社会总量。

经济生活中除了私人物品，还存在不具备这两个特征的其他物品类。像所有公民都享受的国防与公共安全、环境保护、天气预报以及公共电视网上的电视节目等就不具备消费的排他性和竞争性，这些物品称为公共物品。另外一些物品本身具有竞争性，但人为地限制在某些消费者范围内消费，超出这个范围则具有排他性，例如有线电视节目、收费高速公路等，称为俱乐部物品。还有一些物品具有非排他性，并在一定程度上也是非竞争性的，但随着消费者数量的增加，会逐渐体现竞争性特征。如拥挤的街道，虽然人人都可以行走，但每一个行人都多少给别的行人带来不便；又如公共草地、地下石油、地下水等资源，这样的物品称为拟公共物品。

许多公共物品的供给问题仅是在是否提供之间选择，这样的公共物品供给问题称为离散型公共物品供给问题。有的公共物品还涉及提供多少的问题，处理的方法往往以连续函数近似刻画这类公共物品的供给，这类的公共物品供给问题称为连续型公共物品供给问题。我们在这里主要以公共物品为分析对象，讨论离散型公共物品供给问题。

根据公共物品的概念，一项公共物品具有两个重要特征：

(1)每个人不管是否付费都可以从该物品中受益。

(2)成本由提供服务的水平决定，与接受服务的消费者数量无关，即消费者数量的增加不会导致成本的增加，而且没有人能够通过减少公共物品对他人的服务而增加对自己的服务。

古希腊哲人亚里士多德曾断言：凡是属于最多数人的公共事物常常是最少受人照顾的事物，人们关怀着自己的所有，而忽视公共的事物；对于公共的一切，他至多只留心到其中对他个人多少有些相关的事物。

公共部门经济学的研究结果表明：政府提供公共物品服务要优于私人提供。下面的例子印证了这个结论。

2. 三人公共物品供给博弈

例 7.2　假设有三个参与者甲、乙、丙就提供或不提供某种公共物品进行博弈。选择提供的参与者提供一个单位的公共物品要花费 1.5 个单位的成本，提供者的收益是 3 人提供的公共物品总量减去 1.5 个单位的成本；选择不提供的参与者的收益是 3 人提供的公共物品总量。例如 3 人都提供，此时公共物品总量为 3，每个人的收益为 3－1.5＝1.5；如果只有 2 人提供，此时公共物品总量为 2，提供者收益为 2－1.5＝0.5，不提供者收益为 2；其余情况类推。收益矩阵见表 7.3。

表 7.3　公共物品提供博弈的收益矩阵

		丙			
		提供		不提供	
		乙		乙	
		提供	不提供	提供	不提供
甲	提供	1.5，1.5，1.5	0.5，2，0.5	0.5，0.5，2	－0.5，1，1
	不提供	2，0.5，0.5	1，1，－0.5	1，－0.5，1	0，0，0

利用划线法得到表 7.4。

表 7.4　公共物品提供博弈的收益矩阵

		丙			
		提供		不提供	
		乙		乙	
		提供	不提供	提供	不提供
甲	提供	1.5，1.5，1.5	0.5，$\underline{2}$，0.5	0.5，0.5，$\underline{2}$	－0.5，$\underline{1}$，$\underline{1}$
	不提供	$\underline{2}$，0.5，0.5	$\underline{1}$，$\underline{1}$，－0.5	$\underline{1}$，－0.5，$\underline{1}$	$\underline{0}$，$\underline{0}$，$\underline{0}$

由此可知该博弈存在唯一的纳什均衡(不提供，不提供，不提供)。这个均衡解是缺乏效率的，因为如果三人都选择“提供”，则每个人都可以得到 1.5 的收益，这是一个理想的联盟，但是它不是该博弈的纳什均衡。在没有强制约束力的情况下这个理想的联盟是不可能实现的。从表 7.3 可以看出：如果三人中两个人组成联盟，并且约定都选择“提供”，则提供者的收益均为 0.5，好于他们都不提供的收益，此时不提供者的收益为 2，但这一约定是无法实现的。

如果说“囚徒困境”是二人博弈的两难问题，那么本例则是三人博弈的两难问题。这也说明：公共物品不适合由私人提供，因为私人提供公共物品是一个劣策略。适合的方法同时也是各国通用的方法，即政府通过征税为公众提供公共物品。

3. 公共地的悲剧与集体陷阱

上面的结论也适合于对公共资源管理的研究。哈丁在其著名论文《公共地的悲剧》中讲了这样一个故事：让我们想象一块对所有人都开放的草地。在这块公共地上每一个牧人都会尽可能多地放牧他的羊。作为理性人，每一个牧人都期望他的收益最大化。不管直白还是隐晦，或多或少地他都会问："给我的羊群多增加一只，对我来说有什么效用?"这个效用既有正面的也有负面的影响。记增加一只羊最大正面效用为1，最大负面的效用为－1。

(1)正面的影响是使羊群总量增加了。因为这个牧人能通过变卖这头额外的羊得到全部的收益，所以效用几乎能达到1。

(2)负面的影响是由这额外的一只羊所引起的过度放牧。因为不管怎样，过度放牧是由所有的牧人承担，对于特定牧人的任何决定，其负面效用只是－1的一部分。

将所有的影响加总，理性的牧人会得出结论：对于他来说，使他的羊群多增加一只是个明智的选择。但是其他每一个共用这块草地的理性的牧人也会得出如此结论。所以悲剧就发生了，每一个人都陷入一个促使他无限制地增加羊群数量的机制当中，而他们所处的世界资源是有限的。在一个信奉公地自由的社会里，每一个追逐个人利益的人的行为最终会使全体走向毁灭。

公共地悲剧问题在很多方面类似于臭名昭著的"床垫问题"，这是由托马斯·谢林最先描述的一个集体反陷阱(所谓集体陷阱指个人对自身利益的追求导致集体的遭殃，当我们避免可能有利的行为时则出现反陷阱)：在高速公路上，一个床垫从一辆货车的顶上掉在了车道的中间，问题是：谁会停下来移开这个床垫呢?通常，答案是，谁也不会。远离该床垫的人们不知道问题在哪，所以不会来移开。正在绕过床垫的人们已经等了很久时间，他们现在只想快点绕过它，漫长的等待之后，他们最不情愿做的事就是下车花几分钟时间把床垫从车道上移开，而已经绕过床垫的人已不再有动力去挪开它。本可以快速行驶的高速公路就这样堵塞了！个体水平的漠不关心导致了社会大众丧失理智。

关于"公共地悲剧"的论述颇具哲理，你会理解国家公园为什么要收取适当的门票，高速公路为什么要收费，农业部为什么要设立休渔期(每年2～3个月)等类似的公共资源管理问题。

7.3　战略合作同盟

战略合作是出于长期共赢考虑，建立在共同利益基础上，实现深度的合作。所谓战略，就是要从整体出发，考虑相互之间的利益，使合作的整体利益最大化；合作还是以各自的利益最大化为主，不一定是整体的利益最大化。

例7.3　海湾控制博弈

在一个海湾附近，有甲、乙、丙三个国家，他们都想控制这个海湾。但要想控制整个海湾，至少需要两个国家联合起来。如果两个国家联合起来形成战略伙伴关系，即形成联盟，就会以牺牲第三国利益为代价。现在假设甲国可以选择在海湾的北面或南面部署军队，乙国可以选择在海湾的西面或东面部署军队，丙国控制了该海湾的一个岛屿，他可以选择在该岛屿的陆地上或近海处部署军队。各自收益构成的收益矩阵见表 7.5。矩阵中各单元格都有 3 个数据，依次是甲、乙、丙三个国家的收益。

表 7.5　国际联盟博弈的收益矩阵

		丙国			
		陆地		近海	
		乙国		乙国	
		西	东	西	东
甲国	北	6，6，6	7，7，1	7，1，7	0，0，0
	南	0，0，0	4，4，4	4，4，4	1，7，7

该三方博弈的联盟共有 7 个，分为 3 组联盟结构：

(1){甲}，{乙}，{丙}。

(2){甲，乙，丙}。

(3){甲，乙}，{丙}；{甲，丙}，{乙}；{乙，丙}，{甲}。

要想控制整个海湾，至少需要两个国家联合起来，联盟结构(1)不可能实现。

考察联盟结构(2)，如果实现三国大联盟，约定选择(北，西，陆地)策略组合，每个国家均可获得 6 个单位的收益，这时总收益最大。

由于在非合作博弈条件下，不存在具有约束力的国际制约机制迫使每个参与人按照约定选择其策略，所以该策略组合并不是一个纳什均衡。所以，三国大联盟不可能实现。因此，两国联盟就显得非常重要。

考察联盟结构(3)，应用三人博弈求解的划线法得到表 7.6。不难看出，该博弈有 3 个纳什均衡：

(1)(北，东，陆地)，对应着联盟结构{甲，乙}，{丙}。

(2)(北，西，近海)，对应着联盟结构{甲，丙}，{乙}。

(3)(南，东，近海)，对应着联盟结构{乙，丙}，{甲}。

表 7.6　国际联盟博弈的收益矩阵

		丙国			
		陆地		近海	
		乙国		乙国	
		西	东	西	东
甲国	北	$\underline{6}$，6，6	$\underline{7}$，$\underline{7}$，$\underline{1}$	$\underline{7}$，$\underline{1}$，$\underline{7}$	0，0，0
	南	0，0，0	4，$\underline{4}$，4	4，4，$\underline{4}$	$\underline{1}$，$\underline{7}$，$\underline{7}$

这3个纳什均衡中，纳什均衡的产生都不需要外在强制力，形成联盟的两个国家不会改变自己的策略。在这里，究竟哪个纳什均衡出现，要看哪两个国家会形成联盟。每两个国家的联盟都对应一个谢林点，即两个国家之间形成联盟，有助于谢林点的形成。至于哪两个国家之间最有可能形成联盟，还要从地缘政治、国家间历史上的关系以及当前国家间的利益来寻找线索。

通过该博弈我们看到：在三方博弈中，任何两方都可以通过联盟使得联盟的双方增加受益，使第三方的利益受损。

7.4　抗共谋纳什均衡

如果参与博弈的局中人多于两个，就有可能会发生部分局中人联合起来追求小团体利益的共谋行为，从而导致均衡情况的变化。对共谋偏离现象的分析，需要用抗共谋均衡的思想。所谓抗共谋纳什均衡是指满足这样条件的策略组合：它不仅要求局中人在这个策略组合下没有单独偏离的动机，而且也要求他们没有合伙偏离的动机。由于这种均衡更加稳定，因此更有理由成为博弈的最终结果。

例7.4　多人博弈中的共谋问题

表7.7是三人博弈的收益矩阵：

表7.7　三人博弈的收益矩阵

		局中人3			
		A		局中人3	
		局中人2		局中人2	
		L	R	L	R
局中人1	U	0，0，10	−5，−5，0	−2，−2，0	−5，−5，0
	D	−5，−5，0	1，1，−5	−5，−5，0	−1，−1，5

该博弈有2个纳什均衡：(U，L，A)和(D，R，B)。哪个均衡是抗共谋纳什均衡？

事实上，在策略组合(U，L，A)下，在局中人3不改变策略选择的情况下，存在局中人1和局中人2两人共谋选择偏离的动机(因为这样两人的收益可以从0变到1)，因此它不是。

再来分析策略组合(D，R，B)，可以看出，在此均衡状态下，不但没有单独偏离的动机，也没有集体偏离的激励，因此它是抗共谋纳什均衡。

结论是：按抗共谋的要求，(D，R，B)更有理由成为博弈的最终结果。

例7.5　群体博弈

某地甲、乙、丙三个企业正在为对某一项目是否投资进行选择。不投资的人收益为0；如果三人都投资，就会出现供大于求，每个人的收益是−1；若只有两个人投资，这二人的收益各为2；若只有一个人投资，则他比不投资还差，其收益为−1。表7.8给出该博弈的收益矩阵。

表7.8　群体博弈的收益矩阵

		丙			
		投资		不投资	
		乙		乙	
		投资	不投资	投资	不投资
甲	投资	−1，−1，−1	2，0，2	2，2，0	−1，0，0
	不投资	0，2，2	0，0，−1	0，−1，0	0，0，0

找出该博弈的抗共谋纳什均衡。

应用三人博弈求解的划线法得到表7.9。

表7.9　群体博弈的收益矩阵

		丙			
		投资		不投资	
		乙		乙	
		投资	不投资	投资	不投资
甲	投资	−1，−1，−1	$\underline{2}$，$\underline{0}$，$\underline{2}$	$\underline{2}$，$\underline{2}$，$\underline{0}$	−1，0，0
	不投资	$\underline{0}$，$\underline{2}$，$\underline{2}$	0，0，−1	0，−1，0	$\underline{0}$，$\underline{0}$，$\underline{0}$

该博弈有4个纳什均衡：(投资，不投资，投资)，(投资，投资，不投资)，(不投资，投资，投资)，(不投资，不投资，不投资)。

第四个均衡是三个企业都选择“不投资”。这种情况会发生吗？事实上，在策略组合(不投资，不投资，不投资)下，如果没有其他信息条件，不投资比自己单独投资收益要高，这种策略组合是一个纳什均衡，但由于存在两个企业共谋选择“投资”的动机(因为这样两企业的收益就会增加，而且没有局中人会减少收益)，因此它不是抗共谋纳什均衡。而其他三个皆为抗共谋纳什均衡。根据纳什均衡精炼的思想和方法和进一步的信息，就可以确定博弈的谢林点。

例7.5是一个群体博弈，在这个博弈中，很有可能出现两个局中人事先沟通，结成联盟选择“投资”，留下第三个局中人使他只能选择“不投资”的情况，这与现实生活中的派系形成是类似的。

本章小结

本章介绍了三人博弈及其求解方法，可以拓展到多人博弈。需要注意的是在多人博弈中，其中的一部分参与者出于小团体利益的考虑有可能结成小联盟，这在二人博弈中是不可能发生的。对不结盟情况的三人博弈求解，可以用划线法。

关于公共物品提供问题的讨论结果表明，公共物品不适合由私人提供，适合的方法同时也是各国通用的方法是政府通过征税，为公众提供公共物品。

抗共谋纳什均衡是指满足这样条件的策略组合：它不仅要求局中人在这个策略组合下没有单独偏离的动机，而且也要求他们没有合伙偏离的动机。抗共谋纳什均衡与一般纳什均衡的区别是：在没有单独偏离的动机的基础上，进一步引入了没有集体偏离的动机要求。

练习 7

1. 青蛙择偶博弈。每到春天，人们经常看到数百只青蛙浮出池塘水面，这些被春天"唤醒"的青蛙在池塘里蹦来蹦去，一些雄蛙伸展着"英俊"的身姿鼓囊鸣叫，引得雌蛙闻声而来。春天是青蛙的"恋爱季节"，凭着本能回到当年孵化它们的地方"择偶完婚"。我们讨论三只雄性青蛙的择偶博弈。它们求偶的选择策略是：鸣叫或观坐。鸣叫的青蛙有被吃掉的风险，而观坐的青蛙也有可能遇到被其他青蛙叫声吸引过来的雌蛙。当大量青蛙鸣叫时雌蛙被吸引过来，观坐青蛙的收益就会提高。这三只青蛙的收益见表7.10。请找出该博弈所有的纳什均衡。

表 7.10　青蛙博弈的收益矩阵

		青蛙3			
		鸣叫		观坐	
		青蛙2		青蛙2	
		鸣叫	观坐	鸣叫	观坐
青蛙1	鸣叫	5，5，5	4，6，4	4，4，6	7，2，2
	观坐	6，4，4	2，2，7	2，7，2	1，1，1

2. 某个三人博弈的收益见表7.11，试确定该博弈的抗共谋纳什均衡。

表 7.11　三人博弈的收益表

		丙			
		A		B	
		乙		乙	
		L	R	L	R
甲	U	0，0，8	−4，−4，0	−2，−2，0	−4，−4，0
	D	−4，−4，0	1，1，−4	−4，−4，0	−1，−1，4

第三篇
合作博弈

第 8 章　合作博弈的基本概念
第 9 章　大联盟合作博弈的效益分配
第 10 章　其他联盟结构的求解方法

第 8 章　合作博弈的基本概念

在第 1 章中已经介绍过，参与人无法协调相互之间的策略选择的博弈叫做非合作博弈；与之相反，参与人可以协调相互之间策略选择的博弈叫做合作博弈。在每个参与者都是理性人的前提下，合作博弈要研究的问题是：第一，人们为什么要合作；第二，人们什么时候是合作的，什么时候又是不合作的；第三，如何使别人与你合作。社会活动中的若干实体，为了在日益激烈的竞争中争得一席之地，也为了获得更多的经济或社会效益，相互合作结成联盟或集团。这种合作通常是为了利益，是非对抗性的，确定合理分配这些效益的最佳方案是促成合作的前提。合作博弈的理论特别是其公理化方法，提供了讨论公平或合理的分配机制的一个理论框架。由于合作博弈论在解决世界上各类资源共享问题和避免冲突方面有独到的方法，近年来在经济学中的地位与日俱增。本章将介绍合作博弈的基本概念，包括合作博弈的类型、形成的基本条件，并给出 n 人大联盟合作博弈的特征函数表述式。

8.1　合作博弈的要素

1. 合作博弈与非合作博弈的差异

非合作博弈关心的是在利益相互影响的局势中如何选择策略使自己的收益最大。合作博弈使得博弈双方或多方的利益都有所增加，即实现“双赢”；或者至少使一方的利益增加，而另一方的利益不受损害，因而使整个社会的利益有所增加，这种合作关系被称为有效率的。合作博弈关心的是参与人可以用有约束力的承诺来得到可行的结果，而不管是否符合个体理性。合作博弈研究的是当人们的行为相互作用时，参与人之间能否达成一个具有约束力的合作协议，以及如何分配合作所得到的收益。

合作博弈与非合作博弈强调的侧重点有较大差异，合作博弈强调的是集体理性，强调公平和效率，当公平和效率发生冲突时，不同的合作博弈解会强调公平或效率的不同侧面；而非合作博弈强调的是个体理性，强调个体决策最优，其结果可能是无效率的，即“损人不利己”；也可能是有效率的，即符合集体理性。简单地说，存在具有约束力的合作协议的博弈就是合作博弈，否则就是非合作博弈。

通过第 4 章例 4.5“合作困境博弈”的例子可以看到，在一定的条件下合作可以提高效率，实现非合作博弈无法实现的均衡结果。但是博弈双方达成的合作协议必须具有约束力，否则，博弈的每个参与人都有背叛协议的动机。当不能达成具有约束力的合作协议时，非合作博弈要回答的是参与人之间如何通过理性行为的相互作用达成合作的目的。

合作博弈的一个典型例子是石油输出国组织欧佩克(Organization of Petroleum Exporting Countries，OPEC)。1960 年 9 月，伊朗、伊拉克、科威特、沙特阿拉伯和委内瑞拉的代表在巴格达开会，决定联合起来共同对付西方石油公司，维护石油收入。欧佩克现在已发展成为亚洲、非洲和拉丁美洲一些主要石油生产国的国际性石油组织，现有 13 个成员国：沙特阿拉伯、伊拉克、伊朗、科威特、阿拉伯联合酋长国、卡塔尔、利比亚、尼日利亚、阿尔及利亚、印度尼西亚、安哥拉、厄瓜多尔和委内瑞拉。欧佩克旨在通过消除有害的、不必要的价格波动，确保国际石油市场上石油价格的稳定，保证各成员国在任何情况下都能获得稳定的石油收入，并为石油消费国提供足够、经济、长期的石油供应。

2. 合作博弈的类型

在博弈论中，对于合作的不同情形可以分为三种类型：

第一类，如果事先达成有约束力的承诺或合约时，则使用合作博弈的方法。这种方法不考虑参与人之间的讨价还价的具体细节，而专注于合作的结果。

第二类，如果事先无法达成有约束力的承诺或合约，或者达成合约的成本过高，则使用实现合作结果的非合作方法。这类博弈专注于分析合作达成的具体过程。

第三类，无限次重复博弈，即参与人之间长期进行重复博弈。事实上，参与人进行无限次重复的非合作博弈，仍有可能达到合作的结果。讨价还价博弈和无限次重复博弈都是达到合作博弈解的非合作博弈方法。

3. 帕累托最优

帕累托最优(Pareto Optimality)也称为帕累托效率(Pareto Efficiency)，是博弈论中的重要概念，并且在经济学、工程学和社会科学中有着广泛的应用。帕累托最优是指资源分配的一种理想状态，即假定固有的一群人和可分配的资源，从一种分配状态到另一种状态的变化中，在没有使任何人境况变坏的前提下，也不可能再使某些人的处境变好。换句话说，就是不可能再改善某些人的境况，而不使任何其他人受损。博弈论创立之初，冯·诺依曼和摩根斯特恩认为合作博弈的资源配置必须是有效率的。在一个博弈案例中，如果有多个纳什均衡点的情况下，所有博弈者通过相互合作达成总利益最大的纳什均衡点即为帕累托最优。以“囚徒困境”为例：我们可以发现这个博弈中存在两个纳什均衡点，分别是两人都招供及两人都不招供。都招供对双方来说所获得的总收益较小(损失最大)，而都不招供对双方来说所获得的总收益最大(损失最小)，都不招供即为这个博弈的帕累托最优。

当囚犯之间无法沟通，且这个博弈只进行一次的情况下，囚犯们通常会选择都招供的策略。但如果囚犯之间有沟通合作或这个博弈在规则不变的情况重复进行多次时，囚犯们会选择帕累托最优的策略组合。

对执政者而言，如果他考虑的是推行一个长期执行的、可持续的政策时，都是期望这个政策能让所有参与人选择帕累托最优的策略组合。生物学家从生物进化的模拟实验中也发现了类似的规律，绝对利己的策略模式只能保证生命物种个体的强大，对物种的繁衍壮大是不利的。

4. 合作博弈形成的基本条件

合作博弈的形成有两个基本条件：一是对联盟来说，整体收益大于其每个参与人单独经营时的收益之和；二是对联盟内部而言，每个参与人都能获得比不加入联盟时多一些的收益。由此可知，能够使得合作存在、巩固和发展的一个关键因素是寻找某种分配原则，使得可以在联盟内部参与人之间有效配置资源或分配利益，使其实现帕累托最优。如果联盟内部参与人之间允许用支付货币的方式弥补参与人放弃单人联盟(或其他联盟形式)的损失，此种货币支付称为旁支付(或转移支付)。以是否与货币联系在一起为标准，可以把合作博弈分为允许旁支付和不允许旁支付两类。如果允许旁支付，参与人的主观收益就与货币的多少联系在一起，可以通过货币转移调整参与人之间的收益。

8.2 合作博弈的一般表示

在第 2 章中已介绍过标准式博弈的概念，扩展式博弈的概念将在第四篇中详述，这两种博弈的表述方式常被用来表现非合作博弈局势。在合作博弈中，能起类似作用的是特征函数表述式。

1. n 人博弈的特征函数式

在多人合作博弈中，联盟是一个非常重要的概念。

在 n 人博弈中，参与人的集合用 $I=\{1, 2, \cdots, n\}$ 表示，I 的任意子集 S 称为一个联盟。

下面给出 n 人博弈的特征函数式：

设有 n 个参与人的集合 $I=\{1, 2, \cdots, n\}$，对任一子集 $S\subseteq I$，定义一个实函数 $V(S)$ 满足条件：

(1) $V(\varnothing)=0$，$\varnothing$ 表示空集。

(2) 当 $S_1\cap S_2=\varnothing$，$S_1\subset I$，$S_2\subset I$ 时，$V(S_1\cup S_2)\geqslant V(S_1)+V(S_2)$（称为超可加性，在经济学上称之为协同效应)。

我们把 $[I, V]$ 称为一个 n 人合作博弈，称 $V(S)$ 为这个 n 人合作博弈的特征函数，其中 S 是 I 的任意子集(联盟)，$V(S)$ 描述了联盟的效益。

特征函数式对 n 人合作博弈的每一种可能联盟都给出了相应的联盟收益，也就是给出了一种集合函数。

2.n人博弈中合作的方式

第一种情形是：参与博弈的 n 个人形成一个合作联盟，称此联盟对应的博弈为 n 人大联盟合作博弈。n 人大联盟合作博弈的解是指对大结盟所获利益 $V(I)$的一个分配方案。

若用 $\varphi_i(V(I))$，$i\in I$ 表示参与人 i 从 n 人大联盟合作博弈中获得的收益，则 $\varphi_i(V(I))$至少应满足：

(1)个体合理性：$\varphi_i(V(I))\geqslant V(\{i\})$，$i\in I$，即合作至少不比单干差。

(2) 总体合理性：$\sum\limits_{i\in I}\varphi_i(V(I)) = V(I)$,即将合作博弈$[I,V]$中获得的收益 $V(I)$ 分光。

因此，解决 n 人合作博弈问题的任务是如何获得一个合理的分配方案，即

$$\Phi(V(I)) = (\varphi_1(V(I)),\varphi_2(V(I)),\cdots,\varphi_n(V(I)))。$$

第二种情形是：在参与人多于两个的情况下，就可能出现部分参与人联合起来追求小团体利益的行为，但其前提条件是参与人在小团体中得到的利益大于或等于在大联盟中得到的利益，即存在子集 $S=\{i_1, i_2, \cdots, i_k\}\subset I$，相应的总收益为 $V(S)$，分配方案

$$\Phi(V(S)) = (\varphi_{i_1}(V(S)),\varphi_{i_2}(V(S)),\cdots,\varphi_{i_k}(V(S)))$$

满足

$$\varphi_{i_1}(V(S)) \geqslant \varphi_{i_1}(V(I))$$
$$\varphi_{i_2}(V(S)) \geqslant \varphi_{i_2}(V(I))$$
$$\cdots$$
$$\varphi_{i_k}(V(S)) \geqslant \varphi_{i_k}(V(I))$$

且其中至少有一个严格不等式成立。

为使记号简便，我们将 $V(\{i\})$简记为 $V(i)$，将 n 人合作博弈问题的分配方案简记为

$$\Phi(V) = (\varphi_1(V),\varphi_2(V),\cdots,\varphi_n(V))$$

考虑有 n 个参与人的集合 $I=\{1, 2, \cdots, n\}$的所有联盟结构，不计空集合，共有 2^n-1 个。例如，集合 $I=\{1, 2, 3, 4\}$的非空子集有 $2^4-1=15$ 个：

$$\{1\},\{2\},\{3\},\{4\},\{1,2\},\{1,3\},\{1,4\},\{2,3\},\{2,4\},\{3,4\}$$
$$\{1,2,3\},\{1,2,4\},\{1,3,4\},\{2,3,4\}$$
$$\{1,2,3,4\}$$

三类联盟结构为：

单人联盟结构：$\{1\}$，$\{2\}$，$\{3\}$，$\{4\}$；

大联盟结构：{1，2，3，4}；

其他联盟结构(也是最普遍的联盟结构)：

[{1,2,3},{4}],[{1,2,4},{3}],[{1,3,4},{2}],[{2,3,4},{1}]

[{1,2},{3,4}],[{1,3},{2,4}],[{1,4},{2,3}]

[{1,2},{3},{4}],[{1,3},{2},{4}],[{1,4},{2},{3}],[{2,3},{1},{4}]

[{2,4},{1},{3}],[{3,4},{1},{2}]

其中的单人联盟结构本质上属于非合作博弈，我们在本篇第 7 章已经做过讨论；对大联盟结构的求解方法将在本篇第 9 章讨论；对比较复杂的其他联盟结构的求解方法，将在本篇第 10 章讨论。

本章小结

无论是非合作博弈还是合作博弈，人们都会选择最有利于自己的策略去执行。至于在博弈中能否合作，最终决定性因素是其收益的期望值。时至今日，合作现象到处可见，它是社会文明的基础。

本章重点介绍了合作博弈的基本概念、合作博弈的特征函数表述式及合作博弈的三种联盟结构。单人联盟结构本质上属于非合作博弈，已经在第二篇中讨论过；n 人大联盟合作博弈要解决的问题是如何获得一个合理的分配方案；第三种联盟结构比较复杂，我们将在第 10 章中讨论。

练习 8

1. 阐述合作博弈形成需要具备的基本条件。
2. 给出 5 人博弈的所有联盟结构，其中参与人集合 $I=\{1, 2, 3, 4, 5\}$。

第 9 章　大联盟合作博弈的效益分配

多人合作博弈中的效益分配(或费用分摊)问题与现实的经济活动有着密切的关系。由于这类问题涉及的资金数目较大，比较敏感，只有处理好才能够保证合作项目的成功。因此，如何形成多人有效率的合作博弈，关键是能够给出一个合理的利益分配方案。

对合作博弈来说，有两个非常重要的解：Shapley 值和核仁(Nucleolus)。这里主要介绍 Shapley 值及应用，将在第五篇第 15 章介绍关于核仁的应用。

9.1　Shapley 值及其应用

1. Shapley 值

有这样一个故事：约克和汤姆结对出游时，邀请一个路人一起吃午餐。约克带了 3 块饼，汤姆带了 5 块饼。3 人将 8 块饼等分成 3 份，每人一份。午餐后路人给了他们 8 个金币后继续赶路。

约克和汤姆为这 8 个金币的分配发生了争执。汤姆说："我带了 5 块饼，理应我得 5 个金币，你得 3 个金币。"约克不同意："既然我们在一起吃这 8 块饼，理应平分这 8 个金币。"约克坚持认为每人各 4 块金币。为此，约克找到公正的夏普利进行裁决。

夏普利对约克说："汤姆给你 3 个金币，因为你们是朋友，你应该接受它；如果你要公正的话，那么公正的分法是，你应当得到 1 个金币，而你的朋友汤姆应当得到 7 个金币。"约克不理解。

夏普利说："因为你们 3 人吃了 8 块饼，其中，你带了 3 块饼，汤姆带了 5 块，一共是 8 块饼。你吃了其中的 1/3，即 8/3 块，路人吃了你带的饼中的 3－8/3＝1/3；你的朋友汤姆也吃了 8/3，路人吃了他带的饼中的 5－8/3＝7/3。这样，路人所吃的 8/3 块饼中，有你的 1/3，有汤姆的 7/3。因此路人所吃的饼中，属于汤姆的是属于你的 7 倍。所以，对于这 8 个金币，公平的分法是：你得 1 个金币，汤姆得 7 个金币。你看有没有道理?"

约克听了夏普利的分析认为有道理，愉快接受了 1 个金币，而让汤姆得到 7 个金币。

在这个故事中，我们看到，夏普利所提出的对金币的"公平"分法，遵循的原则是：

所得与自己的贡献相等。

如果说纳什均衡是非合作博弈中的核心概念的话，那么我们可以说，Shapley 值是合作博弈中的最重要的概念，Shapley 值是合作性博弈的一种解。

1953 年，美国运筹学家罗伊德·夏普利(Lloyd S. Shapley)采用逻辑建模方法归纳出了三条合理分配原则，即在 n 人合作博弈$[I, V]$中，参与人 i 从 n 人大联盟博弈所获得的收益 $\varphi_i(V)$应当满足的基本性质(用公理形式表示)，进而证明满足这些基本性质的合作博弈解是唯一存在的，从而妥善地解决了某类合作博弈的合理分配问题。

这三条分配原则是：

(1)对称性原则

每个参与人获得的分配与他在集合 $I=\{1, 2, \cdots, n\}$中的排列位置无关。

(2)有效性原则

①若参与人 i 对他所参加的任一合作都无贡献，则给他的分配应为 0。数学表达式为：任意 $i\in S\subseteq I$，若 $V(S)=V(S\setminus\{i\})$，则 $\varphi_i(V)=0$。

②完全分配：$\sum\limits_{i\in I}\varphi_i(V) = V(I)$

(3)可加性原则

对 I 上任意两个特征函数 U 与 V，$\Phi(U+V)=\Phi(U)+\Phi(V)$。

可加性原则表明：n 个人同时进行两项互不影响的合作，则两项合作的分配也应互不影响，每人的分配额是两项合作单独进行时应分配数的和。

满足上述三条分配原则的 $\varphi_i(V)$，$i\in I$，称为 Shapley 值。

夏普利不仅证明了 Shapley 值的存在唯一性，而且给出了 Shapley 值的计算公式。下面给出这个重要结果：

对任一 n 人合作博弈$[I, V]$，Shapley 值是唯一存在的，且

$$\varphi_i(V) = \sum_{i\in S\subseteq I} W(|S|)[V(S) - V(S\setminus\{i\})],\ i = 1,2,\cdots,n$$

其中 $W(|S|)=\dfrac{(n-|S|)!\ (|S|-1)!}{n\ !}$，$|S|$为集合 S 的元素个数。

其实，Shapley 值出自于一种概率分析。假定 $I=\{1, 2, \cdots, n\}$，n 个局中人依照随机次序形成联盟且各种次序发生的概率相等，显然这样的联盟共有 $n!$ 个。局中人 i 与前面$|S|-1$ 个局中人形成联盟 S，由于 $S\setminus\{i\}$中的局中人排列的次序有$(|S|-1)!$种，而 $I\setminus S$ 中的局中人排列的次序有$(n-|S|)!$ 种，因此，各种次序发生的概率均为 $\dfrac{(n-|S|)!\ (|S|-1)!}{n!}$；又局中人 i 在联盟 S 的贡献为 $V(S)-V(S\setminus\{i\})$，从而

$$W(|S|) = \frac{(n-|S|)!(|S|-1)!}{n!},i \in S\subseteq I$$

可以作为局中人 i 在联盟 S 的贡献 $V(S)-V(S\setminus\{i\})$的一个加权因子。因此局中人 i 对

所有他可能参加的联盟所作贡献的加权平均(期望值)就是 Shapley 值。

实质上，Shapley 值给出了联盟收益的一种适当的分配方案。

2. Shapley 值的应用

例 9.1　三人合作经商的利益分配

设有 A、B、C 三人经商。若各人单干，则每人仅能获利 10 万元；若 A、B 合作，可获利 70 万元，A、C 合作可获利 50 万元，B、C 合作可获利 40 万元，三人合作可获利 100 万元。问三人合作时应如何合理分配 100 万元的利益。

解：由题目条件可见，有 A 参加的二人合作，获利最大，70＋50＝120；有 B 参加的二人合作，获利次之，70＋40＝110；有 C 参加的二人合作，获利最小，50＋40＝90。在二人合作中，A 贡献最大，B 次之，C 最小。所以，在分配利益时应考虑与贡献联系起来。此博弈的特征函数表述式见表 9.1。

表 9.1　特征函数表述式

S	A	B	C	AB	AC	BC	ABC	$\varnothing$
$V(S)$	10	10	10	70	50	40	100	0

又因为

$$V(\mathrm{ABC}) = 10 > \begin{cases} V(\mathrm{AB}) + V(\mathrm{C}) = 80 \\ V(\mathrm{AC}) + V(\mathrm{B}) = 60 \\ V(\mathrm{BC}) + V(\mathrm{A}) = 50 \end{cases}$$

因此三人合作可获利最大。

我们的任务是为 A、B、C 三人合作设计一个分配方案

$$\Phi(V) = (\varphi_{\mathrm{A}}(V), \varphi_{\mathrm{B}}(V), \varphi_{\mathrm{C}}(V))$$

利用 Shapley 值计算公式，可以计算参与人 A 的分配值 $\varphi_{\mathrm{A}}(V)$(见表 9.2)。

表 9.2　参与人 A 的分配计算

S	A	AB	AC	ABC
$V(S)$	10	70	50	100
$V(S\setminus\{A\})$	0	10	10	40
$V(S)-V(S\setminus\{A\})$	10	60	40	60
$\lvert S\rvert$	1	2	2	3
$(n-\lvert S\rvert)!\ (\lvert S\rvert-1)!$	2	1	1	2
$W(\lvert S\rvert)$	1/3	1/6	1/6	1/3
$\varphi_{\mathrm{A}}(V)$	40			

同理，可以计算出参与人 B、C 的分配值：$\varphi_B(\mathrm{V})=35$，$\varphi_C(\mathrm{V})=25$。因此，三人

合作经商的利益分配方案为：A 的分配为 40 万元，B 的分配为 35 万元，C 的分配为 25 万元。

例 9.2 污水处理的费用分摊问题

三个位于某河流同侧的城市，从上游到下游依次为 A、B、C，这三个城市的污水必须经处理后才能排入河中。A 与 B 距离为 $20km$，B 与 C 距离 $38km$，如图 9.1 所示。

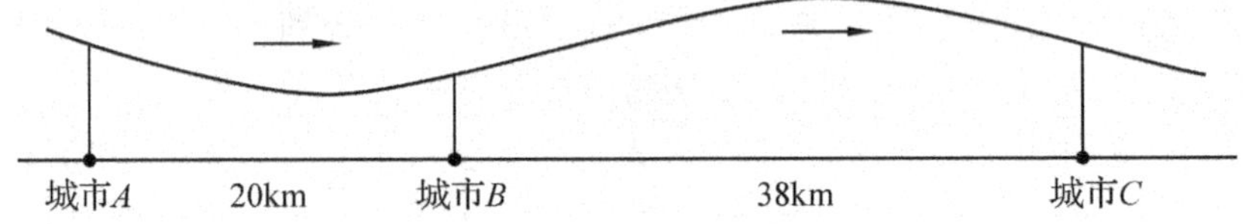

图 9.1 污水处理费用分摊问题

经过调研得知：合建一个大型污水处理厂，加上铺设管道的费用，要比单独建三个小污水处理厂的总费用少。因此，三个城市有意合作建一个大型污水处理厂。但合作建厂方案能否实施，取决于总的建设费用的分摊是否合理。只有每个城市分摊的建设费用小于单独建厂的费用时，合作建厂方案才能实施。

根据经验公式，建污水处理厂的费用为 $C_1=730Q^{0.712}$（万元），其中 Q 为污水流量（单位：m^3/s）；铺设污水管道费用的费用为 $C_2=6.6Q^{0.51}L$（单位：万元），其中 L 为污水管道长度（km）。三城市的污水流量分别为 $Q_A=5$，$Q_B=3$，$Q_C=5$。经过计算：

(1)合建一个大型污水处理厂，加上由 A 到 B 再到 C 铺设管道的费用为 5557.90 万元；

(2)A，B，C 各自建厂的总费用为 6618.88 万元，其中 A 自建厂的费用 2296.09 万元；B 自建厂的费用 1596.00 万元；C 自建厂的费用 2296.09 万元。

(3)A 与 B 合作，在 B 处建厂，C 单独建厂。此时建厂的总费用为 5804.74 万元。其中 A 与 B 合作，在 B 处建厂费用和由 A 到 B 铺设的管道费用共 3508.60 万元。

(4)A 与 C 合作，在 C 处建厂，B 自建厂。此时建厂的总费用为 6227.02 万元。其中 A 与 C 合作，在 B 处建厂的费用和由 A 到 C 铺设的管道费用共 4631.02 万元。

(5)B 与 C 合作，在 C 处建厂，A 自建厂。此时建厂的总费用为 5943.94 万元。其中 B 与 C 合作，在 C 处建厂的费用和由 B 到 C 铺设的管道费用共 3647.85 万元。

问：如何分摊费用使得合作建厂方案能够实施？

分析思路：合作可省钱→视省钱为获利→计算获利的分配→费用的分担。

解：由于三城合作建厂可节省 6188.18－5557.90＝630.28(万元)，现把三城合作建厂节省的钱作为获利，问题就转化为如何合理分配节约的 630.28(万元)。

下面利用 Shapley 公式计算出合理分配节约出的 630.28(万元)的方案：

此时的博弈的特征函数表述式为：

$$V(\mathrm{A}) = V(\mathrm{B}) = V(\mathrm{C}) = 0$$
$$V(\mathrm{AB}) = 2296.09 + 1596.00 - 3508.60 = 383.49$$
$$V(\mathrm{AC}) = 2296.09 + 2296.09 - 4631.02 = -38.84$$
$$V(\mathrm{BC}) = 1596.00 + 2296.09 - 3647.85 = 244.24$$
$$V(\mathrm{ABC}) = 2296.09 + 1596.00 + 2296.09 - 5557.90 = 630.28$$

A 城的分配计算见表 9.3，其分配 $\varphi_{\mathrm{A}}(V)$=186.12(万元)。

表 9.3 A 城的分配计算 （单位：万元）

S	A	AB	AC	ABC
$V(S)$	0	383.49	−38.84	630.28
$V(S\setminus\{\mathrm{A}\})$	0	0	0	244.24
$V(S)-V(S\setminus\{\mathrm{A}\})$	0	383.49	−38.84	386.04
$\|S\|$	1	2	2	3
$(n-\|S\|)!\ (\|S\|-1)!$	2	1	1	2
$W(\|S\|)$	1/3	1/6	1/6	1/3
$\varphi_{\mathrm{A}}(V)$	186.12			

同理，可以计算 B 城的分配值：$\varphi_{\mathrm{B}}(V)$=327.66(万元)，B 城的分配计算见表 9.4。

表 9.4 B 城的分配计算 （单位：万元）

S	B	AB	BC	ABC
$V(S)$	0	383.49	244.22	630.28
$V(S\setminus\{\mathrm{B}\})$	0	0	0	−38.84
$V(S)-V(S\setminus\{\mathrm{B}\})$	0	383.49	244.24	669.12
$\|S\|$	1	2	2	3
$(n-\|S\|)!\ (\|S\|-1)!$	2	1	1	2
$W(\|S\|)$	1/3	1/6	1/6	1/3
$\varphi_{\mathrm{B}}(V)$	327.66			

C 城的分配值：$\varphi_{\mathrm{C}}(V)$=116.50(万元)，C 城的分配计算见表 9.5。

表 9.5　C城的分配计算　（单位：万元）

S	C	AC	BC	ABC
$V(S)$	0	−38.84	244.24	630.28
$V(S\setminus\{C\})$	0	0	0	383.49
$V(S)-V(S\setminus\{C\})$	0	−38.84	244.24	246.79
$\lvert S\rvert$	1	2	2	3
$(n-\lvert S\rvert)!\ (\lvert S\rvert-1)!$	2	1	1	2
$W(\lvert S\rvert)$	1/3	1/6	1/6	1/3
$\varphi_C(V)$	116.50			

因此，三城合作建厂的费用分摊方案为：

城市 A 的投资分配为

$$2296.09-\varphi_A(V)=2296.09-186.12=2109.97(\text{万元})$$

城市 B 的投资分配为

$$1596.00-\varphi_B(V)=1596.00-327.66=1268.34(\text{万元})$$

城市 C 的投资分配为

$$2296.09-\varphi_C(V)=2296.09-116.50=2179.59(\text{万元})$$

9.2　多人合作博弈问题

1. 股份与控股权问题

例 9.3　考察一个具有四个股东的股份有限公司。四个股东依次记为 A，B，C，D。他们分别持有 20%，20%，20%，40%的股份。公司的任何决定必须经过持有半数以上股份的股东同意才可能通过。试确定各股东控制公司决定的比重，即求此四人合作博弈问题的 Shapley 值。

解：首先，该问题中持有半数以上股份的股东联盟（称为有效联盟）有

{A,D}，{B,D}，{C,D}，{A,B,C}，{A,B,D}，{A,C,D}，{B,C,D}，{A,B,C,D}

设特征函数

$$V(S)=\begin{cases}1, & S\ \text{为有效联盟}\\0, & S\ \text{为无效联盟}\end{cases}$$

则

$$V(A,D)=V(B,D)=V(C,D)=V(A,B,C)=1,$$

$$V(A,B,D)=V(A,C,D)=V(B,C,D)=V(A,B,C,D)=1。$$

利用 Shapley 值计算公式求 $\varphi_i(V)$，i=A，B，C，D。有 A 参加的有效联盟有

{A,D}，{A,B,C}，{A,B,D}，{A,C,D}，{A,B,C,D}。

计算 A 的股权 $\varphi_A(V)$值见表 9.6。

表 9.6　计算 A 的股权 $\varphi_A(V)$

S	AD	ABC	ABD	ACD	ABCD
$V(S)$	1	1	1	1	1
$V(S\setminus\{A\})$	0	0	1	1	1
$V(S)-V(S\setminus\{A\})$	1	1	0	0	0
$\|S\|$	2	3	3	3	4
$(n-\|S\|)!\ (\|S\|-1)!$	2	2	2	2	6
$W(\|S\|)$	1/12	1/12	1/12	1/12	1/4
$\varphi_A(V)$	1/6				

同理可得：$\varphi_B(V)=\frac{1}{6}$，$\varphi_C(V)=\frac{1}{6}$，再根据 Shapley 值的完全分配原则，可求得

$$\varphi_D(V)=1-(\varphi_A(V)+\varphi_B(V)+\varphi_C(V))=1-\left(\frac{1}{6}+\frac{1}{6}+\frac{1}{6}\right)=\frac{1}{2},$$

因此，股东 A，B，C，D 对公司形成决定影响的比重分别是$\left(\frac{1}{6},\frac{1}{6},\frac{1}{6},\frac{1}{2}\right)$。

我们注意到：股东 D 拥有 40%的股权，而他对公司形成决定影响的比重是 50%。这说明了什么？从理论上讲，只要一个大股东拥有 1/3 以上的股权，而其他股权分散在众多的小股东手中，则掌握 1/3 股权的大股东就有可能获得该股份公司的控股权。

利用这一理论，可以更好地揭示股票市场现象，有助于规范管理股份公司。在我国现阶段的经济体制改革中，Shapley 值也能为我们提供一种基本的分析方法。例如：用其研究股份制设计、经济组织结构、中央与地方政府及个人的税收征管模型等。但若存在几家能够相互制衡的大股东，则他们控制公司的比重要小于他们所拥有的股权的比重。

例 9.4　设有 5 人合作博弈，参与人集合 $I=\{1,2,3,4,5\}$，该博弈的特征函数为

$$\begin{aligned}V(1,2,3)&=V(1,2,4)=V(1,2,5)=V(1,2,3,4)\\&=V(1,2,3,5)=V(1,2,4,5)=V(1,2,3,4,5)=1\end{aligned}$$

而对其他 S，$V(S)=0$。

按 Shapley 值计算公式计算得

$$\varphi_1(V)=\frac{9}{20};\varphi_2(V)=\frac{9}{20};\varphi_3(V)=\varphi_4(V)=\varphi_5(V)=\frac{1}{30}$$

可见，参与人 1、2 比参与人 3、4、5 重要得多。

2. 财产分配问题

例 9.5　考虑这样一个合作博弈：A、B、C 三人投票决定如何分配 200 万的现金，

他们分别拥有50%、40%、10%的票力，规则规定，当超过50%的票认可了某种分配方案时，该分配方案才能通过。那么如何分配才是合理的呢？此时财产应当按票力分配吗？如果是的话，即A，B，C的现金分配比例为：50%∶40%∶10%。但如果这样分配的话，C可以提这样的方案，A：70%，B：0，C：30%。这个方案能被A、C接受，因为对A、C来说这是一个比按票力分配方案有明显的改进的方案，尽管B被排除出去。但是A、C的票力之和可以超过50%。

在这样的情况下，B会向A提出这样一个方案：A：80%，B：20%，C：0。此时A和B所得均比刚才C提出的方案要好，而C成了一无所有。但A、B票力之和可以超过50%……，这样的过程可以一直进行下去。

在这个过程中，有效联盟(能超过50%的票的联盟)有{A，B}，{A，C}和{A，B，C}。最终的分配结果应该是怎样的呢？

下面根据夏普利提出的分配方式，求该合作博弈的夏普利值，进而给出合理分配方案。

解：在这里，局中人集合为$I=\{A, B, C\}$。该问题中获胜联盟有

$$\{A,B\},\{A,C\},\{A,B,C\}$$

设特征函数

$$V(S)=\begin{cases}1, & S\text{为获胜联盟}\\0, & S\text{为失败联盟}\end{cases}$$

则
$$V(A, B)=V(A, C)=V(A, B, C)=1$$

利用Shapley值计算公式求$\varphi_i(V)$，$i=A, B, C$。计算$\varphi_A(V)$值见表9.7。

表9.7　计算$\varphi_A(V)$

S	AB	AC	ABC
$V(S)$	1	1	1
$V(S\setminus\{A\})$	0	0	0
$V(S)-V(S\setminus\{A\})$	1	1	1
$\|S\|$	2	2	3
$(n-\|S\|)!\ (\|S\|-1)!$	1	1	2
$W(\|S\|)$	1/6	1/6	2/6
$\varphi_A(V)=4/6$			

同理可求得$\varphi_B(V)=1/6$，$\varphi_C(V)=1/6$(见表9.8和表9.9)。

表 9.8　计算 $\varphi_B(V)$

S	AB	ABC
$V(S)$	1	1
$V(S\setminus\{B\})$	0	1
$V(S)-V(S\setminus\{B\})$	1	0
$\|S\|$	2	3
$(n-\|S\|)!\ (\|S\|-1)!$	1	2
$W(\|S\|)$	1/6	2/6
$\varphi_B(V)=1/6$		

表 9.9　计算 $\varphi_C(V)$

S	AC	ABC
$V(S)$	1	1
$V(S\setminus\{C\})$	0	1
$V(S)-V(S\setminus\{C\})$	1	0
$\|S\|$	2	3
$(n-\|S\|)!\ (\|S\|-1)!$	1	2
$W(\|S\|)$	1/6	2/6
$\varphi_C(V)=1/6$		

根据夏普利值 $\varphi_A(V)=4/6$，$\varphi_B(V)=1/6$，$\varphi_C(V)=1/6$，我们可以得到财产分配方案(单位：万元)：A，B，C 分别得到 400/3，100/3，100/3。

一般情况下，合作就会涉及成本的分摊和利益的分配问题。Shapley 值在需要合作的各个领域中都得到了广泛的应用，尤其是在经贸合作和政治领域。例如，法国政府曾提议英吉利海峡隧道的成本应当利用夏普利值在欧盟国家中分配；夏普利和舒比克(1954) 将 Shapley 值用于计算联合国安理会成员国的权力值，最早将博弈论用于政治领域。近年来，很多博弈论学者对拓展 Shapley 值的公理化和应用方面都做出了重要的贡献。

9.3　班扎夫权力指数及其应用

1. 班扎夫权力指数

关于乔治华盛顿大学法律专家班扎夫(John F. Banzhaf，1940—　)有这样一个故事：

某个国家有六个按地理的自然疆域划分的省份，它们是 A、B、C、D、E、F。该国实行代议制民主政治，所有立法决策由这些省份的代表来实施。由于这些地区的人口数量不同，他们按人口分配了不同比例的票数。总票数为 31 张，票数分配见表 9.10。

表 9.10　票数分配表

省份代码	A	B	C	D	E	F
票数	10	9	7	3	1	1

该国的法律规定：如果一项议案拥有半数以上的票数即获得通过，即如果一项议案获得 31 票中的 16 票或 16 票以上，那么就获得通过。

该国这样的政治体制运行了很多年。但是 D、E、F 省份的人民总觉得有点问题。

于是他们请来了法律专家班扎夫来分析一下该国的政治体制。通过分析，班扎夫发现，尽管D、E、F省份分别有3票、1票和1票，但实际上，这三个省份在表决时，在任何情况下都不起作用！

他们向总统反映了这个情况，要求总统提请修改票数分配的议案。总统不明白这是怎么一回事？班扎夫向总统解释说："每个决策者在决策时的权力体现在他能够作为'关键加入者'出现在获胜联盟中。如果决策者作为'关键加入者'出现的次数多，那么他的权力大；反之则小。我们可以把一个决策者作为'关键加入者'在获胜联盟中出现的次数称之为'权力指数'。"

班扎夫接着说："在贵国的政治体制中，A，B，C三个省份垄断了所有的权力，而D、E、F三个省份在现有的体制下，不是任何获胜联盟的'关键加入者'，即D、E、F三个省份的权力指数为0。"

"什么是获胜联盟？什么是'关键加入者'？能不能举个例子？"总统问。

班扎夫举例说："比如联盟{A，B}，它们两者加起来的票数为19张，大于16张，因此，{A，B}就是一个获胜联盟。在这个获胜联盟中，A和B都是不可缺少的，因此A与B均是获胜联盟{A，B}的关键加入者，{A，B，D}也是一个获胜联盟，但是D不是关键加入者。"

"那我明白了。你能不能帮我具体算一下各个省份现有的权力指数？"总统说。

"可以。贵国现有的决策体制可以标记为(16；10，9，7，3，1，1)。前面的16为一个获胜联盟至少要获得的票数，或者说一个提案获得通过至少需要的票数。后面的数字为各个地区被分配的票数。这个投票体制的权力指数情况见这样一个表。"班扎夫说。班扎夫拿出一张表给总统看(见表9.11)。

表9.11 (16；10，9，7，3，1，1)体制下各省权力指数

省份代码	A	B	C	D	E	F
票数	10	9	7	3	1	1
权力指数	16	16	16	0	0	0
权力指数比(%)	$\frac{100}{3}$	$\frac{100}{3}$	$\frac{100}{3}$	0	0	0

"权力指数比是什么？"总统问。

班扎夫说："权力指数也称为归一化的权力指数。如果我们用百分比来分析投票过程中各投票者的权力所占的比例，对于n个人，每人的权力指数为c_1，c_2，…，c_n，则投票者j的权力指数比为：$\Phi_j=\frac{c_j}{c_1+c_2+\cdots+c_n}$。由这个公式我们就能算出各个投票者的权力指数比例。一个极端的情况是，如果一投票者拥有51%或以上的股份，那他就拥有100%的权力，而其他投票者拥有的权力为0%。"班扎夫说。

"哦，原来是这样！这确实不太公平，有什么办法能改变这样的状况？"总统问。

“有办法，总统先生。您有什么具体要求?”班扎夫说。

总统想了想说：“首先，人数多的地区，权力要大些；其次，人数少的地区也能有一定的权力。当然，最好不要作太多的修改，否则很难实施。大致是这些吧。不过现在首要的是要增加人数少的三个地区的权力，否则太不公平了。”

“要绝对公平很难，重新分配票还要经过各省份之间进行平衡和争吵。”班扎夫边说边思考，“这样吧，我给出一个简单的方案。”

班扎夫考虑了一下说：“多给 A 省两张票吧。这样就能使得其他票数不变的情况下增加三个弱小省份的权力。”

“A 省本来票数就多，再多给他两张票，这样行吗?”总统怀疑地说。

“可以的，”班扎夫解释说，“原来的总票数为 31，获得 16 张票就赢，而现在的总票数为 33，获得 17 票才能赢。这样权力指数就发生了变化。”

“如何变化?”

“让我计算一下。”

班扎夫计算结果见表 9.12。

表 9.12　(17；12，9，7，3，1，1)体制下各省权力指数

省份代码	A	B	C	D	E	F
票数	12	9	7	3	1	1
权力指数	18	14	14	2	2	2
权力指数比(%)	34.6	26.9	26.9	3.8	3.8	3.8

看着班扎夫给他的各省份权力指数的结果，总统说：“对于 F 来说，它在{A，D，E，F}和{B，C，F}两个联盟中起关键作用，即它的加入能使这两个联盟获胜，若背离则使得它们落败。因此它的权力指数为 2。D、E 和 F 都得到了改进。”

总统对班扎夫说：“它确实是一个改进了的可行的方案。但不知道能不能说服国会给以通过。我试试办吧。谢谢你了。”

由这个故事可看到，权力指数和票数不是一回事。权力指数是真正权力的一个反映，而票数只是一个虚假的指标而已。在该国的权力分配故事中所提到的权力指数，是班扎夫在 1965 年根据夏普利值的基本原则提出来的。这个权力指数被学术界称为班扎夫权力指数。班扎夫权力指数分析方法可以有效地应用在需要设计具体的投票制度和分配票数机制的经济或政治领域。

如果将夏普利值用于投票分析，所得到的投票决策者的夏普利值就称为夏普利—舒比克权力指数。班扎夫权力指数遵循与夏普利—舒比克权力指数同样的基本原则，是量化决策影响力的重要指标。班扎夫给出的计算权力影响的方法，直观且计算更简单，因此应用更加广泛。

班扎夫权力指数又简称权力指数，内含意思是，一个投票者权力体现在他能通过自己加入一个面临失败的联盟而挽救它，使它获胜；这同时也意味着他能够通过背叛一个本来能够获胜的联盟而使它失败。换言之，这个投票者是这个联盟的"关键加入者"，他的权力指数就是他作为"关键加入者"能使其获胜的联盟的个数。

根据上述分析，我们利用特征函数给出班扎夫权力指数的一般描述：

对局中人集合为 $I=\{1, 2, \cdots, n\}$ 的投票表决博弈，定义特征函数为

$$V(S)-V(S\setminus\{i\})=\begin{cases}1 & \text{如果 } S \text{ 获胜,其他联盟失败;}\\ 0 & \text{其他情况。}\end{cases}$$

则局中人 j 的权力指数为

$$c_j=\sum_{j\in S\subseteq I}[V(S)-V(S\setminus\{j\})],$$

其相应的权力指数比为

$$\Phi_j=\frac{c_j}{c_1+c_2+\cdots+c_n}。$$

权力指数比也称为归一化的权力指数，它是量化决策影响力的重要数据。

2. 班扎夫权力指数的应用

例 9.6 投票影响力

考虑有 A、B、C 三个人的联盟博弈，A 有两票，B、C 各有一票，这三个人组成一个群体，对某项议题进行投票。假定此时赢得规则服从"大多数"规则，即若获得三票或超过三票，议题即得通过。对各自的权力指数进行分析时，其关键是确定获胜联盟的"关键加入者"。对于该问题，获胜的联盟有：{A，B}、{A，C}、{A，B，C}。而对于这三个获胜联盟说，A 在{A，B}、{A，C}、{A，B，C} 中均是关键加入者，而对于 B 来说，他只是联盟{A，B}的关键加入者，对于 C 来说，他也只是{A，C}一个联盟的关键加入者。根据以上定义，A、B、C 的权力指数分别是 3、1、1。权力指数比分别是 3/5、1/5、1/5。

表 9.13 票力与班扎夫权力指数比

局中人	票力	权力指数	权力指数比(%)
A	2	3	3/5
B	1	1	1/5
C	1	1	1/5

在投票博弈中，班扎夫权力指数比反映的是投票者投票的影响力。

例 9.7 股份与决策的影响力

一个股份公司有 5 个股东，他们是 A、B、C、D、E。在公司重大决策上，公司法规定，遵循"一股一票原则"(每个股东的票数与他所持的股数相等)和"大多数原则"(一项议案能否通过取决于是否得到 51%或以上的票数或股数的同意)，5 个股东均同意这

两个原则。

5 个股东在公司成立时均拥有相同的股份 20%。这时要获得 51%或以上的票数就必须有 3 位股东联盟，显然这里共有 10 个($C_5^3=10$)获胜联盟，每个人的权力指数均为 6。此时他们的股份和权力指数比见表 9.14。

表 9.14　股份的变化与班扎夫权力指数比的变化：股权情况 1

股东	股份(%)	权力指数	权力指数比(%)
A	20	6	20
B	20	6	20
C	20	6	20
D	20	6	20
E	20	6	20

随着经营的变化，股东的想法出现分化。B、C、D、E 想逐渐减持股份，而 A 想多拥有一些股份。但 B、C、D、E 又不想让 A 完全控制公司——根据“大多数原则”，拥有 51%或以上的股份即有绝对的说话权。B、C、D、E 各减持了 3 个百分点，A 增加了 12 个百分点。此时 A、B、C、D、E 拥有的股份分别为 32%、17%、17%、17%、17%。在这种情况下，要获得 51%或以上的票数同样需要有 3 位股东联盟，所以每个人的权力指数仍均为 6。与前一种情况相比没什么变化。表 9.15 中列出了他们的股份和权力指数比。

表 9.15　股份的变化与班扎夫权力指数比的变化：股权情况 2

股东	股份(%)	权力指数	权力指数比(%)
A	32	6	20
B	17	6	20
C	17	6	20
D	17	6	20
E	17	6	20

股东 A 谋求控制力或想增加影响力，经仔细琢磨并认真计算后向 B、C、D、E 提出让他们各减持 1 个百分点而他自己增持 4 个百分点股份的要求。B、C、D、E 想，A 拥有 36%的股份，不超过 50%，不能完全控制该公司，也就同意了 A 的要求。此时 A、B、C、D、E 分别拥有的股份为 36%、16%、16%、16%、16%。这时情况完全不同了，A 只要和其余的任意一人联盟，就有 52%的票数。这里共有 16 个($C_4^1+C_4^2+C_4^3+1+C_5^5=16$)获胜联盟，它们分别是

{AB}，{AC}，{AD}，{AE}；{ABC}，{ABD}，{ABE}，{ACD}，{ACE}，

{ADE},

{ABCD}，{ABDE}，{ABCE}，{ACDE}；{BCDE}；{ABCDE}

现在他们的股份和权力指数比见表 9.16。

表 9.16 股份的变化与班扎夫权力指数比的变化：股权情况 3

股东	股份(%)	权力指数	权力指数比(%)
A	36	14	63.636
B	16	2	9.091
C	16	2	9.091
D	16	2	9.091
E	16	2	9.091

通过分析，我们看到，A 的股份由 32%增加到 36%，虽然股份仅增加了 4 个百分点，但他的班扎夫权力指数却发生了突变。

从表 9.14 至表 9.16 可见，在 5 个股东之间平均持股的情况下，即均持有 20%的股份，班扎夫权力指数比也是平均的。当股份发生偏离时，如股东 A 持有的股份多几个百分点、其他股东仍持同样的股份，班扎夫权力指数比还不发生变化。从表 9.15 可看到，当 A 拥有 32%的股份时，班扎夫权力指数比还是平均的，在这种股权结构下，对 A 来说是最不公平的：他拥有的股份是其他股东的近两倍，但权力却一样大。

但是当 A 的股份再有所增加，而其他每个股东降低一个百分点时，班扎夫权力指数比发生突变。A 的班扎夫权力指数一下子由 6 增加到 14，班扎夫权力指数比由 20%增加到 63.636%，而其他股东的班扎夫权力指数由 6 降低到 2，班扎夫权力指数比则由 20%降到 9.091%。这就是 A 为什么要多持 4 个百分点的股份的原因，A 此时虽然不能拥有 51%的股份或以上而有 100%的决策权，但由于他在决策时作为获胜联盟中的关键加入者，要比其他 4 个股东的班扎夫权力指数比高得多。因此，他的权力比其他股东大得多。这样就能使 A 达到实际上几乎可以完全控制该公司的目的。这说明：只要获得适当量的股权，就可以得到更多的权力。这个合理的数量关系要通过科学的分析和计算才能得出。班扎夫权力指数所反映的决策影响力就是对控制力最好的诠释。

对这一模型的分析表明，股东所持股份对决策的影响力与所占公司的份额常常并不一致，甚至还存在着拥有不同的股权但对决策结果具有相同的影响力的可能性。权力是股东对公司决策所拥有的作用力，也可以说是决策影响力，特别是在合作性博弈中，权力与股份数额偏离的程度更大。股份公司的业绩受制于管理团队的经营行为，管理团队的经营行为又受制于公司董事会的决策与授权，而公司董事会的组织及行为又取决于股东大会的意志及决策，股东大会的意志及决策最终是由公司股权结构决定的。这一链式反应关系是由现代公司制度的基本设计准则决定的，公司的权力分配与行为规则的基础来源于公司股东及股权的结构状况。权力指数分析方法为我国国企改制、股份制企业的进一步改造以及公司并购重组的实践，提供了一个较好的量化分析方法。

本章小结

Shapley 值是 2012 年诺贝尔经济学奖获得者罗伊德·夏普利于 1953 年提出的，是合作博弈中的最重要的概念之一。Shapley 值所遵循的原则是：所得与自己的贡献相等。要形成多人有效率的合作，关键是能够给出一个合理的利益分配方案。Shapley 值给出了大联盟收益的一种适当的分配方案，是合作博弈的一种解。本章介绍了 Shapley 值及应用，讨论了费用的合理分摊、股份公司的控股权设计、财产的合理分配等问题。班扎夫权力指数是量化决策影响力的重要指标，它遵循的基本原则与 Shapley 值相同，但计算更简单。

练习 9

1. 列表计算例 9.1 三人合作经商问题的利益分配中 $\varphi_B(V)$，$\varphi_C(V)$的值。

2. 若将例 9.3 中 A、B、C、D 的持股分别改为 10%、10%、40%、40%，结果如何？(提示：先找出该问题中持有半数以上股份的股东联盟(称为有效联盟)；再定义特征函数，最后计算股东的夏普利值。)

3. 假设有 5 个人 A、B、C、D、E 决定合资建公司。每个人要么以人力资源投资，要么以资金投资。经认真慎重的可行性研究，预期建成后的合资公司年利润为 100 单位(单位：亿元)。此博弈的特征函数式见表 9.17。

表 9.17　合资建公司的博弈的特征函数式

S	$V(S)$	S	$V(S)$	S	$V(S)$	S	$V(S)$
{1}	0	{1，5}	20	{1，2，4}	35	{3，4，5}	70
{2}	0	{2，3}	15	{1，2，5}	40	{1，2，3，4}	60
{3}	0	{2，4}	25	{1，3，4}	40	{1，2，3，5}	65
{4}	5	{2，5}	30	{1，3，5}	45	{1，2，4，5}	75
{5}	10	{3，4}	30	{1，4，5}	55	{1，3，4，5}	80
{1，2}	0	{3，5}	35	{2，3，4}	50	{2，3，4，5}	90
{1，3}	5	{4，5}	45	{2，3，5}	55	{1，2，3，4，5}	100
{1，4}	15	{1，2，3}	25	{2，4，5}	65	φ	0

为方便起见，用 1、2、3、4、5 分别表示 A、B、C、D、E，则参与人集合为 $I=\{1, 2, 3, 4, 5\}$。

试问：将总利润均分(每人 20 单位)是合理方案吗？为什么？请给出一个合理的分配方案。

4. 1958 年，欧共体总共有 6 个国家，它们是法国、德国、意大利、荷兰、比利时和卢森堡。这些国家对相关的经济问题进行决策。法国、德国和意大利的票数各为 4 张，荷兰、比利时各为 2 张，卢森堡为 1 张。总票数为 17 张。投票规则为 2/3 多数，即一个议案获得 17 张中的 12 张或以上就获得通过。试根据班扎夫权力指数来分析欧共体各国的权力。

第 10 章　其他联盟结构的求解方法

在第 8 章中我们介绍了帕累托最优也称为帕累托效率的概念，帕累托最优是指资源分配的一种理想状态。博弈论创立之初，冯·诺依曼和摩根斯特恩认为合作博弈的资源配置必须是有效率的。但由于某些合作博弈具有帕累托效率的配置方案往往不是唯一的，因此就要研究相应博弈的所有有效解的集合，找出这类合作博弈的稳定解。本章将介绍合作博弈的解集、核等重要概念以及求解合作博弈的解集、确定合作博弈的核的方法。

10.1　博弈的解集与核

1. 合作博弈的解集

例 10.1　地产合并博弈

某地产开发商想在一个区域内建设商品房，该区域内现有三块地产，分别属于 A、B、C 三人，开发商希望这三人能够以某种方式稳定地合并。A、B、C 可能组成的各种联盟形式以及相应的收益见表 10.1。

表 10.1　地产合并博弈的各种联盟及收益

序号	1	2	3	4	5
联盟	ABC	AB，C	AC，B	BC，A	A，B，C
收益	(10)	(6)(4)	(4)(4)	(4)(4)	(3)(3)(3)

由于 1 号联盟(大联盟)结构和 2 号联盟结构都符合帕累托标准，所以 1 号联盟结构和 2 号联盟结构都是该博弈的有效解。我们将所有有效解的集合称为博弈的解集。如果按照收益均分的原则，在大联盟中 C 至多收益 10/3，而在 2 号联盟中，C 的收益为 4；因此，在 1 号联盟结构中的 C 可能会选择 2 号联盟结构，获得的收益为 4。类似理由，A 也可能退出 1 号联盟而选择 4 号联盟，B 也可能退出 1 号联盟而选择 3 号联盟。为了保证三人联合在一起，就必须使每个人的收益至少为 4。但是 1 号联盟总收益为 10，因此 1 号联盟是不稳定的。

现在考虑 2 号联盟，如果 A、B 的收益可以通过旁支付或转移支付的形式得到调整，则 2 号联盟结构是稳定的。这是因为在 C 退出后，如果 A、B 也退出，这对应着 5 号联盟，A、B 的收益分别是 3。因此，C 要想使得二人重回到联盟，必须使 A、B 的收益之和大于 6。由于在这种情况下，A、B 二人的结盟恰好是 6，如果可以把收益与货币联系在一起，即可以用货币转移的形式调整 A、B 的收益，即允许旁支付或转移支付，使得 A、B 二人的收益分别大于 3。比如，C 可以从他的 4 单位的收益中取出 0.2～0.6 个单位的收益，分配给 A、B 二人，自己获得不少于 3.4 单位的收益。如此 2 号联盟结构保持稳定。这时我们称 2 号联盟结构为该合作博弈的核(Core)。

2. 合作博弈的核

合作博弈的核一般定义为：使得所有参与博弈的人员中的任何成员都不能从联盟重组中获益的联盟结构，称为该合作博弈的核。

如果博弈的有效解集非空，核就一定包含在有效解集中。但有效解集中的许多解不是核。在例 10.1 的博弈中，所有使得每个地产商的收益不少于 3，总收益为 10 的联盟结构都包含在解集(1 号联盟和 2 号联盟)中，但博弈的核只有 2 号联盟一个。

如果我们将联盟的收益稍做调整，见表 10.2。

表 10.2　变化后的各种联盟及收益

序号	1	2	3	4	5
联盟	ABC	AB，C	AC，B	BC，A	A，B，C
收益	(11)	(8)(3)	(4)(3)	(4)(3)	(3)(3)(3)

可知 1 号、2 号联盟结构博弈的收益都符合帕累托标准，都是有效解。使用前面的分析方法，可知 1 号、2 号联盟结构都是稳定的，该博弈有两个核。

但是，核的概念存在一个致命的缺陷是它经常是空的，即通常找不到一种能够被所有联盟结构都接受的利益分配方案。

例 10.2　公共物品提供博弈的解集与核

我们在第 7 章例 7.2 中介绍过公共物品提供博弈，知道该博弈存在唯一的纳什均衡(不提供，不提供，不提供)。但这个均衡解是缺乏效率的，因为如果三人都选择“提供”，则每个人都可以得到 1.5 的收益，这是一个理想的联盟，但它不是该博弈的纳什均衡，在没有强制约束力的情况下这个理想的联盟是不可能实现的。

现在假设博弈的三个参与者找到了一种相互制衡的方法，可以有效协调他们的策略，在合作模式下这个问题的结果又如何呢？我们试图找出该博弈的解集与核。表 10.3 给出了收益矩阵。

表 10.3　公共物品提供博弈的收益矩阵

		丙			
		提供		不提供	
		乙		乙	
		提供	不提供	提供	不提供
甲	提供	1.5，1.5，1.5	0.5，2，0.5	0.5，0.5，2	−0.5，1，1
	不提供	2，0.5，0.5	1，1，−0.5	1，−0.5，1	0，0，0

从表 10.3 可以看出：如果三人组成了大联盟，经过有效协调他们的策略，他们选择了(提供，提供，提供)，总收益为 4.5。我们考虑如下的联盟结构：

[{甲}，{乙，丙}]；[{丙}，{甲，乙}]；[{乙}，{甲，丙}]

如果三人中有两个人组成联盟，并且联盟中的两人约定都选择“提供”，则提供者的收益均为 0.5，不低于他们都不提供的收益，此时那个不提供者的收益为 2，但三人总收益为 3，均小于 4.5。这表明该博弈的解集是大联盟(提供，提供，提供)。

由于该博弈的解集非空，如果有核，则这个核就一定包含在解集中。为此，我们考察大联盟(提供，提供，提供)是否是稳定的。假设甲脱离出大联盟而形成单人联盟{甲}，且选择“不提供”，联盟{乙，丙}的最佳选择应是(提供，提供)，否则，二人的总收益将由 1 降到 0。因此，(不提供，(提供，提供))将是两个联盟间的纳什均衡。此时联盟结构：[{甲}、{乙，丙}]的收益为(2，(0.5，0.5))。联盟{乙，丙}任何一人如果脱离他们的联盟，新的纳什均衡将是(不提供，不提供，不提供)。所以，联盟{乙，丙}不会被轻易地瓦解。要想保持大联盟的稳定，甲的收益不能少于 2。

同理，乙、丙的收益也不能少于 2。所以，只有当三人的总收益不少于 6 时大联盟才能保持稳定。所以，大联盟是不稳定的，故本例是空核博弈。

这就提出一个有趣的问题：当没有相互制衡(合作承诺)时，公共物品提供博弈的均衡解是缺乏效率的；当有相互制衡(合作承诺)时，博弈没有稳定解。如果不改变博弈规则，这个三人博弈的社会两难问题很难破解。而改变博弈规则，已经属于社会机制设计的范畴。正如第 7 章提出的方法，政府通过征税，为公众提供公共物品，可以破解这个社会两难问题。

3. 弱占优与强占优

例 10.3　拼车博弈

为减少汽车尾气排放、缓解交通压力和节省交通开支，上班族拼车现象已经比较普遍。假设在同一单位工作的同事甲、乙、丙、丁四人有拼车的意向，四人住在郊区不同位置，相隔只有几公里。拼车人的负向收益是每个人上下班时的路途消耗，它与以下的因素有关：行驶的总路程；自己单独驾车的路程；接送别人驾车的路程；油耗与汽车损耗。负向收益的值用单独开车上班的公里数表示。各种可能的联盟结构及对应的收益见表 10.4。

越小的数字表示越大的收益。我们的问题是确定：(1)博弈的解集；(2)博弈的核。

分析：由于每个参与拼车的人都希望加入一个使自己消耗最小的联盟。由于同事之间关系融洽，这里不考虑旁支付。因此，拼车博弈是无旁支付的博弈。我们不必考虑联盟的总收益，只需分别考察每个参与人的收益。

表 10.4 拼车博弈的联盟结构及对应的收益

路线	联盟结构	收益	路线	联盟结构	收益
1	甲乙丙丁	(7，7，7，7)	9	甲乙，丙，丁	(8，7)(16)(12)
2	甲乙丙，丁	(6，6.5，9)(12)	10	甲丙，乙，丁	(9，7) (13)(12)
3	甲乙丁，丙	(6.5，7，6.5)(16)	11	甲丁，乙，丙	(7，9) (13)(16)
4	甲丙丁，乙	(8，8，7) (13)	12	甲，乙，丙丁	(11)(13)(7，8)
5	甲，乙丙丁	(11) (7，6.5，6)	13	甲，丙，乙丁	(11) (16)(8，9)
6	甲乙，丙丁	(8，7)(7，8)	14	甲，丁，乙丙	(11) (12)(8，7)
7	甲丙，乙丁	(9，7) (8，9)	15	甲，乙，丙，丁	(11)(13)(16)(12)
8	甲丁，乙丙	(7，9) (8，7)			

解：我们比较路线 1(大联盟)与路线 4。路线 1 中所有参与人的收益为(7，7，7，7)，路线 4 中所有参与人的收益为：甲、丙、丁的收益分别为(8，8，7)，乙的收益为(13)，可知路线 1 减少了甲、乙、丙的消耗，丁的消耗保持不变。我们称路线 4 的联盟结构被路线 1 弱占优。同理，被路线 1 的联盟结构弱占优的还有路线 6～12 及路线 14。

我们比较路线 1(大联盟)与路线 13。路线 13 中所有参与人的消耗分别为甲(11)，丙 (16)，乙、丁分别为(8，9)，路线 1 中所有参与人的消耗都优于路线 13 中所有参与人的消耗，我们称路线 13 的联盟结构被路线 1 强占优。同理，被路线 1 的联盟结构强占优的还有路线 15。

删除被路线 1 弱占优或强占优的路线，剩下的路线 1～3 以及路线 5 符合帕累托最优标准，构成本博弈的解集(见表 10.5)。

表 10.5 博弈的解集

路线	联盟结构	收益
1	甲乙丙丁	(7，7，7，7)
2	甲乙丙，丁	(6，6.5，9)(12)
3	甲乙丁，丙	(6.5，7，6.5)(16)
5	甲，乙丙丁	(11) (7，6.5，6)

以下求本博弈的核，采用的方法与前面类似。不同的是，我们只关心联盟个体成员的收益。假设联盟结构 S_1 中某些成员脱离联盟去进行重新组合，形成联盟结构 S_2。如果在联盟结构 S_2 中成员的收益都会增加或至少没有减少，则认为联盟结构 S_2 较联盟结构 S_1 占优。核就是由这些不被占优的联盟结构组成的。

虽然路线 1 的联盟结构整体最优，但将它与路线 3 比较，向后者的转换会减少甲与丙的消耗，乙的消耗不变；向路线 5 转换，乙的消耗不变，丙、丁的消耗会减少。因此，路线 1 的联盟结构被路线 3 和路线 5 的联盟结构占优，路线 1 的联盟结构不稳定。

再比较路线 3 与路线 5 的联盟结构，由于向后者的转换会减少丁的消耗，乙、丙的消耗不变，所以路线 3 的联盟结构被路线 5 的联盟结构占优，路线 3 的联盟结构是不稳定的。

删除路线 1 与路线 3，在解集中只剩下路线 2 与路线 5，这两个路线的联盟结构互不占优。因此，本博弈的核由路线 2 与路线 5 的联盟结构组成(见表 10.6)。

表 10.6　博弈的核

路线	联盟结构	收益
2	甲乙丙，丁	(6，6.5，9)(12)
5	甲，乙丙丁	(11)(7，6.5，6)

结论：第一种拼车组合为{甲乙丙}，{丁}；第二种拼车组合为{甲}，{乙丙丁}。

三人博弈比二人博弈要复杂很多，对三人博弈的研究为探讨多人博弈提供了基础。

10.2　合作博弈其他类型的解

综上我们看到：核(Core)通过考察联盟结构的稳定性缩小了博弈解的范围，是联盟型博弈的一种利益分配的集合，这个集合中的每一个利益分配，均使得没有任何一些局中人能够通过组成联盟而提高他们自己的总和收益，也就是说，核中的分配使得任何联盟都没有能力推翻它。据此，把核中的分配作为博弈的解是可行的。但是，由于核概念存在一个致命的缺陷：它经常是空的，因此有必要寻找其他类型的解。

1964 年，Robert J. Aumann 和 Michael Maschler 提出了谈判集(Bargaining Set)的概念，谈判集是根据局中人之间可能出现的相互谈判而提出的合作博弈的解的概念，它与核相比，其存在性可以得到保证；它与 Shapley 值相比，体现出了各局中人通过谈判达成协议结为联盟的过程，但其计算方法复杂，可操作性不强。

1969 年，David Schmeidler 提出了核仁(Nucleolus)的概念。之后，又有许多博弈论学者对合作博弈解的问题进行了更加深入的研究。

目前，虽然合作博弈论解的概念很多，但没有一种能够具有类似纳什均衡在非合作博弈中具有的核心地位。在这些解的概念中，比较重要的有核(Core)、稳定集(Stable Set)、Shapley 值、谈判集(Bargaining Set)、内核(Kernel)、核仁(Nucleolus)及纳什讨价还价解(Nash Bargaining Solution)等。想了解详细内容的读者可参考本书提供的文献[3]。

本章小结

本章介绍了第三类联盟结构的合作博弈问题，给出了合作博弈的解集、核等重要概念，并给出了求解合作博弈的解集、确定合作博弈的核的方法。

符合帕累托标准的联盟结构称为博弈的有效解，所有有效解构成的集合称为博弈的解集，稳定的有效解称为博弈的核。因此，对第三类联盟结构的合作博弈问题，我们需要找到稳定的联盟结构或核，寻找核的方法是通过删除被占优的联盟结构而确定博弈的解集，再通过稳定性判别出合作博弈的核。注意到有的合作博弈是空核的。可以用货币转移的形式调整博弈参与者的收益，称为允许旁支付或转移支付。是否允许旁支付或转移支付，会影响到联盟结构的稳定性。

练习 10

1. 合作捕猎博弈。A、B、C 三个猎人计划合作捕猎，他们各有捕猎专长，表 10.7 给出了他们不同组合的收益。假定允许旁支付，即存在转移支付，问：

(1)解集是什么？

(2)哪些联盟结构是核？

表 10.7　合作捕猎博弈的收益

序号	1	2	3	4	5
联盟	ABC	AB，C	AC，B	BC，A	A，B，C
收益	(5)	(4)，(0)	(3)，(1)	(3)，(0)	(2)，(1)，(1)

2. 商业伙伴博弈。考虑 A、B、C 三人合作问题，其中 A 擅长编程，B 擅长图形制作，C 擅长销售，收益情况见表 10.8。

表 10.8　三人博弈的收益

序号	1	2	3	4	5
联盟	ABC	A，BC	B，AC	C，AB	A，B，C
收益	(55)	(5)，(35)	(5)，(35)	(15)，(30)	(20)，(20)，(5)

问：在该博弈中，核是什么？在核中 A、B、C 的收益各是多少？

第四篇
动态博弈

第 11 章　扩展式表述与逆向归纳法
第 12 章　子博弈与子博弈完美均衡
第 13 章　重复博弈

第 11 章　扩展式表述与逆向归纳法

在静态博弈中，所有参与人同时行动(或行动虽有先后，但没有人在自己行动之前观测到别人的行动)；在动态博弈中，参与人的行动有先后顺序，且后行动者在行动之前能观测到先行动者的行动。这是动态博弈与静态博弈的根本区别。如何表述一个动态博弈？怎样推测动态博弈中参与人的博弈行为？用什么方法确定动态博弈的“纳什均衡”呢？这正是本章将要分析解决的问题。

11.1　扩展式表述

1. 动态博弈的扩展式表述

扩展式表述是博弈分析的另一种表述方式，它可以反映动态博弈中博弈双方策略的选择次序和博弈的阶段，因此通常用扩展式表述分析动态博弈。与标准式表述相比，标准式表述简单地给出参与人有些什么策略可供选择，而扩展式表述要给出每个策略的动态描述：包括谁在什么时候行动，每次行动有些什么具体策略可供选择，以及参与人知道些什么信息等。

扩展式表述包括以下要素：

(1)参与人集合：$I=\{1, 2, \cdots, n\}$。此外，“自然”作为虚拟参与人用 N 表示。

(2)参与人的行动顺序：谁在什么时候行动。

(3)参与人行动空间：每次行动时参与人有些什么策略可供选择。

(4)参与人的信息集：每次行动时参与人知道些什么信息。

(5)参与人的收益函数：行动结束后参与人得到些什么收益。

(6)外生事件(自然的选择)的概率分布。

2. 动态博弈的纳什均衡

确定了行动空间以及收益函数的表述，我们就可以定义这种博弈的纳什均衡：当某一策略可以使得任何参与方都不能通过采取另一策略而增加其所得到的收益时，我们称之为实现了纳什均衡。

如同二人有限策略博弈的标准式表述可用博弈矩阵表述一样，二人有限策略博弈的扩展式表述可用博弈树表示。

例 11.1　仿冒和反仿冒博弈

设有一家企业的产品被另一家企业仿冒，如果被仿冒企业采取措施制止，仿冒企业就会停止仿冒；否则，他将继续仿冒。理论上，被仿冒企业应当采取措施制止仿冒。现实中，制止仿冒需要付出代价。仿冒企业不被制止可能获得利益，但被制止可能是“偷鸡不成蚀把米”。

两个企业在仿冒和制止仿冒的问题上，存在着一个行为和利益相互依存的博弈，它是一个动态博弈。我们可以用博弈树来表示，如图 11.1 所示。

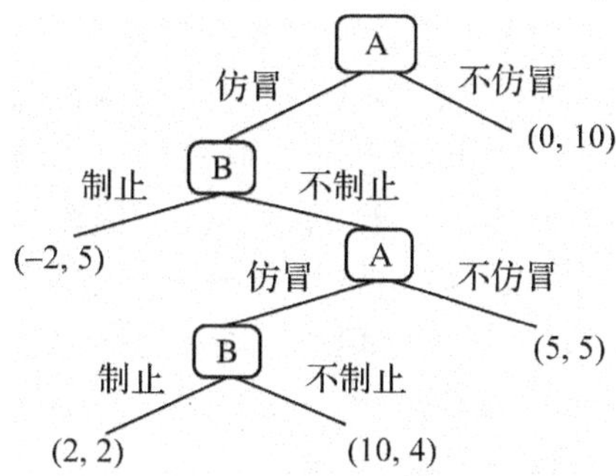

图 11.1　仿冒和反仿冒博弈的博弈树

其中 A 表示仿冒企业，B 表示被仿冒企业。图中终点结点上标注的有序数对，括号中逗号左边的数表示仿冒企业 A 的收益，逗号右边的数表示被仿冒企业 B 的收益。

博弈树是一系列有序结点的有限集合。它包括了三个基本要素：结点、枝和信息集。

博弈树
- 结点
  - 决策结点：表示参与人选择行动的时点。
  - 终点结点：表示博弈行动路径的终点。
- 枝：每一个枝代表一个可选择的行动。
- 信息：参与人在选择他们行动时所掌握的信息。

在博弈树中，结点用“▭”表示，为简单清晰，终点结点只标上收益向量(有序数字组)。

注意图 11.2 表示的博弈与图 11.3 表示的博弈的区别：

图 11.2　博弈树 1　　**图 11.3　博弈树 2**

前者表示局中人 B 在其行动之前可以观察到局中人 A 的行为，我们称 B 为“具有完美信息的”局中人；后者表示局中人 B 在不知道局中人 A 的行为的情况下选择自己的行动，我们称B为“具有不完美信息的”局中人。如果动态博弈进程中每个局中人在其行动之前可以观察到其他局中人的行为，我们称该动态博弈为“完美信息动态博弈”；否则，我们称该动态博弈为“不完美信息动态博弈”。例如，棋类游戏就是完美信息动态博弈。

11.2 逆向归纳法

1. *逆向归纳思维*

现实中的博弈常常是动态的、依序行动的，后行动的参与人能观察到先行动参与人的行动结果，并据此做出自己的合理选择。而先行动参与人虽然无法观测到后行动参与人行动及结果，但他在选择自己的行动时，却不能不把自己的行为对后行动参与人的选择所产生的影响考虑在内，即“如果我选……他会选……如果我选……他又会选……”。因此，分析动态博弈时，后续阶段的博弈是首先要关注的。“站在未来的立场来选择现在的行动”是动态博弈分析的一个重要思路，这种思维方法称为逆向归纳法。

2. *逆向归纳法求解动态博弈的算法步骤*

例 11.2 军事政治博弈

A国对B国采取敌视政策，一直试图对B国实施打击。面对A国的态势，B国采取的对应行动是回击或不回击。

我们可以用动态博弈模型来描述这一问题。

在此动态博弈中：

参与人：A国，B国。

行动空间：A国可选择的行动是“打击”或“不打击”，B国可选择的行动是“反击”或“不反击”。

行动顺序：A国先行动，B国观察到A国的行动后再选择自己的行动。

收益：我们虚拟博弈双方的收益如下：

(1)如果A国选择“打击”策略，B国选择“反击”策略，双方必有一场恶战，则A国收益为－2，B国收益为－2。

(2)如果A国选择“打击”策略，B国选择“不反击”策略，B国将会丧失国家主权，则A国收益为2，B国收益为－4。

(3)如果A国选择“不打击”策略，B国选择“反击”策略，B国将挑起战事，A国以此为借口，纠集国际力量打击B国，则A国收益为3，B国收益为－5。

(4)如果A国选择“不打击”策略，B国选择“不反击”策略，各自和平发展经济，则A国收益为1，B国收益为1。

我们关心的是：A、B两国各会采取怎样的决策？

解：该动态博弈的扩展式表述可用博弈树表示，如图11.4所示。

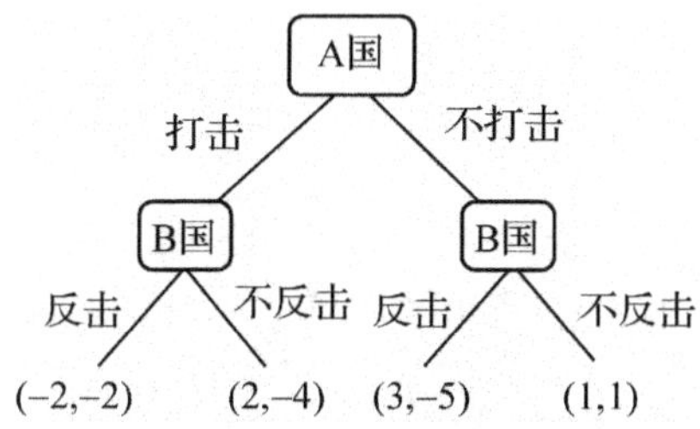

图 11.4　军事政治博弈的博弈树表示

每一条路径的末端对应着一个数对，每个数对中左边的数据是 A 国的收益，右边的数据是 B 国的收益。

下面，我们将采用逆向归纳法求解这个动态博弈。

第 1 步　从最后阶段行动的参与人决策开始考虑。

由于在图 11.4 中最后行动的是 B 国，我们首先考虑 B 国如何决策。在考虑 B 国的决策时，我们假定 A 国已经选择了“打击”或“不打击”。

如果 A 国已经选择了“打击”策略，则 B 国选择“反击”策略的收益为−2，选择“不反击”策略的收益为−4，B 国必然选择“反击”策略。我们在图 11.4 的 B 国“反击”策略的分枝上标记一条小线段。

如果 A 国已经选择了“不打击”策略，则 B 国选择“反击”策略的收益为−5，选择“不反击”策略的收益为 1，B 国必然选择“不反击”策略。我们在图 11.4 的 B 国“不反击”策略的分枝上标记一条小线段，如图 11.5a 所示。

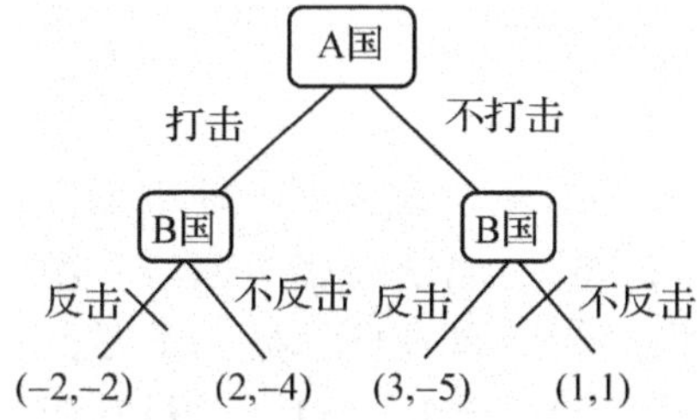

图 11.5a　A、B 两国的博弈树

第 2 步　考虑次后阶段行动的人的决策。

由于在图 11.4 中只有两个阶段，次后阶段行动的人就是第一阶段行动的人，也就是 A 国。A 国行动时会考虑 B 国的反应，他已经预见到 B 国采取的行动就是已经标记的分枝。

如果 A 国选择“打击”策略，则必导致 B 国“反击”策略，A 国收益为−2。

如果 A 国选择“不打击”策略，则必导致 B 国“不反击”策略，A 国收益为 1。

所以，A 国选择“不打击”策略。我们在 A 国“不打击”策略的分枝上标记一条小线段，如图 11.5b 所示。

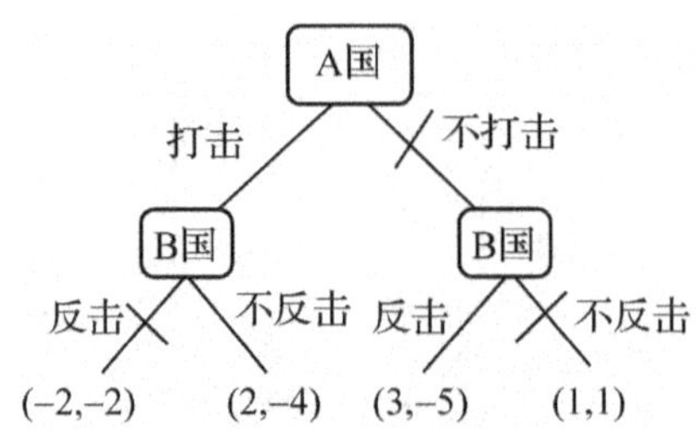

图 11.5b　A、B 两国的博弈树

第 3 步　找出均衡路径。

所谓均衡路径是指：如果博弈树中存在一条路径，其每条树枝都标记了小线段，则这条路径就是均衡路径。实质上是指参与人在最大化各自支付时所选取的策略，就是问题的均衡解。在本例中，均衡路径是：A 国不侵犯 B 国，B 国也不用反击。

我们将用逆向归纳法求解动态博弈的算法步骤总结如下：

第 1 步 画出动态博弈的博弈树。

第 2 步 从最后阶段行动的参与人决策开始考虑。

第 3 步 考虑次后阶段行动的人的决策，直至确定了第一阶段行动人的决策。

第 4 步 找出均衡路径。

在动态博弈中，均衡的要义在于：即使在对抗条件下，双方可以通过向对方提出威胁和要求，找到双方能够接受的解决方案而不至于因为各自追求自我利益而无法达到妥协，甚至两败俱伤。稳定的均衡点建立在找到各自的“占优策略”，即无论对方作何选择，这一策略优于其他策略。

例 11.3　房地产开发博弈

有两个房地产开发商 A 和 B 分别决定在同一地段上开发一栋写字楼。由于市场需求有限，如果他们都开发，则在同一地段会有两栋写字楼，超过了市场对写字楼的需求，难以完全出售，空置房太多会导致各自亏损 1 千万。当只有一家开发商在这个地段开发一栋写字楼时，它才可以全部售出，将会赚得利润 1 千万。假定 A 先决策，B 在看见 A 的决策后再决策是否开发写字楼。他们将会做出怎样的决策？

解：该博弈的扩展式表述用博弈树表示，如图 11.6 所示。

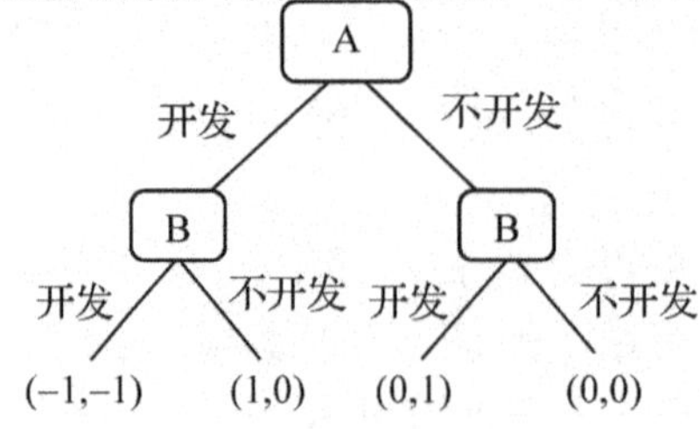

图 11.6　房地产开发博弈树

在图 11.6 中每一条路径的末端对应着一个数对，每个数对中左边的数据是 A 的收益，右边的数据是 B 的收益。下面用逆向归纳法求解这个博弈。

第 1 步　从最后阶段行动的参与人决策开始考虑。

在 B 进行决策时有两个"决策结"：

(1)B 在左边的决策结上，假定 A 选择"开发"，此时由于 B 选择"开发"对应的收益是－1，选择不开发对应的收益是 0，故选择"不开发"，在图 11.6 上做出标记。

(2)B 在右边的决策结上，假定 A 选择"不开发"，此时由于 B 选择开发对应的收益是 1，选择不开发对应的收益是 0，故选择"开发"，在图 11.6 上做出标记，如图 11.7a 所示。

即给定 A 开发，B 就不开发；给定 A 不开发，B 就开发。B 应避免同时与 A 都选择开发而蒙受损失。

第 2 步　考虑次后阶段行动的人的决策。

在这种情况下，次后阶段行动的人就是 A。A 预计到当自己选择"开发"后，B 会选择"不开发"，自己就净赚 1 千万；当自己选择"不开发"后，B 会选择"开发"，自己的收益为 0。因此 A 在自己的决策结上当然选择"开发"，同样做出标记，如图 11.7b 所示。

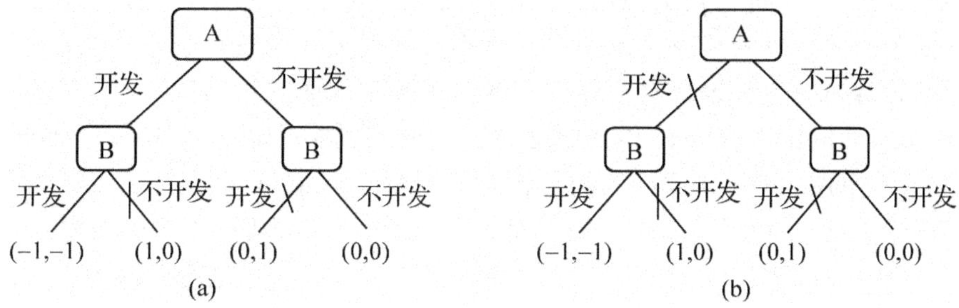

图 11.7

第 3 步　找出均衡路径。

由第 1，2 步，可得此博弈的均衡路径为：A 选择开发，B 选择不开发。

然而，在博弈过程中，还可能发生一些影响博弈结果的其他情形：假如 B 威胁 A 说："不管你是否开发，我都会在这里开发写字楼。"倘若 A 将 B 的话当了真，A 就不敢开发，让 B 单独开发写字楼占便宜。但注意到，由于此博弈的行动顺序是"A 先 B 后"，因此，B 的威胁是"不可置信"的。当 A 不理会 B 的威胁而果断地开发出一栋写字楼时，B 其实不会将事前的威胁付诸实施。因为在 A 已开发的情况下，B 的最优决策是"不开发"。

但是，如果 B 在向 A 发出威胁的同时，又由于某种原因当着 A 的面与第三者 C 承诺一定要在该地段上开发出一栋写字楼，否则，向 C 支付 2 千万。B 与 C 为此签订合同并加以公证有效。这时，博弈变成图 11.8 所示的动态博弈。

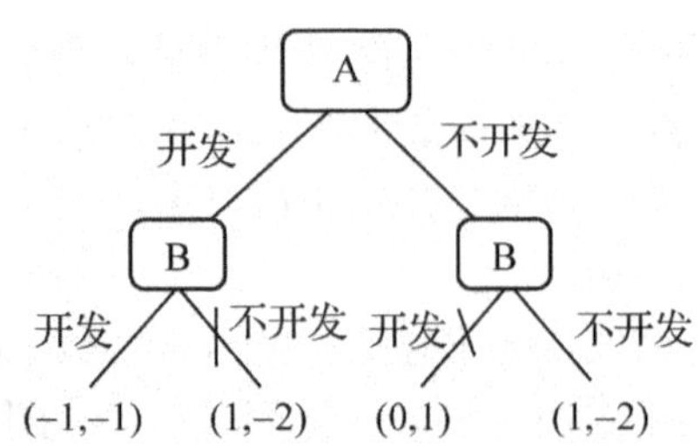

图 11.8　威胁行动后房地产开发博弈树

同样，利用逆向归纳法，可以得到这个博弈的均衡路径为：A 选择不开发，B 选择开发，即在这种情况下，A 不得不相信 B 一定要开发写字楼的威胁了，于是会放弃开发写字楼的计划，让 B 能如愿以偿单独开发写字楼。这样，B 不仅不用向 C 支付 2 千万元，反而能净赚 1 千万元。

在以上的两个例子中我们看到：

(1)求解动态博弈时采用的是“逆向归纳法”，也就是从动态博弈的最后一个阶段开始，逐步向前倒推以求得动态博弈的解。

(2)分析动态博弈时用到了“威胁”，同时还涉及可信性的问题。在动态博弈中，先行为一方是否相信后行为一方会采取对自己不利的行为称为威胁的可信性；而先行为一方是否相信后行为一方会采取对自己有利的行为称为承诺的可信性。

(3)动态博弈的解(博弈树中的均衡路径)与静态博弈中的纳什均衡是不同的概念。如：例 11.2 中有两个纳什均衡(A 国打击，B 国反击)和(A 国不打击，B 国不反击)，但只有后一个才是均衡路径，即动态博弈的解。例 11.3 的图 11.6 中有两个纳什均衡(A 开发，B 不开发)和(A 不开发，B 开发)，但只有前一个才是均衡路径。

11.3　威胁、承诺及其可信性

在例 11.3 房地产开发博弈中提到过威胁与承诺，实际上威胁与承诺是博弈论中的一个重要论题。

美国普林斯顿大学古尔教授在 1997 年的《经济学透视》里发表文章，提出一个例子说明威胁的可信性问题：两兄弟为玩具吵架，哥哥总是要抢弟弟的玩具，不耐烦的父亲宣布政策：好好去玩，不要吵我，不管你们谁向我告状，我都把你们两个关禁闭。现在，哥哥又把弟弟的玩具抢去玩了，弟弟没有办法，只好说：快把玩具还我，不然我就要去告诉爸爸。哥哥想，你真要告诉爸爸，我是要倒霉的，可是你不告状不过是没有玩具玩，而告了状却要被关禁闭，告状会使你的境遇变得更坏，所以你不会告状，因此哥哥对弟弟的警告置之不理。的确，如果弟弟是会算计自己利益的理性人，在这样的环境下，还是不告状的好。可见，弟弟的告状威胁是不可置信的。

中国古代历史上的“破釜沉舟”例子，是一个可置信的威胁。公元前 210 年，秦二世胡亥登基，公元前 209 年，爆发了陈胜吴广领导的农民起义，反秦起义大面积爆发。陈胜吴广死后，刘邦和项羽率领的两支军队逐渐壮大起来。公元前 207 年，项羽的起义军与秦将章邯率领的秦军主力部队在巨鹿(今河北邢台市)展开大战；项羽不畏强敌，引兵渡漳水。渡河后，项羽命令全军："皆沉船，破釜甑，烧庐舍，持三日粮，以示士卒必死，无一还心。"巨鹿一战，大破秦军。显然，项羽的"破釜沉舟"，对秦军就是一个可置信的威胁。

1. 阻止市场进入的威胁

例 11.4　假定在一个市场中已有一个垄断经营者，他的收益为 3000 万元。现在有另一家厂商作为潜在的进入者试图进入这个市场。对垄断者来说，如果要想保住自己的垄断地位，就会设法阻止潜在的进入者的进入。在这个博弈中，潜在竞争者有两种策略可以选择，即进入或不进入；垄断者也有两种策略，或者与进入者打一场商战，或者默许他的进入。

在这个博弈中，策略选择是有着确定的顺序的：潜在进入者先做出选择(进入或不进入)垄断者后决定(默许进入或进行商战)。当然，潜在进入者在做出决策的时候必须要考虑垄断者的反应。

假定潜在进入者进入市场需要花费进入成本 200 万元。对于潜在进入者来说，如果其选择了进入市场的策略，当垄断者默许的时候，潜在进入者可获利 900 万元，此时垄断者获利为 1100 万元；但如果垄断者决定与他进行一场商战时，垄断者依然可以获利 600 万元，而潜在进入者将亏损 200 万元。市场进入博弈的扩展式表述如图 11.9a 所示。

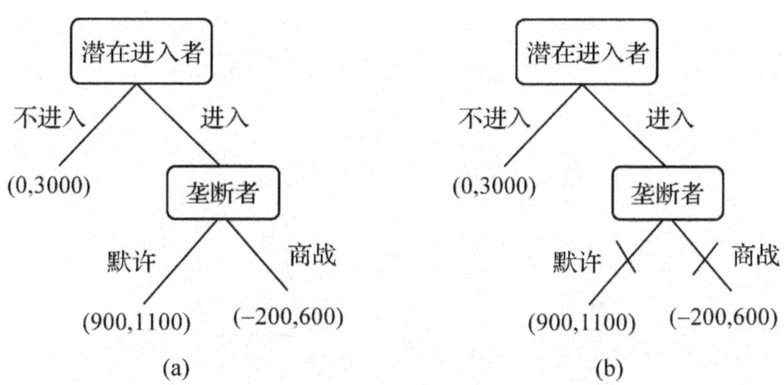

图 11.9　市场进入博弈的扩展式

对于潜在进入者而言，当他选择不进入市场时，就只有一种结局；若选择进入市场，会出现两种结局；因此这里可能出现的结局只有三种。对潜在进入者来说，最有利的结局是(进入，默许)，如图 11.9b 所示。如果潜在进入者了解这个收益矩阵，他会发现当他进入市场之后，垄断者可能采取的是默许的对策，因为此时垄断者的获利会比其选择商战利润多。因此，潜在进入者将选择进入策略。于是这个博弈最可能的结局是(进入，默许)。对于垄断者来说，“默许”是一个占优策略，但对于潜在进入者而言却没有占优策略，因此这不是一个占优战略均衡，但却是一个纳什均衡。

对于垄断者而言，这一结局不是他所愿意看到的。因此，垄断者的反应就是试图阻止其进入。其中一种方式就是垄断者通过信息渠道用商战的信息威胁潜在进入者。但如果垄断者面临的是上述收益，垄断者的威胁是不可信的。因为一旦潜在进入者进入该市场，垄断者只会默许他的进入。这种垄断者通过声明并不能达到阻止其他竞争者进入市场的威胁被称为空头威胁。

2. 承诺与可信性

在空头威胁无效的情况下，垄断者依然可以通过“承诺”的方法达到其阻止潜在进入者进入的目的。所谓“承诺”是指对局者在不实行这种威胁会遭受更大损失的时候采取的某种行动，这种行动使其威胁成为一种令人可信的威胁。

空头威胁与承诺的区别在于：与承诺相比，空头威胁无法有效阻止市场进入的主要原因是，它是不需要任何成本的。因此，只有当参与人采取了某种行动，而且这种行动需要较高的成本，才会使威胁变得可信。

垄断者的商战与垄断者的生产成本有关，商战的形式通常是低价竞争。那么，垄断者阻止进入的一种重要承诺就是通过投资来形成一部分剩余的生产能力，这部分生产能力在没有其他厂商进入市场的时候是多余的，但在进入发生时则成为其低价竞争的有力武器。

例 11.4(续) 我们考虑实施承诺后的阻止市场进入博弈。假定垄断者需要投资800 万元来实施这个承诺(开展商战的成本)。在实施了承诺行动以后，假定潜在进入者不进入市场，或者潜在进入者进入市场而垄断者选择默许策略时，垄断者的多余生产能力不能得到利用，垄断者的占优策略不再是默许，而变成了商战。因为垄断者采取

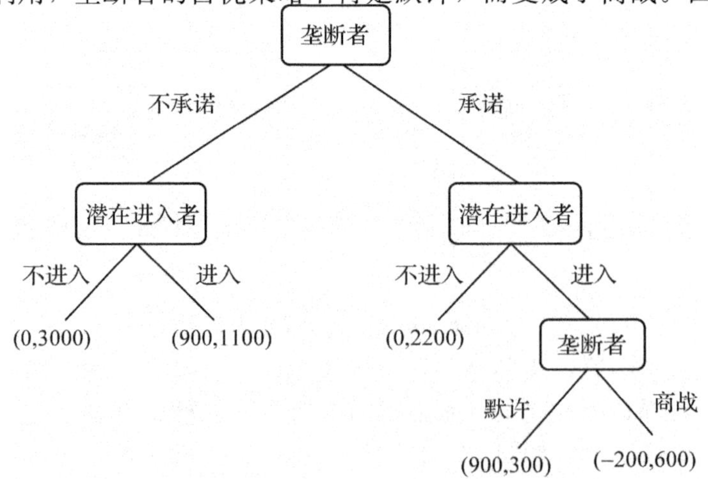

图 11.10 有承诺的市场进入博弈扩展式

商战策略的时候，生产能力得到了充分利用，反而仍可获得 600 万元利润，其博弈的扩展形式如图 11.10 所示。图中终点结点上标注的有序数对，括号中逗号左边的数表示潜在进入者的收益，逗号右边的数表示垄断者的收益。

在图 11.10 中，如果垄断者不承诺，看左边分支，潜在进入者应选择“进入”，此时潜在进入者的收益为 900 万元，垄断者的收益为 1100 万元。如果垄断者承诺，看右边分支，使用逆向归纳法，此时垄断者应选择“商战”策略；潜在进入者将在“进入”与“不进入”这两个策略中权衡，潜在进入者应该选择“不进入”策略，潜在进入者收益为 0，垄断者将收益为 2200 万元。分析过程如图 11.11 所示。

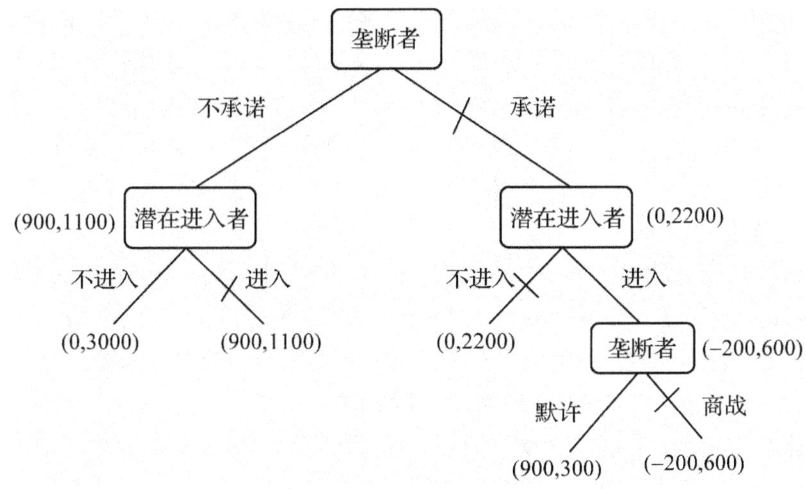

图 11.11　有承诺的市场进入博弈分析

显然，垄断者采取的承诺行动将有效阻止潜在进入者进入。尽管垄断者投资了 800 万元，导致利润减少，但比 1100 万元要多，因此其将采取“商战”策略。承诺能阻止市场进入的关键在于其可信性，但承诺同时也给厂商自身的行为带来一定的限制。此博弈的均衡路径为：垄断者采取“承诺”，潜在进入者选择“不进入”。

11.4　逆向归纳法的应用

在动态博弈中，如果局中人在一定范围内有无限多种策略可以选择，就不能用扩展式描述，需要引进另外的描述方法。由于每个博弈方的策略有无限种，因此各个博弈方的最佳策略也有无限种，它们之间往往构成一种连续函数的关系，把这个连续函数称为最佳反应函数，简称反应函数。本节将利用反应函数，结合实例介绍逆向归纳法的进一步应用。

1. 斯塔克博格模型

例 11.5　德国经济学家斯塔克博格(H. Von Stackelberg)在 1934 年提出了一种动态的寡头市场博弈模型。在有些市场，竞争厂商之间的地位并不是对称的，市场地位的不对称引起了决策次序的不对称。通常，小企业先观察到大企业(称为主导企业)的行为，再决定自己的对策。该模型的假定是：主导企业知道跟随企业一定会对它的产量做出反应，因而当它在确定产量时，把跟随企业的反应也考虑进去了，因此这个模型也被称为“主导企业模型”。该模型假设寡头市场上的两个厂商中，厂商 1 为主导企业，厂商 2 为跟随企业。厂商 1 领先行动，而厂商 2 则跟在厂商 1 之后行动。这是一个动态博弈。两厂商的决策内容是决定最优产量水平。如何确定此博弈的均衡解?

设厂商 1 的产量水平为 q_1，厂商 2 产量水平为 q_2，则总产量水平为 $Q=q_1+q_2$。现在的问题是：首先要选择厂商 1 的产量水平 q_1，而厂商 2 在做出其产量水平 q_2 的选择时是可以观察到厂商 1 的选择是 q_1 的。其次，这个假设意味着两个厂商都有无限多种策略可以选择，厂商 1 的选择范围是区间$[0,Q_1]$，其中 Q_1 是厂商 1 的最大产量水平；厂商 2 的选择范围是区间$[0,Q_2]$，其中 Q_2 是厂商 2 的最大产量水平。

为使问题具体化，我们可以设两个厂商生产的产品完全相同，没有固定成本，边际成本相等，即 $c_1=c_2=2$，市场价格是总产量的函数：$P(Q)=8-Q$。从而两厂商的利润收益函数分别为

$$u_1(q_1,q_2)=q_1P(Q)-c_1q_1=q_1[8-(q_1+q_2)]-2q_1=6q_1-q_1q_2-q_1^2$$

$$u_2(q_1,q_2)=q_2P(Q)-c_2q_2=q_2[8-(q_1+q_2)]-2q_2=6q_2-q_1q_2-q_2^2$$

根据逆向归纳法的思路，我们首先要分析第二阶段厂商 2 的决策：厂商 2 的策略是根据每一个 q_1 来选择相应的 q_2。为此，我们先假设厂商 1 的选择为 q_1 是已经确定的。这实际上就是在 q_1 确定的情况下求使 u_2 实现最大值的 q_2。这时，我们可以把 q_1 看做参数，把 u_2 看成是 q_2 的一元二次函数。利用求极值的方法，可得使 u_2 实现最大值的 q_2^*，即

$$q_2^*=\frac{1}{2}(6-q_1)=3-\frac{q_1}{2} \tag{1}$$

关系式(1)就是厂商 2 对厂商 1 的策略的一个反应函数。厂商 1 知道厂商 2 的这种决策思路，因此他在选择 q_1 时就知道 q_2^* 是根据式(1)确定的。因此，可将(1)式代入他自己的收益函数 $u_1(q_1,q_2)=6q_1-q_1q_2-q_1^2$，得到

$$u_1(q_1,q_2^*)=6q_1-q_1q_2^*-q_1^2=6q_1-q_1(3-\frac{q_1}{2})-q_1^2=3q_1-\frac{1}{2}q_1^2 \tag{2}$$

然后再求其最大值，可得使 u_1 实现最大值的 $q_1^*=3$。再代入(1)式得 $q_2^*=3-1.5=1.5$。我们求得此博弈的均衡解(q_1^*,q_2^*)，即厂商 1 和厂商 2 对产量水平决策为(3，1.5)，此解被称为斯塔克博格均衡。双方收益分别为

$$u_1(q_1^*,q_2^*)=u_1(3,1.5)=4.5;\quad u_2(q_1^*,q_2^*)=u_2(3,1.5)=2.25$$

对斯塔克博格寡头市场博弈，我们通过求函数极值的方法确定出每个局中人针对其他博弈方所有策略的最佳反应构成的反应函数，而各博弈方的反应函数的交点(如果存在的话)就一定是博弈的纳什均衡。

将双寡头垄断的斯塔克博格模型与古诺模型(见第 4 章例 4.13)比较，就可以发现它们的结果有很大不同(见表 11.1)。

表 11.1　双寡头垄断的斯塔克博格模型与古诺模型比较

	总产量	总收益	厂商 1 的收益	厂商 2 的收益
斯塔克博格模型	4.5	6.75	4.5	2.25
古诺模型	4	8	4	4

这个博弈揭示了这样一个事实，即在这种信息不对称的动态博弈中，信息较多的参与人(如本博弈中的厂商 2，他在决策之前可先知道厂商 1 的实际选择，因此他拥有较多的信息)不一定能得到较多的收益，这一点也正是动态博弈中应当注意的地方。

2. 讨价还价博弈

讨价还价是市场经济中最常见的现象，这是博弈论中最典型的动态博弈问题。例如在古瓷器交易市场上，甲拥有一件价值 10 万元的瓷器要出手，其保底价是 9.5 万元，低于 9.5 万元不卖；乙看中了这件瓷器，其估价最高为 10.5 万元，高于 10.5 万元不买。因此，这里的讨价还价就相当于分配价值 1 万元的交易利益。一般讨价还价要经若干个回合才可能成交。

例 11.6　假设甲、乙两人就如何分割 20 万元进行谈判，并且已经定下了这样的规则：首先由甲提出一个分割比例，对此，乙可以接受也可以拒绝；如果乙拒绝甲的分割比例，则他自己应提出另一个分割比例，让甲选择接受与否；如此继续下去。在上述谈判过程中，只要有任何一方接受对方提出的分割比例，博弈就告结束；如果分割比例被拒绝，则被拒绝的分割比例就与以后的讨价还价过程不再有关系。

如果限制讨价还价最多只能进行三个阶段，到第三阶段乙必须接受甲的分割比例，这就是一个三阶段的讨价还价博弈。我们要找的是该博弈的均衡解，即确定出最终的分割方案。

由于谈判费用和利息损失等，每进行一个回合的谈判，双方的收益都要打一次折扣，折扣率为 $\delta(0<\delta<1)$，我们称它为消耗系数。在本例中，第一回合分割的 20 万元，到第二回合时已经缩小到 20δ 万元，到第三回合时已经缩小到 $20\delta^2$ 万元。

本博弈有两个关键点：

首先，第三阶段甲提出的分割比例是有强制力的，即进行到这一阶段，甲提出的分割方案为：甲占总数的百分比为 S，乙占总数的百分比为 $1-S$，是双方必须接受的，并且对这一规则两个参与人都非常清楚，记此分割方案为 $(S,\ 1-S)$。

其次，多进行一个阶段总得益就会按照比例减少一部分，因此对双方来说，谈判拖得越长越不利，必须让对方早点得到他想得到的数额，免得自己的收益每况愈下。

下面对三阶段谈判博弈的过程给出更为详细的描述：

在第一阶段开始时，甲提出分割方案为 $(S_1,\ 1-S_1)$，$0<S_1<1$。如果乙接受这个

分割方案，则博弈结束；如果乙拒绝这个分割方案，博弈将继续进行，进入到第二阶段，此时要分割的钱为 20δ 万元。

在第二阶段的开始，乙提出分割方案为(S_2，$1-S_2$)，$0<S_2<1$。如果甲接受这个分割方案，则博弈结束；如果甲拒绝这个分割方案，则博弈继续进行，进入到第三阶段，此时要分割的钱为 $20\delta^2$ 万元。

在第三阶段的开始，甲提出分割方案为(S，$1-S$)，$0<S<1$，博弈结束。关于分配比例博弈的博弈树如图 11.12 所示。

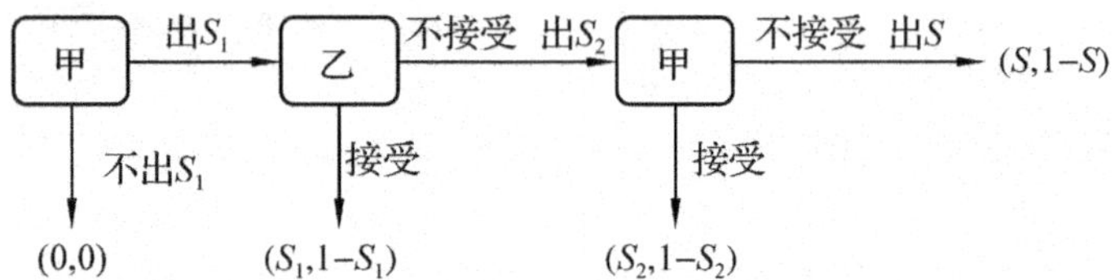

图 11.12 三阶段讨价还价博弈的博弈树

下面我们用逆向归纳法求出此三阶段讨价还价博弈的解。

首先分析博弈的第三阶段。

由于甲提出的分割方案为(S，$1-S$)，$0<S<1$，乙必须接受。注意此时 20 万元已经降到 $20\delta^2$ 万元。这时甲、乙的收益分别为

$$甲:20\delta^2 S\ 万元,乙:20\delta^2(1-S)\ 万元,0<\delta<1$$

逆推到博弈的第二阶段，乙怎样提出最优条件，才能使自己的收益最大？如果乙提出的分割方案，使甲的收益小于第三阶段的收益，那么甲一定会拒绝乙在这一阶段提出的分割方案，博弈进行到第三阶段。因此，乙提出的分割方案(S_2，$1-S_2$)中的 S_2 既要让甲接受，又要使自己的收益比在第三阶段的收益大，才是最优分割方案。因此，S_2 应满足等式 $20\delta S_2=20\delta^2 S$，即 $S_2=\delta S$。这时乙的收益为

$$20\delta(1-\delta S)=20\delta-20\delta^2 S$$

因为 $0<\delta<1$，乙的收益比第三阶段的收益 $20\delta^2(1-S)$要大一些。事实上

$$(20\delta-20\delta^2 S)-20\delta^2(1-S)=20\delta(1-\delta)>0$$

故
$$(20\delta-20\delta^2 S)>20\delta^2(1-S)$$

回到第一阶段甲的情况，他在一开始就知道第三阶段自己的收益是 $20\delta^2 S$，也知道第二阶段乙的策略，因此他在第一阶段提出的方案(S_1，$1-S_1$)，既要让乙接受，又要使自己的收益比在第二阶段的收益大，这才是最优分割方案。因此，S_1 应满足最优性条件：

$$1-S_1=\delta-\delta^2 S,即\ S_1=1-\delta+\delta^2 S$$

综上分析，得到了该博弈关于分配比例的均衡解为

$$(1-\delta+\delta^2 S,\ \delta-\delta^2 S)$$

甲、乙双方收益各为

$$甲:20(1-\delta+\delta^2S),乙:20(\delta-\delta^2S)万元$$

由于消耗系数 $0<\delta<1$，针对每个 δ 的不同取值，相应地该博弈就有一个关于分配比例的均衡解。

注意： 在本博弈中，得出上述结论的前提是：甲在第三阶段所要的分割份额 S 必须是双方都预先知道的。实际上，如果甲在第三阶段提出的方案，乙必须接受，则设 $S=1$ 是非常理性的。

当 $S=1$ 时，由最后双方的分割方案($1-\delta+\delta^2$，$\delta-\delta^2$)不难看出，收益的比例取决于 $\delta-\delta^2$ 的大小。$\delta-\delta^2$ 越大，甲的比例越小，乙的比例越大。更具体一点：

当 $\delta=0.5$ 时，$\delta-\delta^2$ 有最大值 0.25；

当 $0.5<\delta<1$ 时，δ 越大，$\delta-\delta^2$ 就越小，甲的收益越大，乙的收益越小；

当 $0<\delta<0.5$ 时，δ 越大，$\delta-\delta^2$ 就越大，甲的收益越小，乙的收益越大。

结果表明：讨价还价的结果，对于先叫价者甲比较有利(即先发优势)。乙为尽量增加自己的收益，可以跟对方拖时间，拖延时间越长，$\delta-\delta^2$ 越大，对甲造成的损失就越大，甲愿意分给乙(以求早日结束讨价还价)的比例就越大。只有当甲完全不怕无限期地谈判下去($\delta-\delta^2=0$)的情形，居于有利地位的甲方才能不用考虑让步。

这个博弈问题和结果，在经济活动中有很多现实的模型，如利益的分配、债务纠纷、财产继承权的争执等。

本章小结

本章介绍了动态博弈的扩展式表述、动态博弈的纳什均衡与逆向归纳法、威胁、承诺及其可信性的概念，并给出了用逆向归纳法求解动态博弈的算法步骤和应用。

如果动态博弈进程中每个局中人在其行动之前可以观察到其他局中人的行为，我们称该动态博弈为“完美信息动态博弈”；否则，我们称该动态博弈为“不完美信息动态博弈”。

“站在未来的立场来选择现在的行动”是动态博弈分析的一个重要思路，这种思维方法称为逆向归纳法。当某一策略可以使得任何参与方都不能通过采取另一策略而增加其所得到的收益时，我们称之为实现了纳什均衡。

如果动态博弈的扩展式表述用博弈树表示，求解动态博弈纳什均衡就转化为寻找博弈树中的均衡路径。其方法是先画出动态博弈的博弈树，再从最后阶段行动的参与人决策开始考虑，然后考虑次后阶段行动的人的决策，直至确定了第一阶段行动人的决策，就可以找出动态博弈的均衡路径。

对讨价还价博弈的分析表明：对先叫价者甲比较有利，乙为尽量增加自己的收益，可以跟对方拖时间，拖延时间越长，对甲造成的损失就越大，甲愿意分给乙的比例就越大。

练习 11

1. 用逆向归纳法求解例 11.1。

2. 价格博弈。两个厂商垄断生产某种产品，如果两家都维持高价，则各得 11 万元的高额利润；如果一家降价，另一家不降价，则降价的一家利润增加到 12 万元，不降价的一家由于失去市场使利润降至 2 万元；如果两家都维持低价，则各得到 7 万元的较高利润。研究以下问题：

(1)给出这个博弈的标准式，它是否有纳什均衡？如果有，是什么？

(2)给出这个博弈的扩展式；

(3)用逆向归纳法求解这个博弈。

3. A 公司主要向某地区几个城市巴士服务站销售公共汽车。考虑到环保因素，A 公司打算把汽车的动力更换为燃料电池。B 公司已经熟练掌握了这项技术，A 公司请求 B 公司为他的公共汽车生产动力设备。然而这需要 B 公司投入很大一笔资金建一个专门的工厂，而且买主只有 A 公司。B 公司考虑到自己建厂后，如果 A 公司再要求重新谈判价格，自己只能被迫接受而造成较大损失。现在是否签署这个合作协议呢？假设：

如果双方无法达成协议，双方收益为(0，0)；

如果双方达成协议，A 公司以后不重新谈判价格，双方收益为(100，100)；

如果双方达成协议，A 公司以后要求重新谈判价格，此时

若 B 公司拒绝，双方收益为(0，—100)；

若 B 公司让步，双方收益为(200，—50)；

收益单位为百万元，左边是 A 公司的收益，右边是 B 公司的收益。

请解决以下问题：

(1)画出这个博弈的扩展式；

(2)用逆向归纳法找出博弈的均衡路径。

第 12 章　子博弈与子博弈完美均衡

由第 11 章我们看到逆向归纳法是“站在未来的立场来选择现在的行动”，它是求解动态博弈的重要方法，在分析扩展式博弈时，子博弈是一个基本的概念。本章将介绍子博弈与子博弈完美均衡的概念和求解子博弈完美均衡的方法。

12.1　子博弈与子博弈完美均衡的概念

1. 子博弈

子博弈是整个博弈的一系列的分枝，这里，整个博弈也看做是一个子博弈。在第 11 章例 11.2 军事政治博弈中共有 3 个子博弈，如图 12.1 所示。除了整个博弈自身外的其他子博弈统称为适当子博弈。对图 12.1 中后两个子博弈，从参与人 B 国所在的结点引出分枝直接指向收益，我们称这样的子博弈为基本子博弈，相应地，图 12.1 中的第一个子博弈称为复合子博弈。

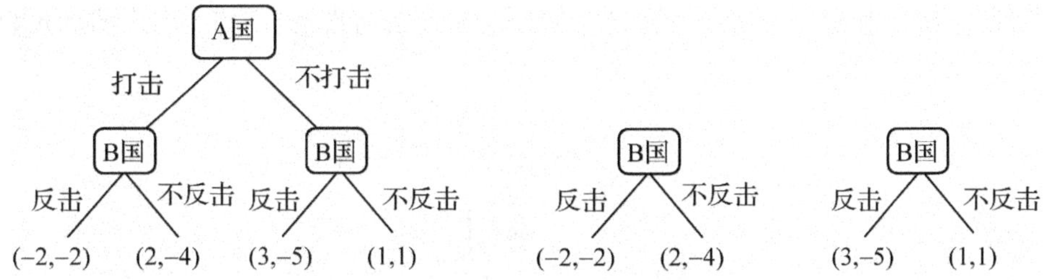

图 12.1　军事政治博弈中的子博弈

整个博弈有两个基本子博弈，相应的两个纳什均衡为(A 打击，B 反击)和(A 不打击，B 不反击)，这正符合“人不犯我，我不犯人；人若犯我，我必犯人” 的原则。我们把参与者 B 国在 A 国的“打击”条件下选择的“反击”或 B 国在 A 国的“不打击”条件下选择的“不反击”相应的结果，代入参与者 A 国所在的结点，就可以使得原博弈得到简化。简化后的博弈如图 12.2 所示。

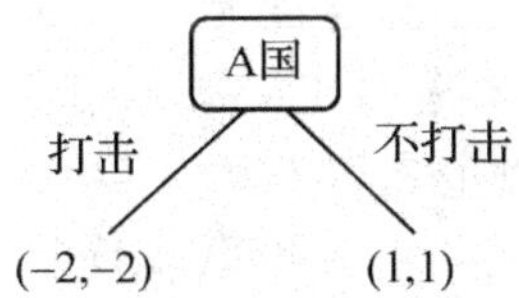

图 12.2　简化后的军事政治博弈

由于该动态博弈中行动顺序是 A 国先行动，参与者 A 国会比较收益后，选择“不打击”策略，即原博弈的均衡解为(A 不打击，B 不反击)。

2. 子博弈完美均衡

我们看到均衡路径的特点是：它既是整个博弈的均衡又是该路径上每个子博弈的均衡。我们将整个博弈的均衡路径称为子博弈完美均衡。它与纳什均衡一样都是最优反应均衡。子博弈完美纳什均衡的概念是泽尔腾在 1965 年引入的，其目的是将纳什均衡中包含有不可置信威胁策略的均衡剔除出去，就是说，使最后的均衡中不再包含有不可置信威胁策略的存在，从而给出动态博弈的一个合理的预测结果。简单说，子博弈完美纳什均衡要求均衡策略的行为规则在每一个信息集上是最优的。

逆向归纳法是求解子博弈完美纳什均衡的最简便方法。其实现过程是：首先解出所有基本子博弈的均衡收益，接着用同样的方法分析简化后的博弈，直到博弈不含适当子博弈为止。

子博弈完美均衡与纳什均衡的相互关系是：子博弈完美均衡一定是纳什均衡；但纳什均衡未必是子博弈完美均衡。因此，子博弈完美均衡是纳什均衡的精炼。

例 12.1 古巴导弹危机

1962 年 10 月 14 日，美国确认苏联正在古巴建造核导弹基地。古巴距离佛罗里达海滩只有 90 英里。当时正值冷战时期，苏联和美国作为两个超级大国处于对峙状态，而且双方都有足够的实力发动一场具有空前规模的破坏性战争。美国总统肯尼迪和政府面临的问题是如何在这些核武器投入使用之前将其撤离古巴。这时，美国和苏联领导人所面临的一系列决策如图 12.3 所示。

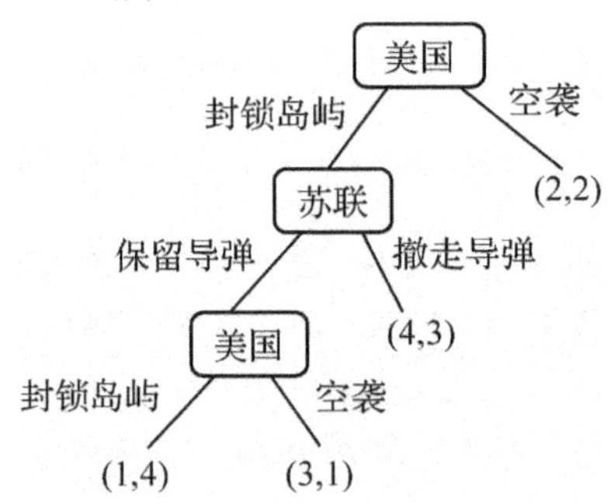

图 12.3 古巴导弹危机

美国首先要决定是封锁岛屿以阻止任何其他苏联船只到达古巴，还是在这些导弹投入使用之前发动空袭摧毁它们。如果采纳后一种策略，决策结束。如果选择封锁岛屿，则苏联必须决定是保留导弹还是撤走导弹。如果苏联决定撤走导弹，决策结束；如果他选择保留导弹，美国又要决定是否发动空袭。

反映到收益上，美国希望不发动空袭苏联就能撤走导弹，因为如果空袭有可能引发更大范围的战争。然而美国更希望摧毁这些核武器。苏联最希望保留这些核武器，但也希望避免遭到空袭。

下面，我们将采用逆向归纳法求解这个三阶段动态博弈。

首先，从最后阶段行动的参与人决策开始考虑。

由于在图 12.3 中最后行动的是美国，我们首先考虑美国如何决策，它选择“空袭”收益为 3，选择“封锁岛屿”策略的收益为 1，美国必然选择“空袭”策略(见图 12.4)。

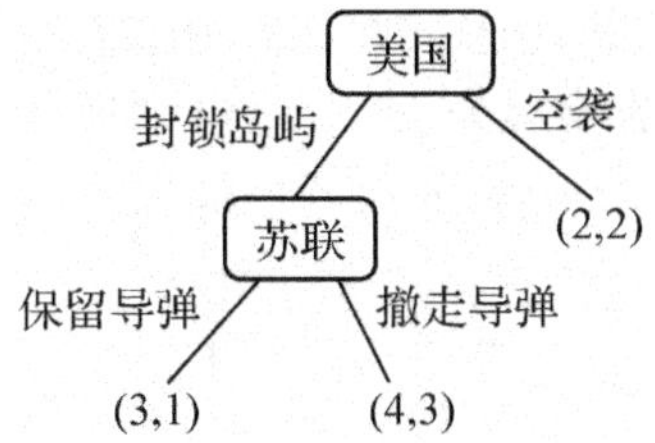

图 12.4　第 1 次简化后的古巴导弹危机

其次，考虑次后阶段行动人的决策。

苏联选择 “保留导弹”策略的收益为 1，选择“撤走导弹”收益为 3，则苏联必然选择“撤走导弹”(见图 12.5)。

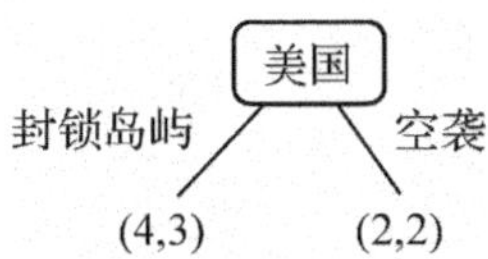

图 12.5　第 2 次简化后的古巴导弹危机

再次，考虑第一阶段行动人的决策。

美国选择“空袭”策略的收益为 2，选择“封锁岛屿”策略的收益为 4，美国必然选择“封锁岛屿”的策略。

至此，找出了子博弈完美纳什均衡。在本例中，存在唯一的一个子博弈完美纳什均衡：美国的最佳策略是封锁岛屿，苏联的最佳策略是撤走导弹。但如果苏联不撤走导弹，美国就会发动空袭摧毁这些导弹。

事实是：美国确实进行了海上封锁，而苏联撤走了导弹。

例 12.2　蜈蚣博弈

假定 A、B 二人在玩一种游戏，要分一个钱罐中的钱。在第 1 阶段，A 可以选择从罐中抓钱，也可以选择不抓而把钱罐传给 B。在第 1 阶段，钱罐中有钱为 5，如果 A 选择“抓”，B 只能得到 0；如果 A 选择“传”，钱罐中的钱的总额会增加 5；接下来，进入第 2 阶段，轮到 B 选择抓钱或传给 A。如果 B 选择“抓”，A 只能得 0；如果 B 选择“传”，钱罐中的钱的总额会再增加 5，如此可以延伸到很多阶段，最后他们平分钱罐中的钱。这个博弈 4 个阶段的扩展式如图 12.6 所示。人们形象地将这类子博弈称作蜈蚣博弈。

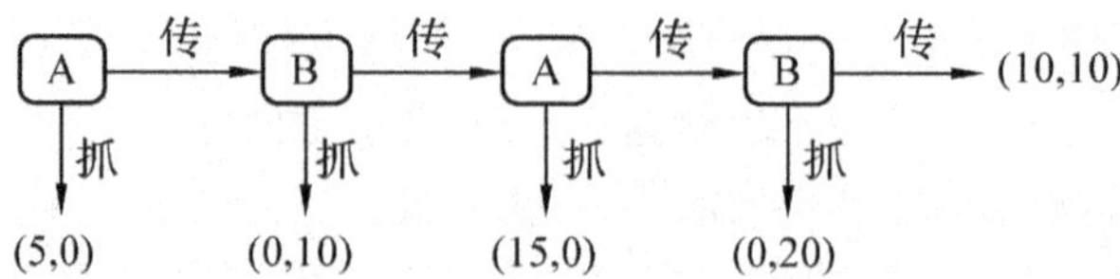

图 12.6　4 个阶段的蜈蚣博弈

注意到每个数对中左边数字是 A 的收益，按照逆向归纳法，注意图 12.6 中 B 处于最后一个阶段，B 选择“传”的收益为 10，B 选择“抓”的收益是 20，因此 B 选择“抓”，可获益 20；次后阶段由 A 选择，此时的蜈蚣博弈简化为 3 个阶段(见图 12.7)。

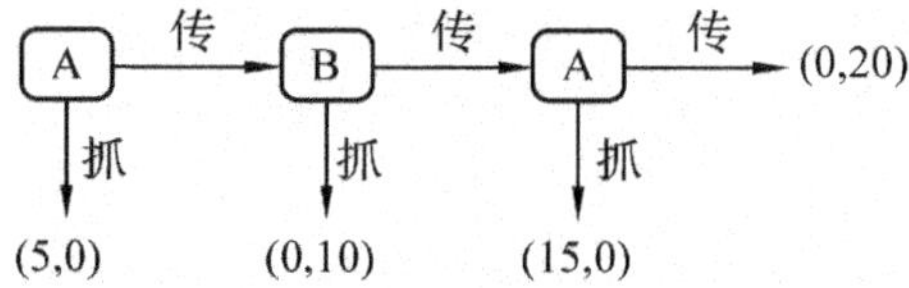

图 12.7　第 1 次简化后的蜈蚣博弈

因此，A 应该选择“抓”，获益为 15；次后阶段由 B 选择，此时的蜈蚣博弈简化为 2 个阶段(见图 12.8)。此时 B 应该选择“抓”，获益为 10；最后原博弈被简化为只有一个阶段的博弈(见图 12.9)。

图 12.8　第 2 次简化后的蜈蚣博弈

图 12.9　第 3 次简化后的蜈蚣博弈

显然，A 应选择“抓”，获益为 5，B 获益为 0。至此，博弈结束，这就是子博弈的完美均衡。

注意：对于上述的“蜈蚣博弈”，用逆向归纳法得到的子博弈的完美均衡竟是一个令人不满意的非合作均衡！这是个人理性的结果。不难看出，如果博弈的双方合作，每人的收益能达到 10。而现在的结果是 A 收益 5，B 没有收益。这让我们不禁想起前面提到的“囚徒的困境”博弈，它是标准式的非合作博弈有可能产生无效率的典型例子，而“蜈蚣博弈”则是扩展式的动态博弈有可能产生无效率的典型例子。

例 12.3　五海盗分宝石博弈

五个海盗抢到了 100 颗钻石，他们决定这么分：抽签决定自己的号码(1，2，3，4，5)。首先，由 1 号提出分配方案，然后 5 人进行表决，当达到半数的人同意时方案就算通过，可以按照 1 号提出的分配方案进行分配，否则 1 号将被扔入大海喂鲨鱼；如果 1 号死了，接下来就由 2 号提出分配方案，然后 4 人进行表决，当达到半数的人同意时方案就算通过，可以按照 2 号提出的分配方案进行分配，否则 2 号将被扔入大海喂鲨鱼；依此类推。其过程可用图 12.10a 表示(其中 Y 代表海盗提出的分配方案被通过；N 代表海盗提出的分配方案未被通过)：

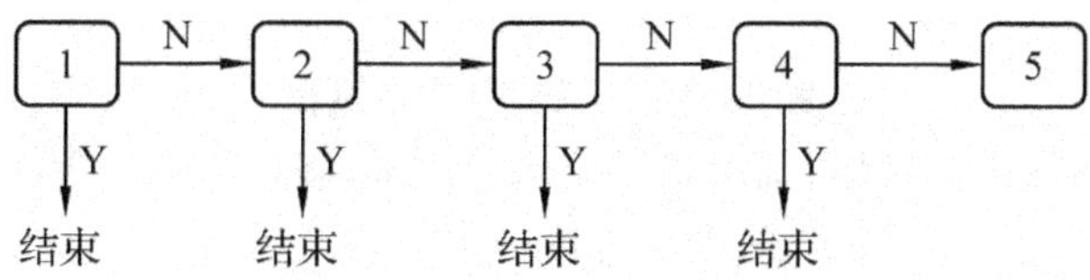

图 12.10a 海盗分宝石过程

显然，这是一个包括 5 个阶段的动态博弈。假定每个海盗都很聪明，都是能理智地判断得失从而做出选择的理性人。

我们的问题是：1 号海盗提出怎样的分配方案才能够被通过，同时使自己的收益最大化呢?

也许有人认为：除非 1 号海盗的分配方案是 5 人均分，否则他将难逃被扔入大海的厄运！“聪明”、“理性”的海盗会选择这样的方案吗？我们用逆向归纳法来求解这个包括 5 个阶段的动态博弈问题。

解：首先，考虑只剩下最后的 5 号海盗的决策，显然他会分给自己 100 颗，并自己同意。考虑只剩下 4 号与 5 号海盗的决策，4 号海盗可以分给自己 100 颗，并自己同意，分给 5 号海盗 0 颗，5 号海盗肯定反对但无效。我们分别将他们的收益结果标注在图 12.10a 上形成图 12.10b：

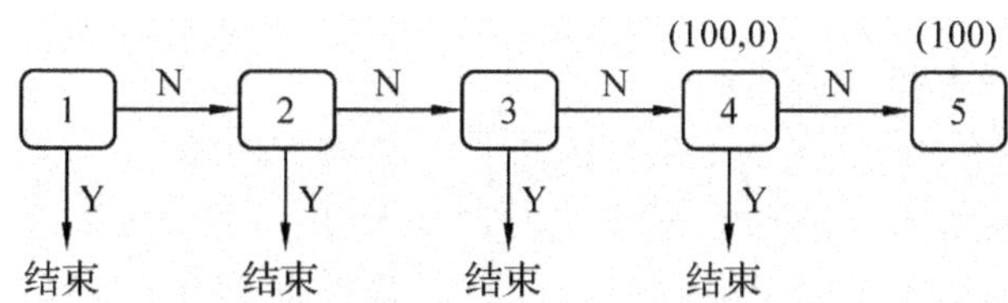

图 12.10b 海盗分宝石过程

再考虑只剩下 3、4、5 号海盗的决策。3 号海盗分给 5 号海盗 1 颗，得到 5 号海盗的同意(想一想：为什么 5 号海盗一定会同意呢?)，分给自己 99 颗，自己同意；分给 4 号海盗 0 颗，4 号海盗反对但也无效。

再考虑只剩下 2、3、4、5 号海盗的决策。2 号海盗分给 4 号海盗 1 颗，得到 4 号海盗的同意(想一想：为什么 4 号海盗一定会同意呢?)，分给自己 99 颗，自己同意，分给 3 号海盗 0 颗，分给 5 号海盗 0 颗，3、5 号海盗反对也无效(见图 12.10c)。

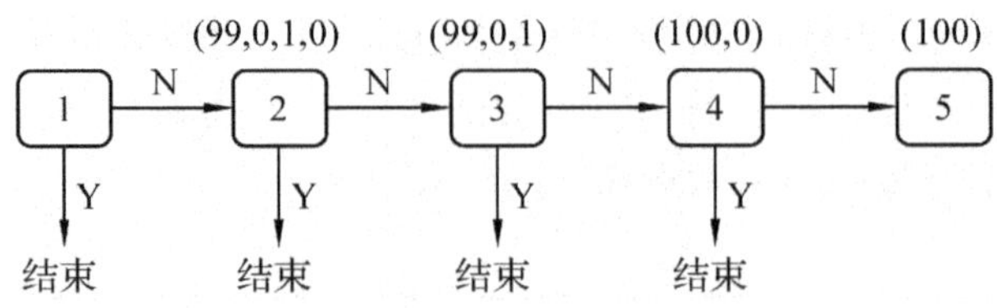

图 12.10c 海盗分宝石过程

最后回到 1 号海盗，1 号海盗分给 3 号、5 号海盗各 1 颗，得到 3 号、5 号海盗的同意(想一想：为什么 3 号、5 号海盗一定会同意呢?)，分给自己 98 颗，自己同意；分给 2 号、4 号海盗各 0 颗，2 号、4 号海盗反对也无效。

因此，1 号海盗提出的分配方案是(98，0，1，0，1)，因为 1、3、5 号海盗都同意这个分配方案，所以该分配方案会被通过。这个决策方案正是此问题的子博弈完美均衡。

整个分析过程形成的博弈树如图 12.11 所示。

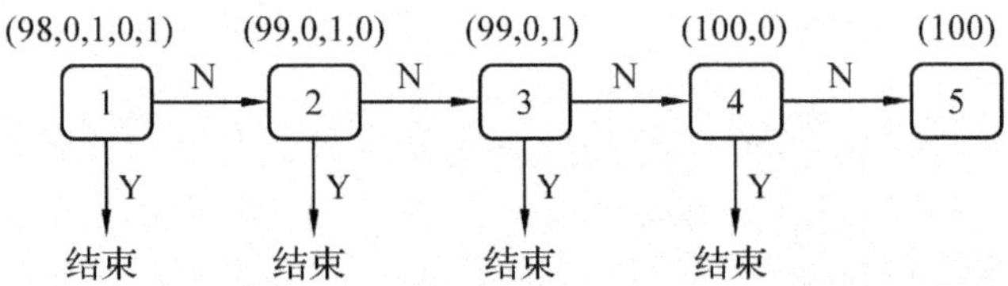

图 12.11 海盗分宝石分析过程的博弈树

凭想当然或靠拍脑门的决策者绝不会想到会是这样的一个结果！通过对此问题的分析，我们禁不住为博弈论方法的独特和神奇而惊叹！

12.2 嵌入博弈的子博弈完美均衡

1. 理性的局限性与非理性行为

动态博弈中的个人行为是建立在个人理性假设基础上的，因为只有满足个人理性才可以运用逆向归纳法来求解动态博弈。但经验和事实都告诉我们，人们并不总是理性的。因此，博弈论在未来的发展，必须注意到理性是有限的这一事实，才能使得博弈论更具有生命力。所以，在判断参与博弈的行为者的行为是否理性时，还应该根据理性假设来探讨某种行为的各种可能性以帮助我们做出最优反应。

例如，在很多博弈中，从局部来看参与人的行动是非理性的，但从全局来看他的行为是理性的。如玩中国象棋时的“丢卒保车”策略，在军事斗争中的以局部的牺牲换取全局胜利的策略等。

这类情况在博弈论中可以这样地表述，看似非理性的博弈是嵌套或嵌入到更大的博弈中，而针对大博弈选择的最优反应就不一定是独立的子博弈的最优反映了。这里所谓的嵌套博弈，指将参与者的策略选择融入一个更大的博弈中。如果嵌套博弈是一个扩展式博弈的适当子博弈，我们称它为嵌入博弈，整个大博弈被称为被嵌入博弈。

2. 求被嵌入博弈的子博弈完美均衡的方法

求被嵌入博弈的子博弈完美均衡的一般方法是：

第 1 步　先将扩展式表述的嵌入博弈转化为标准式表述，求出其纳什均衡。

第 2 步　如果有多个纳什均衡，需要对纳什均衡进行精炼，思路是根据对手在过去做过的选择进行推断，以确定哪一个纳什均衡出现。这种分析方法称为顺向归纳法。

第 3 步　由第 2 步的结果简化被嵌入博弈，直至得到被嵌入博弈的子博弈完美均衡。

下面我们将通过实例来说明方法实施的过程。

例 12.4　求学计划

某大学毕业的一名硕士研究生安平已经找到了一份好工作，但满怀抱负的他正在考虑攻读博士学位。他知道某大学的白教授在软件工程和信息恢复方面的研究非常著名，如果他能够跟随教授学习，就有希望在毕业后找到一份极好的工作。由于安平原来的特长是软件工程方面，对信息恢复方面的基础较弱，研究信息恢复远不如研究软件工程更有前途。他不能判断选择读博的收益是否大于他选择工作的收益。白教授了解到安平的情况后，他相信这样优秀的学生再经进一步的培养，将来一定会是国家有用的人才。然而，教授近期的研究是关于数据恢复的，如果要指导软件工程方面的前沿课题，他就必须调整目前的工作计划。

由于白教授正在一个封闭的环境做一项保密课题，因此在研究生确定研究方向之前他们不能协商。如果他们在研究方向上不一致，安平只能跟随相对逊色的学者，未来工作的前景将会变得一般；而白教授会因失去一个优秀的学生而遗憾，同时由于没有一流的研究生协助工作产出也会减少。

所以，现在的问题是：研究生安平要在工作与攻读博士学位之间做出选择；如果他选择读博，他和白教授就要面临研究方向的选择，即在软件工程方向或数据恢复方向之间做出选择。这个博弈的扩展式如图 12.12 所示。其中 A 表示研究生安平，B 表示白教授。

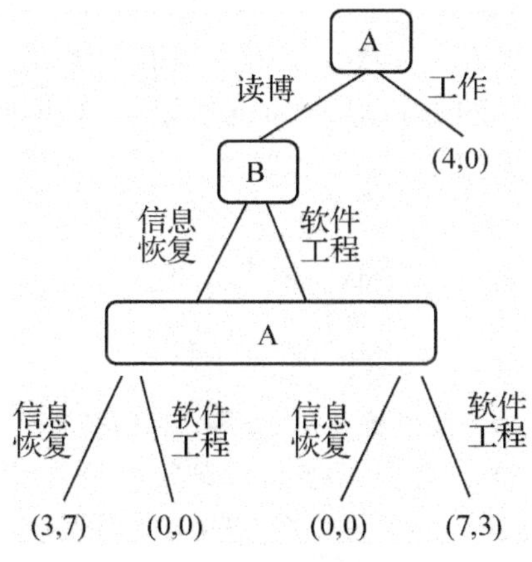

图 12.12　求学计划博弈的扩展式

显然，这个博弈有两个阶段。由于安平不知道白教授是在软件工程方向指导他还是在数据恢复方向指导他，因此不能判断选择读博的收益是否大于他选择工作的收益。可见第二阶段的子博弈是一个信息不完全的博弈，也是求学计划博弈的适当子博弈，因此，这个子博弈是嵌入博弈。原博弈为被嵌入博弈。

我们先将扩展式表述的嵌入博弈（第二阶段的子博弈）转化为标准式表述（见表12.1）。

表 12.1　博弈双方的收益数据

		B(教授)	
		信息恢复	软件工程
A(研究生)	信息恢复	(3, 7)	(0, 0)
	软件工程	(0, 0)	(7, 3)

按照标准式表述，求出其纳什均衡。不难求出此嵌入博弈有两个纳什均衡（信息恢复，信息恢复）与（软件工程，软件工程），究竟哪个是我们要找的子博弈完美均衡？

如果使用逆向归纳法，由于这位研究生安平不知道他选择读博的收益是否大于选择工作的收益 4，则原博弈只能简化为图 12.13a 的形式，显然，用逆向归纳法行不通。

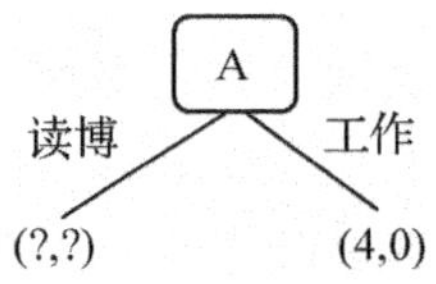

图 12.13a　使用逆向归纳法简化后的博弈

我们换个思路，改用顺向归纳法来分析：尽管教授不知道安平会选哪个研究方向，但教授知道这位研究生有读博的强烈愿望。然而，如果安平的期望收益值不大于 4，那他就不会选择读博。如果教授准备在软件工程研究方面加大投入，招收安平，就可使安平的收益达到 7，大于他选择工作的收益 4；进一步的，如果教授想得到收益是 3 而不是 0，教授就应该招收安平来攻读软件工程方向的博士学位。

如果安平把白教授根据他的选择做出的推断以及这些推断对教授的影响也考虑在内的话，原博弈就可以简化为图 12.13b 的形式：

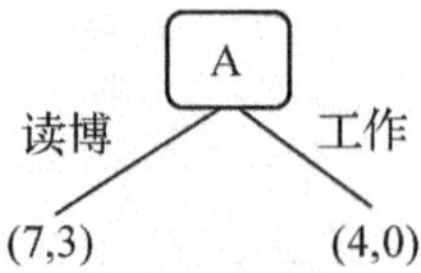

图 12.13b　结合使用顺向归纳法和逆向归纳法简化后的博弈

如此，通过结合使用逆向归纳法和顺向归纳法，就可以得到这个博弈的子博弈完美均衡：（软件工程，软件工程），即研究生安平决定读博，攻读软件工程方向；白教授加大对软件工程的研究投入。嵌入子博弈的另一个纳什均衡(信息恢复，信息恢复)不是原博弈的子博弈完美均衡。

注意：在求学计划博弈中，其嵌入子博弈中白教授的个人理性选择应该是“信息恢复”，但这却不是被嵌入博弈全局中的理性选择。

3. 罢工博弈

人类进入 21 世纪，世界各地的罢工斗争时有出现。为什么会有罢工？我们通过下面的例子来分析这个问题。

例 12.5　罢工博弈

一种观点认为，罢工是雇员为了争取更好的报酬和工作环境而使用的威胁。如果每个人的行为都是理性的，每个人都知道做什么，这种威胁就不可信了。罢工对雇主和雇员双方都没有好处，所以是非理性的。持有这种观点的人可能会作如下推理：假设雇员有罢工或不罢工两个选择策略，雇主有做出让步或不让步两个选择策略。由于罢工会使雇主和雇员两败俱伤，雇主做出让步要比不让步损失小。假设博弈是非完全信息的，双方收益见表 12.2，其中数字 1，2，3，4 分别代表差、较差、好、最好四种状态。

从表 12.2 可知：如果没有罢工，雇主的收益最好；如果雇员发生罢工，雇主应该做出让步来迅速终止罢工；如果雇员没有发生罢工而雇主做出让步，雇主的收益减少，雇员的收益最好，罢工起到了威胁作用。

表 12.2　罢工博弈双方的收益数据

		雇员	
		罢工	不罢工
雇主	不让步	(1，1)	(<u>4</u>，<u>2</u>)
	让步	(<u>2</u>，3)	(3，<u>4</u>)

我们也看到“不罢工”是雇员的占优策略，如果双方都是理性的，罢工永远不会发生。但事实是许多罢工还是发生了，原因何在？雇员为了使罢工的威胁变得可信，他们可以加入一个强硬的富有斗争经验的全国性的协会，罢工与否由这个协会决定。这样，罢工博弈就嵌套在更大的博弈中了。假定协会的收益与它的强硬名声成正比。不管是在雇主不让步的情况下，或没有罢工之前雇主就做出让步，协会都领导了罢工，则协会的收益都是 1，因为这两种情况都提高了协会的强硬名声；如果协会领导了罢工但雇主不让步，协会的强硬名声受损，协会的收益是－1；如果协会领导了罢工迫使雇主让步，协会的收益是 0，因为这只是达到了雇员对协会的平均期望，没有提高协会的强硬名声。

这是一个动态博弈，其扩展式如图 12.14 所示。收益数组中的三个数字依次代表雇主、雇员、协会的收益。

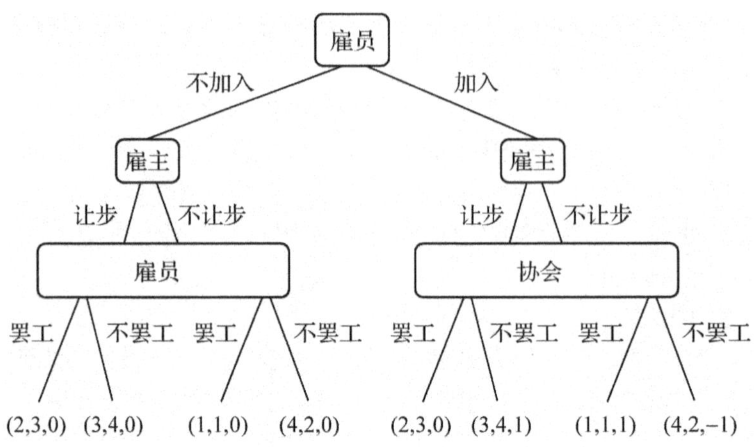

图 12.14　加入协会后的罢工博弈

在第 1 阶段，雇员决定是否加入协会。如果不加入协会，罢工博弈是雇主与雇员之间的博弈，对应图 12.14 中左下侧的分枝，表 12.3 是这个嵌入子博弈的标准式，其纳什均衡为(不让步，不罢工)；如果加入协会，罢工博弈是雇主与协会之间的博弈，对应图 12.14 中右下侧的分枝，由于表中雇员的收益没变，我们只需观察雇主与协会的收益。

表 12.3　加入协会后的罢工博弈

		协会	
		罢工	不罢工
雇主	不让步	(1，1，$\underline{1}$)	($\underline{4}$，2，−1)
	让步	($\underline{2}$，3，0)	(3，4，$\underline{1}$)

表 12.3 给出的博弈没有纯策略意义下的纳什均衡，我们可以按照第 2 章 2.5 节介绍的方法，求出混合策略纳什均衡。

这里，雇主的策略为：不让步与让步；协会的策略为：罢工与不罢工。假设雇主选择策略“不让步”的概率为 x，选择策略“让步”的概率为 $1-x$。协会选择策略“罢工”的概率为 y，选择策略“不罢工”的概率为 $1-y$；从表 12.3 可知雇主和协会的收益矩阵，见表 12.4。

表 12.4　加入协会后的罢工博弈

		协会	
		罢工 y	不罢工 $1-y$
雇主	不让步 x	(1，1)	(4，−1)
	让步 $1-x$	(2，0)	(3，1)

雇主和协会各自对每一个纯策略的期望收益见表 12.5。

表 12.5　雇主和协会各自对每一个纯策略的期望收益

雇主		协会	
不让步	$y+4(1-y)$	罢工	$x-0(1-x)$
让步	$2y+3(1-y)$	不罢工	$-1(x)+1(1-x)$

一个合理的原则应该是：博弈方选择的概率应该能够使得对方对他的每一个纯策略的选择持无所谓的态度，换言之，使对方的每一个纯策略的期望收益相等。

根据上述的合理原则，雇主(局中人Ⅰ)选择“不让步”和“让步”的概率 x 和 $1-x$ 一定要使协会(局中人Ⅱ)选择“罢工”和“不罢工”的期望收益相等，即 x 的选择应满足关系式：

$$x-0(1-x)=-1x+(1-x)$$

解之得 $x=1/3$，从而 $1-x=2/3$。

同理，协会(局中人Ⅱ)选择“罢工”和“不罢工” 的概率 y 和 $1-y$ 一定要使雇主(局中人Ⅰ)选择“不让步”和“让步”的期望收益相等，即 y 的选择应满足关系式：

$$y+4(1-y)=2y+3(1-y)$$

解得 $y=\frac{1}{2}$，从而 $1-y=\frac{1}{2}$。

因此，雇主以混合策略 $\boldsymbol{X}^*=(x_1^*, x_2^*)=(1/3, 2/3)$ 的概率选择“不让步”和“让步”；协会以混合策略 $\boldsymbol{Y}^*=(y_1^*, y_2^*)=(1/2, 1/2)$ 的概率选择“罢工”和“不罢工”。

由表 12.2 和表 12.4 可知，雇主、雇员和协会的收益矩阵分别为

$$\boldsymbol{A}=\begin{pmatrix}1 & 4\\ 2 & 3\end{pmatrix},\ \boldsymbol{B}=\begin{pmatrix}1 & 2\\ 3 & 4\end{pmatrix},\ \boldsymbol{C}=\begin{pmatrix}1 & -1\\ 0 & 1\end{pmatrix}$$

因此，在混合策略$(\boldsymbol{X}^*, \boldsymbol{Y}^*)$条件下，可求得雇主的期望收益值为

$$\begin{aligned}E_{\boldsymbol{A}}(\boldsymbol{X}^*,\boldsymbol{Y}^*)&=\sum_{i=1}^{2}\sum_{j=1}^{2}a_{ij}x_iy_j\\&=(1)\left(\frac{1}{3}\right)\left(\frac{1}{2}\right)+(4)\left(\frac{1}{3}\right)\left(\frac{1}{2}\right)+(2)\left(\frac{2}{3}\right)\left(\frac{1}{2}\right)+(3)\left(\frac{2}{3}\right)\left(\frac{1}{2}\right)\\&=\frac{5}{2}\end{aligned}$$

雇员的期望收益值为

$$\begin{aligned}E_{\boldsymbol{B}}(\boldsymbol{X}^*,\boldsymbol{Y}^*)&=\sum_{i=1}^{2}\sum_{j=1}^{2}b_{ij}x_iy_j\\&=(1)\left(\frac{1}{3}\right)\left(\frac{1}{2}\right)+(2)\left(\frac{1}{3}\right)\left(\frac{1}{2}\right)+(3)\left(\frac{2}{3}\right)\left(\frac{1}{2}\right)+(4)\left(\frac{2}{3}\right)\left(\frac{1}{2}\right)\\&=\frac{17}{6}\end{aligned}$$

如果考虑雇员加入协会需要交纳会费的情况，我们还需要计算协会的期望收益值：

协会的期望收益值为

$$E_C(\boldsymbol{X}^*,\boldsymbol{Y}^*)=\sum_{i=1}^{2}\sum_{j=1}^{2}c_{ij}x_iy_j$$

$$=(1)\left(\frac{1}{3}\right)\left(\frac{1}{2}\right)+(-1)\left(\frac{1}{3}\right)\left(\frac{1}{2}\right)+(0)\left(\frac{2}{3}\right)\left(\frac{1}{2}\right)+(1)\left(\frac{2}{3}\right)\left(\frac{1}{2}\right)$$

$$=\frac{1}{3}$$

从雇员的期望收益中扣除协会的期望收益得到雇员的期望净收益为 2.5；协会的期望收益为$\frac{1}{3}\approx 0.33$；雇主的期望收益为 2.5。

在解出两个子博弈后，图 12.14 表示的博弈简化为图 12.15 表示的雇员是否加入协会的博弈。

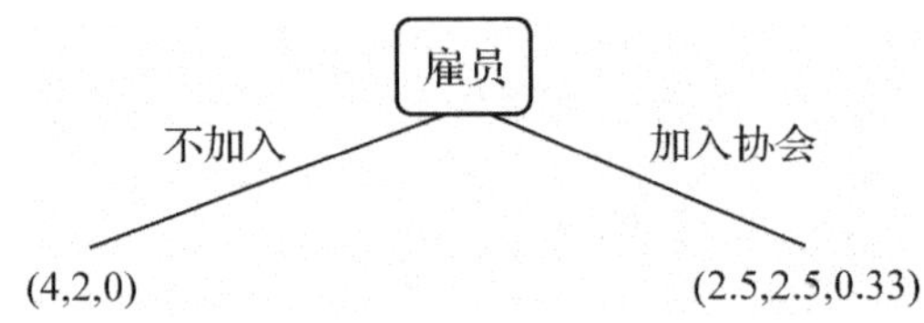

图 12.15　简化后的加入协会的博弈

因此，如果雇员不加入协会，其期望收益为 2；如果加入协会，雇员的期望收益为 2.5。按照期望值大小决策属于风险决策，如果雇员不十分厌恶风险，他们会选择加入协会。故该博弈的子博弈完美均衡是：雇员选择加入协会，雇主做出不让步和让步的概率各是 1/3、2/3；协会号召罢工和不号召罢工的概率各是 1/2。

协会的收益与雇员的收益不同，他们会频繁地号召雇员罢工，以使雇主让步的概率由 0 上升到 2/3。没有协会的介入，雇员不会罢工；当雇员把罢工博弈嵌套进更大的博弈之中，即有了协会的介入，协会强硬的名声和丰富的斗争经验使得罢工成为可信的威胁。这就解释了为什么会有罢工。由此可见，在小范围(表 12.2 表示的嵌入子博弈)看，罢工是非理性的行为；放到更大范围(图 12.14 表示的被嵌入博弈)看，罢工则是理性的行为。

12.3　应用案例——秦晋崤之战的博弈分析

1. 秦晋崤之战背景和战争过程

秦穆公即位后，国势日盛，已有图霸中原之意。公元前 627 年，郑文公及晋文公逝世。协助郑国戍守都城的秦大夫杞子等向秦穆公密报，说他们掌握着郑国都城的城防，建议穆公派兵偷袭郑国，由他们作内应，则郑国可灭。秦穆公多年以来处心积虑谋求向东发展，这个建议正中下怀，如能袭取郑国，即可进入中原，分享晋国的霸权。

秦穆公向大夫蹇叔、百里奚征求意见，遭到反对。但秦穆公不听蹇叔、百里奚的劝告，遣秦将孟明视、西乞术、白乙丙率军自雍都出兵，经晋南部的崤山隘道，偷越晋境抵滑国(今河南偃师西南)境内。恰值郑国商人弦高贩牛途经滑国，判定秦军将袭郑，一面假托奉郑君之命，犒劳秦军，一面派人急回国内报告。孟明视等认为郑已有防备，遂放弃攻郑，灭滑后撤兵。

对秦攻郑之举，晋襄公及其谋臣先轸认为是对晋国霸主地位的挑战。晋襄公决定待秦军疲惫回师之时，在崤山设伏歼之，并遣使联络附近的姜戎配合晋军作战。晋襄公亲率大军埋伏于崤山隘道两侧的高地。秦军因东进途中未遇任何抵抗，故于归途中疏于防备。晋军待秦军全部进入设伏地区后，突然发起猛攻，全歼秦军。

2. 用博弈模型分析秦军和郑国的策略选择

在秦穆公已经下令出兵的情况下，秦国和郑国的冲突就变成了秦军统帅与郑国国君的博弈。将秦军和郑国作为博弈的双方，因为只要秦国出兵攻郑，那么晋国完全可以独立决定是否伏击，这与秦郑斗争的结果几乎无关，无论秦国是打赢郑国还是无功而返，晋国在秦军返回途中埋伏袭击都可以有效消灭秦国军力，秦国与晋国之间的博弈我们后面讨论。

我们先考虑秦军统帅与郑国国君的策略选择：

郑国方面分两种情况：当郑国提前得知秦军偷袭的情报后选择是应战还是投降；当郑国不知道秦军来偷袭，在没来得及准备的情况下仓促决定应战还是投降。

秦军方面分两种情况：当秦军知道郑国已经有了防备，选择是打击还是退兵；当秦军知道郑国没有防备，选择是打击还是退兵。

不妨假设：

秦军偷袭郑国来回长途跋涉的成本为 1；

秦军偷袭郑国成功并控制郑国，其收益为 5；

在郑国无准备的情况下秦军攻打郑国的成本为 1；

在郑国有准备的情况下秦军攻打郑国的成本为 2；

在无准备情况下郑国与秦军交战的成本为 3；

在有准备情况下郑国与秦军交战的成本为 2。

(1)在郑国无准备的情况下，秦军不必考虑退兵

如果秦军攻打郑国，郑国抵抗(由于没有准备必然失败)，此时秦军的净收益应该是得到控制郑国的收益 5 减去来回长途跋涉的成本 1 和攻打郑国的成本 1，等于 3；而郑国的净收益为失去主权的成本 5 和抵抗的成本 3 之和，即为－8。

如果秦军攻打郑国，郑国投降，秦军的净收益应该是得到控制郑国的收益 5 减去来回长途跋涉的成本 1，等于 4；而郑国的净收益为失去主权，应为－5。

(2)在郑国有准备的情况下秦军攻打郑国

如果郑国抵抗，秦军一时难以攻克郑国而且后无援军，最终将得不到期望利益，还要支付回长途跋涉的成本 1 和攻打郑国的成本 2，因此净收益为－3；而郑国的净收益为与秦军交战的成本 2，净收益为－2。

如果郑国投降，秦军的净收益应该是得到控制郑国的收益 5 减去来回长途跋涉的成本 1，等于 4；而郑国的净收益为失去主权，应为－5。如果秦军退兵净收益为－1；由于郑国进行了抵抗的准备，净收益为－1。

由于已经出兵的秦军不知道偷袭的消息是否泄漏，因此秦军面临的信息是不完全的。要建立此博弈模型，需要引入一个虚拟的局中人——“自然”和由“自然”在不同规则集合中进行选择的初始行动，以及“自然”选择的概率分布。假设偷袭消息泄漏的概率为 p，$0 \leqslant p \leqslant 1$。秦军和郑国的博弈的扩展式如图 12.16 所示。

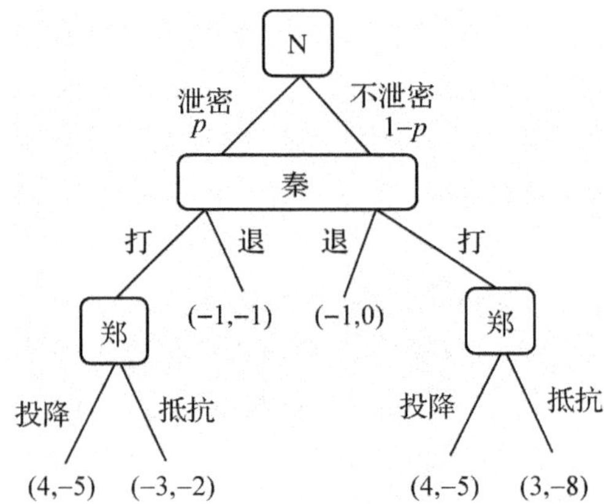

图 12.16 秦军和郑国的博弈

其中 N 代表自然，数据对中左边的是秦军的收益，右边的是郑国的收益。

我们试用逆向归纳法进行分析：由于已经出兵的秦军不知道偷袭的消息是否泄漏，因此秦军面临的信息是不确定的(见图 12.17)。

图 12.17 简化后的博弈 1　　**图 12.18 简化后的博弈 2**

我们改用顺向归纳法分析。秦军虽然不知道偷袭的消息是否泄漏，但他知道：

如果偷袭的消息没泄漏而选择“打”，可使郑国损失 8 或 5，而郑国考虑到秦军的选择，必然选择可使自己的损失最小的策略“投降”。

如果在偷袭的消息已泄漏的情况下选择“打”，可使郑国损失 5 或 2，而郑国考虑到秦军的选择，必然选择可使自己的损失最小的策略“反抗”。

因此，结合顺向归纳法与逆向归纳法，可得原博弈的子博弈纳什均衡：在秦军进攻的消息没泄露的情况下是(打，投降)；在秦军进攻的消息泄露的情况下是(退，抵抗)(见图 12.18)。

因此，秦军的选择是：在保证郑国得不到秦国偷袭郑国的情报的条件下，秦国应该选择进攻；否则秦国应该选择退兵。

又因为秦军在进攻途中，通过郑国贩牛商人弦高犒劳秦军的行为，判断进攻郑国的消息已泄漏，即泄漏的概率 p 由不确定变成了 $p=1$，因此，秦军的最优策略是退兵。

3. 秦国和晋国的长远战略的博弈分析

虽然秦国出兵后在是否攻郑这个局部策略上采取了最优策略，但由于秦在整体战略上失策，最终导致了此次出兵的失败。

考虑秦国与晋国在崤之战中的博弈。在博弈开始，秦国是主动方，是否挑起战争首先要看秦是否出兵袭郑。一旦秦军出动，秦军就变成了被动方。对于秦军来说不确定因素太多：郑国能否得到情报提前准备，晋国是否会采取伏击的措施等，相当于秦军在明处，郑国和晋国则在暗处，这些对于长途行军负担沉重的秦军来说都是极为不利的。秦穆公错误估计了己方和他方。从史书上记载得知：秦国出兵郑国的兵力在 7500～9000 人左右。崤之战时晋国总兵力当为 6 万有余。不管晋国当时在崤之战中到底动用了多少兵力，至少那 6 万多总兵力就已经起到了相当大的威慑作用，而且此为晋军攻打秦军的绝好机会，消灭这支秦军在整个战略上具有打击秦国东进企图的价值，所以此次晋国会全力出击，力求全歼。

从秦国角度看，郑有备则袭击不能成功；其次，要路经晋国南部的崤山地区，妨害晋国利益，有被晋人歼灭的危险。但秦穆公急于东进，利令智昏，劳师远征，牺牲了将士又与晋结怨，是非常不明智的。

然而，从晋国角度看，虽然打了一个漂亮的歼灭战，但从长远的战略看，晋国是做了一件蠢事。当时晋国的主要敌人是楚国而不是秦国，如此两面树敌，是战略失策。崤之战后，秦穆公为雪国耻，连年与晋国作战，王官之役打败晋国，一雪崤之战之耻。但也知道晋的实力不可侮，改向西发展，灭戎族 12 国，“益地千里，遂霸西戎”。这时，晋已经三面受敌，西有秦，南有楚，北有狄族，战略形势非常不利。

用博弈的方法分析秦晋崤之战背景和战争过程，如果把秦与郑的博弈、秦与晋的博弈看成是秦、郑、晋大博弈的嵌入博弈，我们不难看到：嵌入博弈的最优解不一定是被嵌入博弈的最优解。

本章小结

本章介绍了子博弈与子博弈完美均衡的概念，给出了求解子博弈完美均衡的方法。

在分析扩展式博弈时，子博弈是一个有用的概念，是泽尔腾在1965年引入的，其目的是将那些不可置信威胁策略的纳什均衡从均衡中剔除，从而给出动态博弈的一个合理的预测结果。在求解子博弈完美均衡时，要使用逆向归纳法，其实现过程是：首先解出所有基本子博弈的均衡收益，接着用同样的方法分析简化后的博弈，直到博弈不含适当子博弈为止。注意：子博弈完美均衡一定是纳什均衡；但纳什均衡未必是子博弈完美均衡。因此，子博弈完美均衡是纳什均衡的精炼。

从系统论的观点看决策，局部的最优未必是全局的最优。当我们将一个博弈嵌入一个更大的博弈中，就会发现从局部来看参与人的行动是非理性的，但从全局来看他的行为是理性的。求被嵌入博弈的子博弈完美均衡的一般方法是：先将扩展式表述的嵌入博弈转化为标准式表述，求出其纳什均衡；如果有多个纳什均衡，需要对纳什均衡进行精炼，思路是根据对手在过去做过的选择进行推断，以确定哪一个纳什均衡出现，逐步简化被嵌入博弈，直至得到被嵌入博弈的子博弈完美均衡。

练习 12

1. 对图12.19给出的扩展式博弈，请回答下列问题：

(1)该博弈有几个子博弈？都是哪几个？

(2)哪个子博弈是基本子博弈？哪个子博弈是复合子博弈？

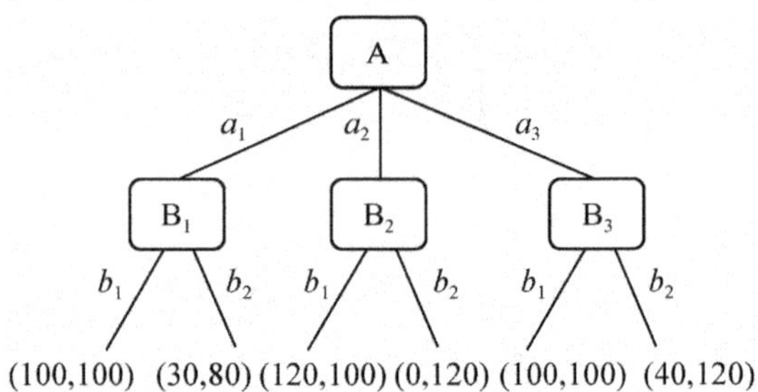

图 12.19　扩展式博弈

2. 另一类蜈蚣博弈(见图12.20)。参与者是甲、乙，收益数组中左、右的数据分别是甲、乙的收益。在每个阶段，参与者的选择策略是“传”和“抓”。回答以下问题：

(1)如果$Y=5$，$Z=5$，子博弈完美均衡是什么？为什么？

(2)如果$Y=8$，$Z=8$，子博弈完美均衡是什么？为什么？

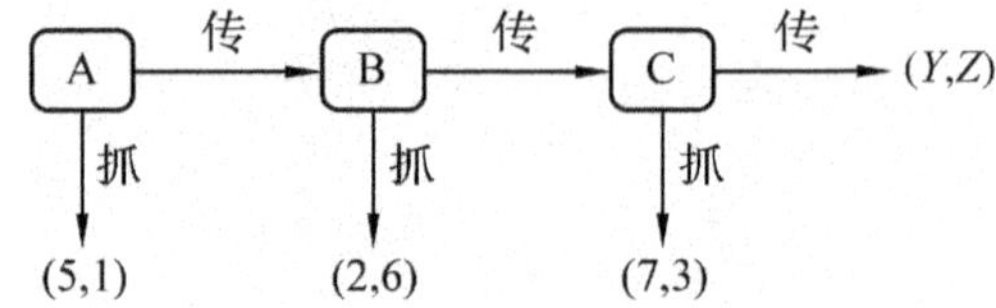

图 12.20　另一类蜈蚣博弈

3. 另外版本的海盗分宝石博弈。

(1)如果要求包括提议海盗在内的所有海盗超过半数(大于 50%)同意才能使提议通过，1 号海盗应该如何提方案？

(2)如果要求提议海盗之外的所有海盗超过半数(大于 1/2)同意才能使提议通过，1 号海盗又应该如何提方案？

(3)如果海盗的个数增加到 10 个或 100 个，1 号海盗又应该如何提方案？

4. 考虑图 12.21 所示的蜈蚣博弈。由本章例 12. 2 的讨论可知，它的子博弈完美均衡是 A 立即“抓”。这是没有效率的。

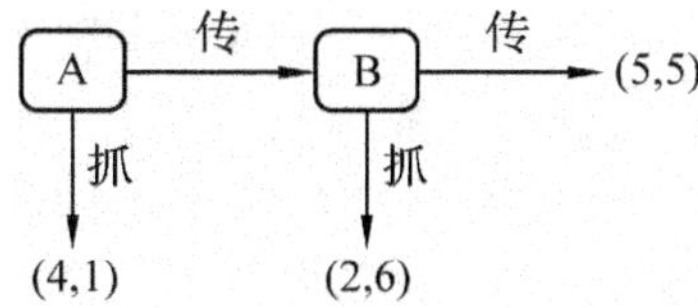

图 12. 21　蜈蚣博弈

如果 B 能够向第三方签订一张 2 个单位的债券，约定只要他选择“抓”，就会失去债券；如果选择“传”，债券就会归还他。此时的博弈如图 12. 22 所示。B 会选择“传”，A 预料到 B 的选择后，A 的收益是 4 或 5，A 也会选择“传”以获得收益 5。此时，博弈的子博弈完美均衡是立即“传”。这是有效率的。债券使子博弈完美均衡变成了合作。

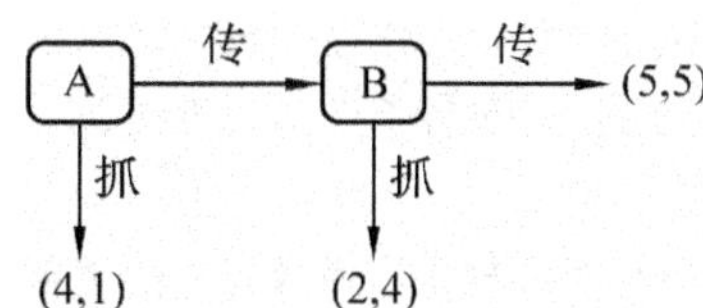

图 12. 22　签订债券后的蜈蚣博弈

现在，B 面临一个是否签订债券的选择。我们把上述的两种情况嵌入到一个更大的博弈中(见图 12. 23)。问：B 的选择是什么？

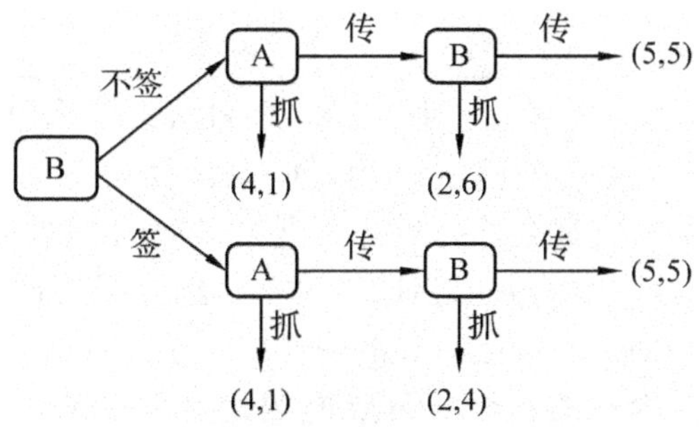

图 12. 23　可选择签订债券的蜈蚣博弈

第 13 章　重复博弈

重复博弈指某些博弈的多次(两次以上)重复进行构成的博弈过程。由于重复博弈不是一次性的选择，而是分阶段、有先后次序的一个动态选择过程，因此属于动态博弈范畴；又因为重复博弈中每个阶段的参与人、可选策略、规则与收益都是相同的，所以它又是一个特殊的动态博弈。如果重复博弈重复的次数是有限的，称为有限次重复博弈；否则，称为无限次重复博弈。本章将通过实例介绍有限次重复博弈与合作、无限次重复博弈与合作的问题。

13.1　有限次的重复博弈

我们知道，在一次性的囚徒困境博弈中，双方都不会采取合作。如果对该博弈进行重复博弈，结果是否与一次性博弈有所不同呢?

例 13.1　在表 13.1 中的博弈，本质上与囚徒困境相同，是一个社会两难问题，纳什均衡为(对抗，对抗)。如果双方都选择合作，都可以各得到 5 个单位的收益，为什么不选择合作?

表 13.1　对抗与合作博弈双方的收益数据

		乙	
		对抗	合作
甲	对抗	$\underline{1}$，$\underline{1}$	$\underline{10}$，0
	合作	0，$\underline{10}$	5，5

当只进行一次博弈时，(对抗，对抗)是必然的结果；当这样的博弈重复多次时，比如重复三次，最后的结果是什么？我们用逆向归纳法来分析。在第三次博弈中，两人都会选择对抗；给定第三次都会选择对抗，则第二次的合作实际上也没有意义(因为将来已经没有合作机会)，因此两人都会选择对抗；给定第二次都会选择对抗，则第一次两人都会选择对抗。结果是在重复三次的博弈中无法形成合作。

由此类推可知：对社会两难博弈，只要博弈是有限次的，都不可能达成合作。事实上，这类问题具有一般性的结论。

定理：有限次的重复博弈，其均衡结果与一次性博弈的结果是完全一样的。

那么，无限次重复博弈是否也具有有限次重复博弈的这个特殊的性质呢?

从上述问题的分析可以看出，要改善博弈结果，关键是在重复博弈的过程中能够产生合作。因此，我们自然要问：在实际中是否存在无限次重复博弈？如果存在无限次重复博弈，是否一定能够产生合作？

13.2 无限次的重复博弈

1. 无限重复博弈中达成合作的条件

如前所述，对重复性社会两难问题，只要是有限次的重复博弈，都不可能达成合作。如果是无限次的重复博弈，是否可以达成合作呢？

实际上，合作的达成可能要求助于无限重复博弈，由于逆向归纳法不适用于无限重复博弈，我们使用顺向归纳法来分析无限重复博弈中是如何达成合作的，其中一个重要的条件是：对博弈的双方参与者形成一个长期利益优于短期利益的压力，诱导双方参与者选择合作。

为此，我们先给出折现因子的概念：折现是金融学和经济学中的常用概念，经济学家认为，人们更喜欢现在的收入而不是未来的收入，于是定义了折现因子(Discount Factor)δ，来表示人们为了得到1年后的1个货币单位愿意现在支付的数额。

如果折现率为r，则折现因子$\delta=\frac{1}{1+r}$，$0<\delta<1$。在折现率r不变的情况下，1个货币单位在n年后的折现为$\frac{1}{(1+r)^n}$。例如，在折现率$r=0.1$不变的情况下，1元钱在3年后的折现为$\frac{1}{(1+0.1)^3}\approx 0.75$元，这表示人们为了得到3年后的1元，愿意现在支付0.75元。

为分析无限重复博弈中怎样才能达成合作，需给出两个假设：

假设1 货币的折现因子为δ，$0<\delta<1$。

假设2 博弈双方选择策略的原则为“先试探合作，后相机针锋相对”，即自己先选择合作，如果一旦观察到对方选择对抗，则自己从下一个时期开始就永远选择对抗；如果没有观察到对方选择对抗，则自己在下一个时期决定选择对抗还是合作。

在上述两个假设下，能导致合作存在的唯一理由只能是：对任何参与者，他在第t时期选择对抗得到的全部好处，将不如在第t时期继续维持合作的好处，这是合作的充分必要条件。下面，我们将导出这个条件。

例13.2 继续讨论例13.1中的博弈

假设例13.1中的博弈是无限次重复博弈，折现因子为δ，$0<\delta<1$。对于一个参与者，他在第t时期决定是否对抗，说明在第t时期之前双方都是合作的，那么他每期都得到5个单位的收益；现在假设对方在第t时期仍然合作，而他选择对抗，那么在第t时期他将得到10个单位的收益，但从第$t+1$时期开始，对方一直选择对抗，使得他只

能得到 1 个单位的收益。所以，他在第 t 时期选择对抗且以后每期都选择对抗的总收益为

$$V_1 = 5\times(1+\delta+\delta^2+\cdots+\delta^{t-2})+10\delta^{t-1}+1\times(\delta^t+\delta^{t+1}+\cdots)$$
$$= 5\times\frac{1-\delta^{t-1}}{1-\delta}+10\delta^{t-1}+\frac{\delta^t}{1-\delta}$$

如果他选择在第 t 时期及以后继续合作，他的总收益为

$$V_2 = 5\times(1+\delta+\delta^2+\cdots+\delta^{t-2})+5\delta^{t-1}+5\times(\delta^t+\delta^{t+1}+\cdots)$$
$$= 5\times\frac{1-\delta^{t-1}}{1-\delta}+5\delta^{t-1}+\frac{5\delta^t}{1-\delta}$$

当且仅当 $V_2>V_1$ 时，合作才可以维持。解这个不等式可以得到 $\delta>\frac{5}{9}$（显然是当 t 充分大时，即博弈为无限次重复的情况）。只要 $\delta>\frac{5}{9}$，合作就可以达成。这表明：参与人越注重长远的利益，合作就越容易达成；反之，对于目光短浅、只注重眼前利益的人（$\delta\leqslant\frac{5}{9}$），合作是难以维持的。

注意：在 V_1，V_2 的计算中用到一个数学公式：如果 $0<\delta<1$，则

$$1+\delta+\delta^2+\delta^3+\cdots=\frac{1}{1-\delta}$$

分析表明：无限次重复博弈能否达成合作与折现因子 δ 有关：当 δ 足够大时，即未来相对于现在是足够重要时，合作就容易达成；当 δ 不足够大时，即未来相对于现在不是足够重要时，没有任何形式的合作是稳定的。

2. 无限重复博弈中的策略选择

对“社会两难问题”的无限次重复博弈，达成合作的重要条件是对博弈的双方参与者形成一个长期利益优于短期利益的压力，诱导双方参与者选择合作。博弈的参与人在无限次重复博弈中的每次博弈时在合作与背叛之间如何选择，才能使自己在无限次重复博弈中的总收益最大？我们看表 13.2 描述的合作与背叛博弈：

表 13.2　合作与背叛博弈

		B	
		合作	背叛
A	合作	3，3	0，5
	背叛	5，0	1，1

这是一个“社会两难问题”。如果博弈进行有限多次，只要博弈参与者知道博弈次数，他们在最后一次肯定采取互相背叛的策略。既然如此，前面的每一次也就没有合作的必要，因此，在次数已知的多次博弈中，参与者没有一次会合作。

如果博弈在多人间进行，而且次数未知，参与者就会意识到，当持续地选择合作并达成默契时，参与者就能持续地各得 3 个单位的收益，但如果持续地选择背叛，每个人就永远得 1 个单位的收益。这样，合作的动机就显现出来。

美国密歇根大学的阿克谢罗德教授对上述问题进行了实验研究，他在 1984 年做了一个实验，邀请多人来参加游戏，得分规则与前面的矩阵相同，什么时候结束游戏是未知的。他要求每个参赛者把追求得分最多的策略写成计算机程序，然后用单循环赛的方式将参赛程序两两博弈，以找出什么样的策略得分最高。程序模拟人的决策行为，在双方博弈时，选择的策略有合作和背叛两种。在一个博弈回合中，选择背叛的得高分，选择合作的得最低分，同时选择合作得次高分，同时选择背叛得次低分。这些程序两两捉对厮杀，反复进行，参赛者按照最好的总得分排名。如果两个程序交手多次，双方都记录了对方的历史档案，并且可以根据这个档案，选择合作和背叛。

第一轮竞赛共有 15 个程序参赛，阿克谢罗德将第一次的竞赛结果公开发表后，邀请更多的科学家参加第二轮竞赛，第二轮共有 63 个程序参赛 。选手的程序可以分为四类：

(1)老好人程序：不管对手的行为，永远采取合作；

(2)恶意程序：不管对手行为，永远采取背叛策略；

(3)一报还一报程序：开始选择合作，然后就按照对手上一步的选择去选择策略；

(4)随机程序：各以 50%的概率随机采取合作和背叛。

实验结果表明：来自加拿大多伦多大学的阿那托尔·拉帕波特教授提交的"一报还一报"策略赢得了最后的胜利。这个获胜的策略有四个特点：

(1)"善良性"：策略为首先合作，表达善意；同时坚持不会首先选择背叛。它的善良防止它陷入不必要的麻烦。

(2)"报复性"：当发现对方不合作，它能识别并采取不合作来报复它，不会让背叛者逍遥法外。它的报复性使对方试着背叛一次后就不敢再背叛。

(3)"宽容性"：不会因为对手的一次背叛，长时间怀恨在心，如果对方改过自新，可以恢复合作。它的宽容性有助于重新恢复合作。

(4)"清晰性"：能让对方在三、五步对局内辨识出自己的策略，而不是让对手琢磨不透。它的清晰性使它容易被对方理解，从而引出长期合作。

"一报还一报"策略很快就让对手发现了规律，从而不得不采取"合作"的态度。它给我们如下重要启示：

一是要锻炼自己的识别能力，能够清楚对方是合作还是背叛；要维持声誉，说要报复一定做到；最好把一次性博弈变成多次博弈，比如谈判、贸易、交割分步进行，就能避免背叛带来的损失。

二是在一个非零和博弈的环境中，城府深沉、兵不厌诈、揣着明白装糊涂等并非上策，明晰的个性、简练的作风、坦诚的态度往往是制胜的要诀。

在博弈实验中，“一报还一报”策略总分最高的人在每次博弈中都没有拿到最高分，至多打个平手，但是最终获得了胜利。

“一报还一报”策略有一个致命的弱点，因为它首先采取善良的行为，如果对手的第一次背叛就是致命的，它就没有下一次博弈的机会了，所以你要采取这个策略必须有牺牲一次的“本钱”。机器一般不会产生失误，但是现实中的人有时会产生“非故意的失误”。如果现实中严格采取“一报还一报”策略，可能会出现灾难性的后果，由于误解和操作失误，可能会产生无休止的循环报复。

所以，现实中应该采取“宽容性的一报还一报”策略。当一个背叛行为看上去是一个错误时，不是常态行为，应该保持宽容之心，但是宽容是有底线的，无条件的利他策略也是不可取的。具体来说，“宽容性的一报还一报”策略是在一个可重复的博弈中，一开始以合作的方式对待其他参与者，如果对方不合作，则下次碰到对方时也采用不合作策略，但要给对方改正错误的空间，只不合作一次，反之则继续合作。从策略演进的角度看，只有最有利于成长的策略才是最优策略。

在一个不确定的世界里，“一报还一报”策略也许是解决大多数问题所必需的，这与孔子提倡的“以直报怨，以德报德”(见《论语·宪问篇第十四》)是相吻合的。

关于这个博弈实验的详细情况读者可以参考阿克谢罗德的著作《合作的进化》。

3. 现实中存在无限次重复博弈吗?

由于在现实社会中，大多数人具有一定眼光，比较注重长远的利益，因此合作仍然是广泛存在的现象。但是细心的读者会提出一个疑问：每个人的生命都是有限的，怎么能够实现无限重复博弈呢？而有限次的重复博弈又不可能达成合作，那么如何解释人类社会广泛存在的合作呢？我们可以从以下几个方面解释：

(1)尽管很多博弈的博弈次数是有限的，但我们并不知道这个次数究竟是多少，也就不知道何时与别人解除合作关系。因此，这个有限次重复博弈类似于无限次的重复博弈。

(2)即使知道准确的结束合作关系的时间，比如雇员与雇主之间的劳动合同都规定了明确的期限，但雇员不会在第一天上班就偷懒，雇员会采取合作的态度。因为合同期间足够长，如果一开始就偷懒将会被雇主辞退，会损失掉如此长期的一大笔工资，得不偿失。

(3)有些博弈虽然博弈次数有限，但你在这个有限次博弈中采取合作或对抗的表现，会给你进入另外一个博弈带来影响，因此你不得不顾及自己现在的表现。

综上可知，借助于无限次重复博弈的理论，可以有效地分析解决实际中广泛存在的有限次重复博弈问题。

13.3　如何促进合作

无限次重复博弈给我们的重要启示是“一报还一报”策略是人际相处中最佳策略，它促使博弈双方逐渐从互相背叛走向互相合作。问题是在一个极端自私者所组成的不合作者的群体中，“一报还一报”策略能否生存呢？阿克谢罗德发现，在得分矩阵和未来的折现因子一定的情况下，可以算出，只要群体的 5%或更多成员是选择“一报还一报”策略的，这些合作者就能生存。而且，只要他们的得分超过群体的总平均分，这个合作的群体就会越来越大，最后蔓延到整个群体。这说明社会向合作进化的趋势是不可逆转的，群体的合作性越来越大。

阿克谢罗德在研究中发现，促进双方合作可以从三个方面着手：使得未来相对于现在更重要些；改变博弈参与者的收益；教给博弈参与者那些促进合作的准则、事实和技能。

1. 加大未来的影响

我们再看前面的“社会两难问题”(见表 13.3)。

表 13.3　合作与背叛博弈

		B	
		合作	背叛
A	合作	3，3	0，5
	背叛	5，0	1，1

当折现因子 $\delta=0.9$ 时：

如果对方选择“一报还一报”策略，你选择背叛就没有好处。我们通过数值来说明原因：

如果你总选择背叛，你在第一步得到 5，但你的期望总收益为

$$5+1\times(0.9+0.9^2+\cdots)=5+\frac{0.9}{1-0.9}=14$$

如果你总选择合作，你的期望总收益为

$$3\times(1+0.9+0.9^2+\cdots)=\frac{3}{1-0.9}=30$$

如果你选择背叛与合作交替的策略，你的期望总收益为

$$5\times(1+0.9^2+0.9^4\cdots)=\frac{5}{1-0.9^2}=\frac{5}{0.19}\approx 26.3$$

比较可知，你选择背叛是没有好处的。此时的合作是稳定的。

当 $\delta=0.9$ 减少到 $\delta=0.3$ 时，类似地计算可知：

如果你总选择背叛，你的期望总收益约为 5.4；如果你总选择合作，你的期望总收

益约为 4.3；如果你选择背叛与合作交替的策略，你的期望总收益约为 5.4。

这表明：当 δ 不足够大时，即未来相对于现在不是足够重要时，没有任何形式的合作是稳定的。

这个结论表明增大未来的影响可以有力促进合作。有两个基本的方法可以做到这一点，那就是使相互作用更持久和使相互作用更频繁。例如协商谈判中经常是把问题分解成若干部分以使双方接触更加频繁，使得当前步的背叛相对于整个未来的接触过程来说不是那么有诱惑力。

2. 改变博弈参与者的收益

针对“社会两难问题”，促使博弈双方合作的另一个有效措施是改变博弈参与者的收益。一个有效的措施是第三方的介入，例如政府制定的法律、法规，如果博弈的一方选择背叛策略，将会受到严厉的处罚，从而迫使博弈双方选择合作；或是对博弈的一方选择合作策略时给予一定的奖励，促使博弈双方选择合作。但奖惩必须达到一定的力度，即我们必须使得博弈参与人选择不同策略时所得到的不同收益能够控制在博弈参与人都选择相同策略时所得到的最大收益和最小收益之间，才能使博弈的占优策略均衡与合作解一致。否则，必然会发生“社会两难现象”。可以参考第 4 章例 4.5。

3. 注意关心他人的利益

促进合作的最好办法是教育人们关心他人的利益。从古代孔子的“己所不欲，勿施于人”到今天的雷锋精神，从家长和学校花了很大努力去教育年轻人去关心他人的幸福，到大众媒体的互助互爱、助人为乐精神的弘扬，都是试图使今天的孩子——未来的公民能够形成这样的价值观念：不仅有他们自己的个人利益，还至少在某种程度上结合了他人的利益。在这样的一个关心他人的社会里，即使遇到“社会两难问题”，成员之间也会达成合作。

4. “一报还一报”策略

要增强识别对方行动的能力，如果不清楚对方是合作还是背叛，就没法回报他了。我们可以从过去的接触中识别对方并记住这些接触中的一些相关特征，这种能力对合作的持久性是必要的。没有这些能力，一个人就不可能使用任何形式的回报，既不能鼓励对方的合作，也不能惩罚那些背叛者。一个群体必须有适度的斗争与合作，不仅对合作要回报，对背叛也要做出回报。这是博弈理论最重要的一课。一个采用基于回报的社会才能够做到自我控制。

阿克谢罗德所发现的“一报还一报”策略，从社会学的角度可以看做是一种利他主义。这种行为的动机是个人私利，但它的结果是双方获利，并通过互惠式利他有可能覆盖了范围最广的社会生活，人们通过各种形式的回报，形成了一种社会生活的秩序。这种秩序即使在多年隔绝、语言不通的人群之间也是最易理解的东西。有些看似纯粹的利他行为(比如无偿捐赠)，也通过某些间接方式（比如社会声誉的获得)得到了回报。

本章小结

重复博弈属于动态博弈范畴。对社会两难博弈，只要博弈是有限次的，都不可能达成合作；对有限次重复博弈，其均衡结果与一次性博弈的结果是完全一样的；对“社会两难问题”的无限次重复博弈，达成合作的重要条件是对博弈的双方参与者形成一个长期利益优于短期利益的压力，诱导双方参与者选择合作；要使社会保持合作规范，每个人不仅必须做好事，而且要能惩罚那些背叛者，“一报还一报”策略是群体演化的合作规范。促进双方合作可以从三个主要方面着手：使得未来相当于现在更重要些；改变博弈参与者的收益；教给博弈参与者那些促进合作的准则、事实和技能等。

练习 13

1. 对表 13.4 描述的合作与背叛博弈，如果折现因子 $\delta=0.5$，考虑如下问题：

表 13.4　合作与背叛博弈

		B	
		合作	背叛
A	合作	3，3	0，5
	背叛	5，0	1，1

(1)总选择背叛策略的期望总收益；

(2)总选择合作策略的期望总收益；

(3)选择背叛与合作交替的策略的期望总收益；

(4)给出合作是否稳定的判断。

2. 要想使合作是稳定的，上题中折现因子 δ 应该大于一个什么数?

3. 如果发觉自己面对的是社会两难博弈，如何做才是最有利的?

4. 生物进化博弈。生物学家有时候会把博弈论用在生物身上，并认为生物的基因会指示它们如何进行博弈。假设某些生物正重复进行如表 13.5 的囚徒困境博弈。生物的基因会告诉它选择友善(合作)还是攻击(不合作)，而获得的食物表示它们的收益。生物获得的食物越多，它所能繁衍的后代就越多，它的基因也会散布得越广。最善于进行这个博弈的基因就会存活下来，而那些始终表现欠佳的基因则会消失。

假设有两组生物群体保持相当的距离，其中一组生物所拥有的都是要它们选择友善的基因，另一组生物所拥有的都是要它们选择攻击的基因。这两个群体的后代所拥有的基因一定和母体相同。由表 13.5 可知：选择互相友善基因的群体中彼此善待，每次博弈中每个个体都可以得到 5 个单位的食物；选择互相攻击基因的群体中每个个体只能得到 1 个单位的食物。所以，选择友善基因的群体一定可以把势力扩展到总选择攻击的群体中。

表 13.5 生物的囚徒困境博弈

		B	
		友善	攻击
A	友善	5，5	0，7
	攻击	7，0	1，1

研究如下问题：

(1)当选择彼此友善基因的群体进入选择互相攻击基因的群体的地盘时，会发生什么情况?

(2)如果把这个进化博弈应用到企业文化中，假设公司里有两个部门的文化截然不同，一个部门的文化是每个人都善待彼此，另一个部门的文化则是为了个人利益相互攻击。两个部门同时来了新员工，如果他们都善于合作，经过一段时间后他们仍然是善于合作的吗?如果他们都比较自私，习惯于为了个人利益攻击他人，经过一段时间后他们会毁掉一个部门的，会善待彼此的文化吗?

第五篇
博弈论的应用

第 14 章　塔木德破产分配法
第 15 章　拍卖的博弈分析
第 16 章　博弈论在机制设计中的应用

第 14 章　塔木德破产分配法

对合作博弈来说，有两个非常重要的解：Shapley 值和核仁。核仁的概念是由施密勒(Schmeidler)于 1969 年提出的。在第 9 章已经介绍了 Shapley 值及其应用，本章主要介绍关于核仁应用的一个模型。

14.1　争执大衣原则与塔木德解决方案

1. 问题的提出

在资源不足时，保护弱者十分重要。社会本就是由多个不同的利益群体组成的，强者与弱者的关系是最敏感的关系。当弱者的生活遭到冲击时，他们会将自己的不如意归结为强者的剥夺，社会中也就潜伏着冲突的危险，现实社会中一些冲突、犯罪大多是在弱者身上爆发的，不稳定的社会也会直接影响到强者们的利益，所以说保护弱者不是社会的进步，而是全社会人们的义务和责任。

现代文明社会征收的高额财产税，其目的就是维持社会平衡。社会福利，是平衡穷富的润滑剂。反观落后国家就不同了，利益阶层还不懂得什么是润滑剂，贫富悬殊，摩擦过度，不仅仅会使矛盾温度升高，而且还会损坏国家机器。

本节讨论破产的债务纠纷问题。在资源不足时，怎样分配资源，如何保护弱者？1985 年，R. Aumann(罗伯特・奥曼，诺贝尔经济学奖得主)和 M. Maschler(M. 马希勒)两位经济学家发表在《经济理论杂志》(《Journal of Economic Theory》)上的论文(见图 14.1)，对来自《塔木德》(在公元 2 世纪至 6 世纪之间编纂的犹太教口传律法集《塔木德》，是一部犹太人作为生活规范的权威经典，而且是一部丰富多彩的文学作品。在希伯来语中，“塔木德”(Talmud 的意思是“伟大的研究”)中的破产问题进行了博弈理论分析，成功地解决了这个问题。这篇论文首次从现代博弈论角度证明了古代犹太拉比们(古代犹太人中，精通律法的文士被称作“拉比”，他们不仅研究犹太教律法，担任教师传播犹太文化，而且担任民事法庭的法官，进行民事案件的裁决)的裁决。《塔木德》中犹太拉比对“三妻争产” 纠纷案给出的解决方案完全符合现代博弈论的原理，最接近博弈论的“核仁”(Nucleolus)概念。从此，这个犹太法典中的“三妻争产”故事就成了人类认识博弈论的最早实例之一。

Journal of Economic Theory

Volume 36, Issue 2, August 1985, Pages 195–213

Game theoretic analysis of a bankruptcy problem from the Talmud ☆

Dedicated to the memory of shlomo aumann, Talmudic scholar and man of the world, killed in action near Khush-e-dneiba, lebanon, on the eve of the nineteenth of Sivan, 5742 (June 9, 1982)

Robert J Aumann, Michael Maschler

The Hebrew University, 91904 Jerusalem, Israel

Received 27 August 1984. Revised 4 February 1985. Available online 27 July 2004.

http://dx.doi.org/10.1016/0022-0531(85)90102-4, How to Cite or Link Using DOI　　Cited by in Scopus (186)

Permissions & Reprints

图 14.1　R. Aumann 和 M. Maschler 发表在《Journal of Economic Theory》上的论文

2. 争执大衣原则与塔木德分配法

“婚书”是古代犹太男子在结婚时给妻子的凭信，上边的一项重要内容是万一婚姻中止(死亡或离婚)，丈夫将赔偿妻子多少钱。《塔木德 · 妇女部 · 婚书卷》第十章第四节中记载的一场财产纠纷：

一个富翁娶了 3 个妻子后死亡。第 1 个妻子的婚书约定为 100 金币，第 2 个妻子的婚书约定为 200 金币，第 3 个妻子的婚书约定为 300 金币。但这个“富翁”身后并没有留下足够的钱，三妻争产，需要拉比根据实际所留遗产给出一个公平的分配方案。

犹太拉比对本案裁决如下：当遗产只有 100 金币时，则由 3 个妻子平分；当遗产只有 200 金币时，则第 1 个妻子分得 50 金币，第 2 个妻子和第 3 个妻子各分得 75 个金币；当遗产只有 300 金币时，则第 1 个妻子分得 50 金币，第 2 个妻子分得 100 个金币，第 3 个妻子分得 150 个金币。这就是“三妻争产问题”的“塔木德解决方案”(见表 14.1)。

表 14.1　三妻争产问题的塔木德解决方案

债　权 / 遗　产	第一个妻子	第二个妻子	第三个妻子
	100	200	300
100	100/3	100/3	100/3
200	50	75	75
300	50	100	150

按通常逻辑，这三人得到的遗产比例应为 1 : 2 : 3，而在犹太拉比的裁决中，只有在遗产数为 300 元的情况下这一比例才成立。这个诡异的方案依据是什么？“合理”吗？没有人可以解释。于是，犹太法典中的“三妻争产问题”的解决方案也就成了千古之谜(但可以清楚这一点：假如这三位妻子都要靠遗产生活。当遗产很少，又采用按比例计

算来分配遗产时，本来就处于弱势的第一个妻子因为分到的遗产过少，也许很快就会流落街头。犹太拉比的裁决显然改善了这种状态)。

解决这个问题的两位经济学家注意到，这个难题在《塔木德》中留有一条提示。在《损害部・中门卷》第一章第一节中记载了这么一个故事：

甲和乙共分一件大衣。甲说："大衣是我的!"乙也说："大衣是我的!"这时，两人各分一半大衣。如果甲说："大衣是我的!"乙说："大衣有一半是我的!"那么，甲分到3/4，乙分到1/4。

这个提示被称作"CG (Contested Garment) 原则"，即"争执大衣原则"。所谓"争执大衣原则"是指：

将总财产分为"有争议"和"无争议"部分，无争议部分财产直接分给声明者，争执双方再平分争议部分财产。对于声称拥有一半大衣的乙来说，显然另一半并不属于他，因此只能和声称拥有全部大衣的甲平分剩余的一半。

《塔木德》中所提出的原则是一个不同寻常的财产争执解决原则。这一原则主要包含以下两项内容：

(1) 争执双方只分割有争议的部分，不涉及无争议的部分。所以声明拥有一半大衣的乙首先失去了一半大衣，只能跟声明拥有全部大衣的甲平分半件大衣，而另一半大衣属于甲。

(2) 争执中债权的更高声明者所得不得少于债权的较低声明者所得。

R. Aumann 和 M. Maschler 找到了这两项内容之间的联系。论文提出了以下结论：

定理 塔木德解决方案是唯一的一个与争执大衣原则相一致的解决方案。

事实也的确如此。下面我们首先给出"二人争产问题"的博弈分析、"三人争产问题"的博弈分析；然后给出 $n(n\geqslant 2)$ 人按照"争执大衣原则"分配财产的一般算法；最后介绍利用 Excel 软件"塔木德财产分配法 11"，计算"n 人争产问题"的使用方法。

以下称按照"争执大衣原则"得到的分配方案为"塔木德解决方案"。

14.2 二人争产问题的博弈分析

1. 基本假设

设债权人甲与乙分别要求获得的财产为 $c[1]$、$c[2]$(不妨设 $c[1]\leqslant c[2]$)，可供分配的总财产为 E。债权人所要求的财产的总和为 $c[1, 2]=c[1]+c[2]$，甲与乙分到的财产记为 $x[1]$、$x[2]$，则向量 $\boldsymbol{x}(E)=(x[1], x[2])$ 就是与 E 对应的分配方案。按照 R. Aumann 和 M. Maschler 论文中的分配方法：

当 E 不大时(标准为 $E\leqslant c[1]$)先两人平分；然后增长的部分只分给乙；一直到乙拿到一定份额时(标准为乙与甲的损失相同)，总财产继续增长的部分由两人平分。

2. 二人争产问题的塔木德算法

情况 1　当 $E \leqslant c[1]$时，显然两人都对全部财产提出了债权声明，所以采取平均分配。每人得到 $E/2$，分配方案 $\boldsymbol{x}(E)=(E/2, E/2)$。

情况 2　当 $c[1]<E \leqslant c[2]$时，由于乙声明获得全部财产，所以争议部分为甲声明的部分。因此，甲应获得声明值的一半(平分争议部分)，即 $c[1]/2$；乙应获得余下的财产即 $E-c[1]/2$，分配方案为 $\boldsymbol{x}(E)=(c[1]/2, E-c[1]/2)$。特别地，当 $E=c[2]$时，分配方案 $\boldsymbol{x}(E)=(c[1]/2, c[2]-c[1]/2)$。

情况 3　当 $E>c[2]$时，甲、乙双方应首先分别获得对方无争议的部分，即甲先获得 $E-c[2]$，乙获得 $E-c[1]$；然后再平分剩余财产。剩余财产为

$$E-(E-c[2])-(E-c[1])=c[2]+c[1]-E。$$

因此，最终甲应获得

$$E-c[2]+(c[2]+c[1]-E)/2=(E+c[1]-c[2])/2,$$

乙应获得

$$E-c[1]+(c[2]+c[1]-E)/2=(E+c[2]-c[1])/2。$$

自然，分配方案随着总财产数量而变化。通过示意图 14.2，我们可以直观地看到 2 个人按照争执大衣原则分配财产时，当 E 不大时先两人平分，然后增长的部分只分给乙，当乙拿到一定份额时总财产继续增长的部分由两人平分。

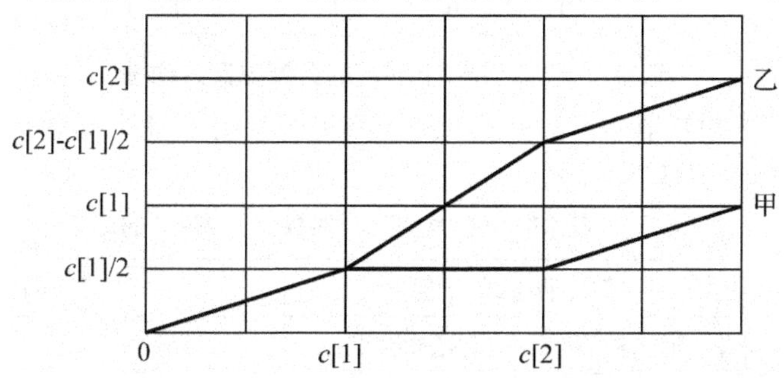

图 14.2　“二人争产问题”的分配折线图

例 14.1　二人争产问题

甲、乙的债权分别为 $c[1]=30$，$c[2]=70$，待分配财产 $E=10\sim100$，基数为 10，每次递增 10。

(1)利用“二人争产问题”的博弈分析方法，对 E 的各种情况，给出塔木德分配方案；

(2)画出分配折线图。

解：(1)当 $E=10$、20、30 时，由于 $E \leqslant c[1]$，甲、乙二人应该平分。计算结果见表 14.2 的 2、3、4 列。

当 $E=40$、50、60、70 时，由于 $c[1]<E \leqslant c[2]$，乙声明获得全部财产，所以争

议部分为甲声明的部分。因此，甲应获得声明部分的一半，即 $c[1]/2$；乙应获得余下的财产，即 $E - c[1]/2$。计算结果见表 14.2 的 5、6、7、8 列。

当 E=80、90、100 时，由于 $E>c[2]$，甲应获得 $(E+c[1]-c[2])/2$，乙应获得 $(E+c[2]-c[1])/2$。计算结果见表 14.2 的 9、10、11 列。

表 14.2 “二人争产问题”的塔木德分配方案

分配 \ 总财产	10	20	30	40	50	60	70	80	90	100
$x[1]$	5	10	15	15	15	15	15	20	25	30
$x[2]$	5	10	15	25	35	45	55	60	65	70

(2)本例按照争执大衣原则二人分配折线图，如图 14.3 所示。

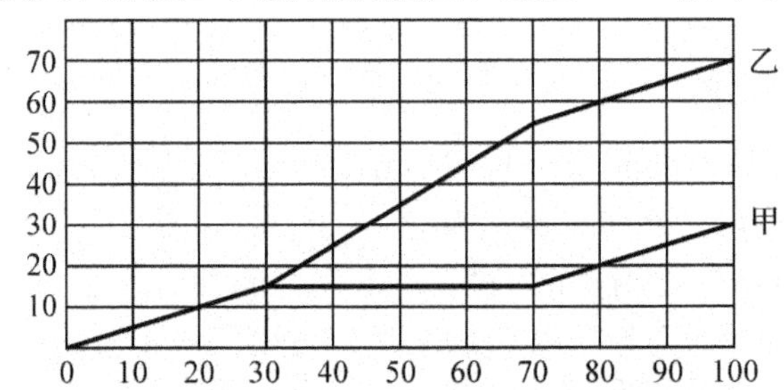

图 14.3 “二人争产问题”的分配方案折线图

我们将例 14.1 中的“塔木德解决方案”与目前通常用于破产问题按照债权比例分配财产的方案做个比较(见表 14.3)。

表 14.3 “塔木德解决方案”与“债权比例方案”的比较

待分财产	塔木德解决方案		债权比例方案	
	甲得数目	乙得数目	甲得数目	乙得数目
10	5	5	3	7
20	10	10	6	14
30	15	15	9	21
40	15	25	12	28
50	15	35	15	35
60	15	45	18	42
70	15	55	21	49
80	20	60	24	56
90	25	65	27	63
100	30	70	30	70

观察可以发现：当 $E \leqslant c[1] \times 2/2 = 30$ 时，二人都是平均分配的；当 $E > c[1] \times 2/2 = 30$ 时，二人的分配拉开了距离。

我们称 $c[1] \times 2/2$ 为第一分界点，记为 E^*。

当 $E=50$ 时，“塔木德解决方案”与按比例计算方法得出的结果是一样的。E 低于 50，则甲在“塔木德解决方案”中获得的分配高于按比例计算方法；E 高于 50，则甲在“塔木德解决方案”中获得的分配低于按比例计算方法；乙的情况则正好相反。

我们称 $E=50$ 为第二分界点(它恰好是总债务 100 的一半)。

当 $E=70$ 时，甲、乙的损失相等。当 $E>70$ 时，新增的部分被甲、乙平分，换言之，甲、乙的损失保持相等。我们称 $E=70$ 为第三分界点(它恰等于 $c[1]+c[2]-c[1] \times 2/2$)，记为 E^{**}。

例 14.1 的第一分界点为 70；第二分界点为 85；第三分界点为 100。

事实上，在具体实施算法时，第一分界点的设置保证了“争执大衣原则”中的第二个内容的实现；第二分界点则体现了算法不但拥有一个贯穿始终的原则，而且在资源不足的情况下，有效地保护了弱者；第三分界点保证了资源比较丰富时强者的利益。

“塔木德解决方案”的妙处恰恰在于它在保护了弱者的利益的同时仍然保持了博弈规则的公正性。从整个破产决算来看，如果应用“塔木德解决方案”作规则的话，那么强者、弱者都有胜出的机会，而且至少从理论上说，双方胜出的机会是 50%对 50%。如果财产数目超过负债额一半的话，则强者胜出，否则弱者胜出。这种公正性可以在很大程度上保证各债权人对规则的尊重。

14.3　三人争产问题的博弈分析

1. 基本思路

如果《塔木德》全书秉承相同的财产观，那么“三妻争产”问题有没有可能是“争执大衣原则”在超过两人的情况下的推广呢？解决“三人争产问题”的基本思路：把“三人争产问题”转化为两个“二人争产问题”处理。

2. 三人争产问题的塔木德算法

对“三人争产问题”，我们给出一般性描述，据此可以写出实际操作的算法和程序。

我们记所有债权人的编号为{1，2，3}，要求的财产按从少到多依次排序为 $c[1] \leqslant c[2] \leqslant c[3]$，假设待分配总财产为 E。债权人所声明的债权总和 $c[1,2,3]=c[1]+c[2]+c[3]$。

第一分界点为 $E^*=c[1] \times 3/2$；第三分界点为 $E^{**}=c[1,2,3]-c[1] \times 3/2$。

记总财产为 E 时编号为 1、2、3 的债权人分到的财产依次为 $x[1]$，$x[2]$，$x[3]$，则向量 $\boldsymbol{x}(E)=(x[1],x[2],x[3])$就是与 E 对应的分配方案。

算法：

(1)当 $E \leqslant E^*$ 时，即待分财产不超过第一分界点时，应采取平均分配，以保证实现“争执大衣原则”中的第 2 项内容：声明数额小的分得不能比声明数额大得多。这时每人分得 $E/3$，分配方案为 $\boldsymbol{x}(E)=(x[1], x[2], x[3])=(E/3, E/3, E/3)$。

(2)在第三分界点 $E^{**}=c[1,2,3]-c[1]\times 3/2$ 处，债权人的损失相同，对应的分配方案为 $\boldsymbol{x}(E^{**})=(x[1], x[2], x[3])$。因此，当 $E>E^{**}$ 时，总财产继续增长的部分 $d=E-E^{**}$ 由 3 个债权人平分，对应的分配方案为

$$\boldsymbol{x}(E)=(x[1]+d/3, x[2]+d/3, x[3]+d/3)。$$

(3)当 $E^* < E \leqslant E^{**}$ 时，解决问题的基本思路是将“三人争产问题”转化为两个“二人争产问题”：

第 1 步　先分成两组：{1}、{2，3}；分组原则是：声明获得最少的那个人为一组，其他人为另一组。此时，{1}组声明获得的财产为 $c[1]$，{2，3}组声明获得的财产记为 $c[2,3]=c[2]+c[3]$。

第 2 步　按照“争执大衣原则”，由于{2，3}组声明获得 $c[2,3]>c[1]$，所以争议部分为{1}声明的部分 $c[1]$。因此，{1}获得声明部分的一半，即 $c[1]/2$；{2，3}组获得余下的财产，即 $E-c[1]/2$。然后，再按照“二人争产问题”的塔木德算法，在{2，3}组的两个成员之间进行第 2 次分配。注意，这时待分配的总财产是 $E-c[1]/2$。

注意：算法中每次分配的成员和待分配总财产是变化的，而分配原则是不变的。

例 14.2　三人争产问题

设债权人 1，2，3 的债权依次为 $c[1]=100$，$c[2]=200$，$c[3]=300$，待分配的财产 $E=100\sim600$，基数为 100，每次递增 50。

(1)利用“三人争产问题”的塔木德算法，对 E 的各种情况，给出对应的分配方案 $\boldsymbol{x}(E)=(x[1], x[2], x[3])$；

(2)画出分配折线图。

解：按照“三人争产问题”的塔木德算法，三人声明的总债权为

$$c[1,2,3]=c[1]+c[2]+c[3]=100+200+300=600。$$

第一分界点为　　　$E^*=c[1]\times 3/2=100\times 3/2=150$，

第三分界点为 $E^{**}=c[1,2,3]-c[1]\times 3/2=600-150=450$。

(1)对 E 的各种情况，给出对应的分配方案。

当 $E=100$、150 时，由于 $E \leqslant E^*=150$，三人应该平分。对应的分配方案见表 14.4 中的 2、3 列；

当 $E=200\sim450$ 时，由于 $E^* < E \leqslant E^{**}=450$，先将三人分为两组：{1}与{2，3}，{1}组应获得要求部分的一半，即 $c[1]/2=50$；{2，3}组应获得余下的财产，即 $E-c[1]/2$。{2，3}组再按照“二人争产问题”的塔木德算法，在债权人 2、3 之间进行分配。分配方案见表 14.4 的 4～9 列；特别地，在第三分界点 $E^{**}=450$ 时，分配方案为

$$\boldsymbol{x}(450)=(50,\ 150,\ 250)$$

当 $E=500\sim600$ 时，由于 $E>E^{**}=450$，总财产继续增长的部分 $d=E-E^{*}=E-450$，由 3 个债权人平分，对应的分配方案为

$$\boldsymbol{x}(E)=(50+d/3,\ 150+d/3,\ 250+d/3)。$$

分配方案见表 14.4 的 10、11、12 列。

表 14.4　“三人争产问题”的塔木德分配方案

分配方案＼总财产	100	150	200	250	300	350	400	450	500	550	600
$x[1]$	50/3	50	50	50	50	50	50	50	$66\frac{2}{3}$	$83\frac{1}{3}$	100
$x[2]$	50/3	50	75	100	100	100	125	150	$166\frac{2}{3}$	$183\frac{1}{3}$	200
$x[3]$	50/3	50	75	100	150	200	225	250	$266\frac{2}{3}$	$283\frac{1}{3}$	300

可以看到：分别取 $E=100$、200、300，对应的分配方案为

$\boldsymbol{x}(100)=(50/3,50/3,50/3)$，$\boldsymbol{x}(200)=(50,75,75)$，$\boldsymbol{x}(300)=(50,100,150)$。

这一分配方案与《塔木德》中关于“三妻争产”的记载是吻合的。至此，我们就解决了这一千古难题。

(2)本例的分配折线图如图 14.4 所示。

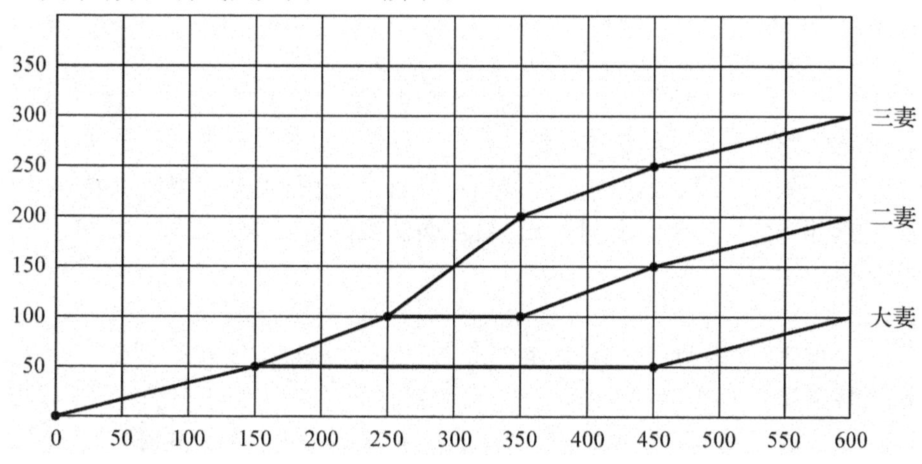

图 14.4　“三人争产问题”的分配方案的折线图

14.4　$n(n\geqslant2)$人争产问题的博弈分析

一般地，对 $n(n\geqslant2)$ 人争产问题，假设已经知道“$n-1$ 人争产问题”的塔木德算法，我们给出“n 人争产问题”的塔木德算法的一般性描述，据此就可以写出可实际操作的算

法和程序。

1. 一般性描述

我们记所有债权人的编号为{1，2，…，n}，要求的财产按从少到多依次排序为$c[1]\leqslant c[2]\leqslant\cdots\leqslant c[n]$，假设待分配总财产为$E$。债权人声明的财产总和为

$$c[1,2,\cdots,n]=c[1]+c[2]+\cdots+c[n]。$$

第一分界点为$E^{*}=c[1]\times n/2$；第三分界点为$E^{**}=c[1,2,\cdots,n]-c[1]\times n/2$。

记总财产为E时编号为1，2，…，n的债权人分到的财产依次为$x[1]$，$x[2]$，…，$x[n]$，则向量$\boldsymbol{x}(E)=(x[1],x[2],\cdots,x[n])$就是与$E$对应的分配方案。

2. $n(n\geqslant2)$人争产问题的塔木德算法

算法描述：

(1)当$E\leqslant E^{*}$时，即待分财产不超过第一分界点时，应采取平均分配，以保证实现“争执大衣原则”中的第2项内容：声明数额小的分得不能比声明数额大得多。这时每人分得E/n，分配方案为

$$\boldsymbol{x}(E)=(E/n,E/n,\cdots,E/n)。$$

(2)在第三分界点E^{**}处，债权人的损失相同，记对应的分配方案为

$$\boldsymbol{x}(E^{**})=(x[1],x[2],\cdots,x[n])。$$

因此，当$E>E^{**}$时，总财产继续增长的部分$d=E-E^{**}$由n个债权人平分，每人增加d/n。故当$E>E^{**}$时，对应的分配方案为

$$\boldsymbol{x}(E)=(x[1]+d/n,x[2]+d/n,\cdots,x[n]+d/n)。$$

(3)当$E^{*}<E\leqslant E^{**}$时，解决问题的基本思路是将“n人争产问题”转化为一个“二人争产问题”和一个“$n-1$人争产问题”：

第1步　先分成两组：{1}、{2，3，…，n}；分组原则是：声明获得最少的那个人为一组，其他人为另一组。此时，{1}组声明获得的财产为$c[1]$，{2，3，…，n}组声明获得的财产记为

$$c[2,3,\cdots,n]=c[2]+c[3]+\cdots+c[n]。$$

第2步　按照“争执大衣原则”，由于{2，3，…，n}组声明获得$c[2,3,\cdots,n]>c[1]$，所以争议部分为{1}声明的部分$c[1]$。因此，{1}获得声明部分的一半，即$c[1]/2$；{2，3，…，n}组获得余下的财产，即$E-c[1]/2$。然后，再按照“$n-1$人争产问题”的塔木德算法，在{2，3，…，n}组的$n-1$个成员之间进行第2次分配。注意，这时待分配的总财产是$E-c[1]/2$。

注意：算法中每次分配的成员和待分配总财产是变化的，而分配原则是不变的。

例14.3　“四人争产问题”的博弈分析

设甲、乙、丙、丁的债权(单位：万元)分别为$c[1]=100$、$c[2]=200$、$c[3]=$

300、$c[4]=400$，待分配的总资产为 E。$E=100\sim1000$，基数为 100，每次递增 100。利用“四人争产问题”的塔木德算法，对 E 的各种情况，给出对应的分配方案

$$\boldsymbol{x}(E)=(x[1],x[2],x[3],x[4])。$$

解：利用“四人争产问题”的塔木德算法，本例中所有债权人的编号为{1，2，3，4}，总债权为

$$c[1,2,3,4]=100+200+300+400=1000。$$

第一分界点为　　　$E^{*}=c[1]\times4/2=100\times4/2=200$，

第三分界点为　　$E^{**}=c[1，2，3，4]-c[1]\times4/2=1000-200=800$。

当 $E=100$、200 时，由于 $E\leqslant E^{*}=200$，4 人应该平分。对应的分配方案见表 14.5 中的 2、3 列；

当 $E=300$、400、500、600、700、800 时，由于 $E^{*}<E\leqslant E^{**}$，先将 4 人分为两组：{1}与{2，3，4}，{1}组应获得声明部分的一半，即 $c[1]/2=50$；{2，3，4}组应获得余下的财产，即 $E-c[1]/2$。{2，3，4}组再按照“三人争产问题”的塔木德算法，在债权人 2、3、4 之间进行分配。分配方案见表 14.5 的 4～9 列；特别地，在第三分界点 $E^{**}=800$ 处，分配方案为 $\boldsymbol{x}(800)=(50，150，250，350)$。

当 $E=900$、1000 时，由于 $E>E^{**}=800$，总财产继续增长的部分 $d=E-800$ 由 4 个债权人平分，对应的分配方案为

$$\boldsymbol{x}(E)=(50+d/4,150+d/4,250+d/4,350+d/4)。$$

分配方案见表 14.5 的 10、11 列。

表 14.5　“四人争产问题”的塔木德分配方案

分配方案 \ 总财产	100	200	300	400	500	600	700	800	900	1000
$x[1]$	25	50	50	50	50	50	50	50	75	100
$x[2]$	25	50	83.333	100	100	100	116.67	150	175	200
$x[3]$	25	50	83.333	125	150	175	216.67	250	275	300
$x[4]$	25	50	83.333	125	200	275	316.67	350	375	400

例 14.4　“五人争产问题”的博弈分析

设债权人 1，2，3，4，5 的债权依次为 $c[1]=100$，$c[2]=100$，$c[3]=300$，$c[4]=400$，$c[5]=400$，待分配的总资产为 E。$E=100\sim1300$，基数为 100，每次递增 50。

(1)利用“$n=5$ 人争产问题”的塔木德算法，对 E 的各种情况，给出对应的分配方案

$$\boldsymbol{x}(E)=(x[1],x[2],x[3],x[4],x[5])。$$

(2)画出分配折线图。

解：利用"$n=5$ 人争产问题"的塔木德算法，对 E 的各种情况，给出对应的分配方案。所有债权人的编号为{1，2，3，4，5}，总债权为

$$c[1,2,3,4,5] = 100+100+300+400+400 = 1300。$$

第一分界点为　　　$E^{*}=c[1]\times 5/2=100\times 5/2=250$，

第三分界点为　　$E^{**}=c[1，2，3，4，5]-c[1]\times 5/2=1300-250=1050$。

(1)当 $E=100$、150、200、250 时，由于 $E\leqslant E^{*}=200$，5 人应该平分。对应的分配方案见表 14.6 中的 2～5 列；

当 $E=300\sim 1050$ 时，由于 $E^{*}<E\leqslant E^{**}$，先将 5 人分为两组：{1}与{2，3，4，5}，{1}组应获得声明部分的一半，即 $c[1]/2=50$；{2，3，4，5}组应获得余下的财产，即 $E-c[1]/2$。{2，3，4，5}组再按照"四人争产问题"的塔木德算法，在债权人 2、3、4、5 之间进行分配。分配方案见表 14.6 的 6～21 列；特别地，在第三分界点 $E^{**}=1050$ 处，分配方案为

$$\boldsymbol{x}(1050) = (50,50,250,350,350)。$$

当 $E=1100\sim 1300$ 时，由于 $E>E^{**}=1050$，总财产继续增长的部分 $d=E-1050$ 由 5 个债权人平分，对应的分配方案为

$$\boldsymbol{x}(E) = (50+d/5,50+d/5,250+d/5，350+d/5，350+d/5)。$$

分配方案见表 14.6 的 22～26 列。

注意： 按算法编程用计算机计算时，分配方案中的某些数据只能取满足一定精度要求的近似值。

表 14.6 "五人争产问题"的塔木德分配方案

分配方案 \ 总财产	100	150	200	250	300	350	400	450	500	550	600	650	700
$x[1]$	20	30	40	50	50	50	50	50	50	50	50	50	50
$x[2]$	20	30	40	50	50	50	50	50	50	50	50	50	50
$x[3]$	20	30	40	50	66.667	83.333	100	116.67	133.33	150	150	150	150
$x[4]$	20	30	40	50	66.667	83.333	100	116.67	133.33	150	175	200	225
$x[5]$	20	30	40	50	66.667	83.333	100	116.67	133.33	150	175	200	225

表 14.6　"五人争产问题"的塔木德分配方案(续)

总财产 分配方案	750	800	850	900	950	1000	1050	1100	1150	1200	1250	1300
$x[1]$	50	50	50	50	50	50	50	60	70	80	90	100
$x[2]$	50	50	50	50	50	50	50	60	70	80	90	100
$x[3]$	150	166.67	183.33	200	216.67	233.33	250	260	270	280	290	300
$x[4]$	250	266.67	283.33	300	316.67	333.33	350	360	370	380	390	400
$x[5]$	250	266.67	283.33	300	316.67	333.33	350	360	370	380	390	400

(2)分配方案的折线图如图 14.5 所示。

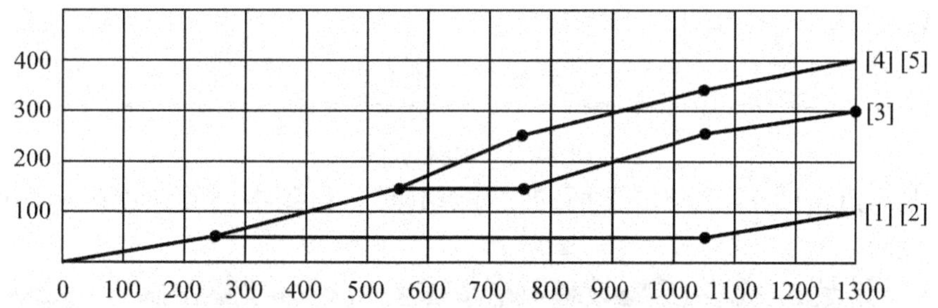

图 14.5　"五人争产问题"分配方案的折线图

14.5　利用 Excel 计算 *n* 人争产问题的塔木德分配方案

以例 14.4"五人争产问题"的博弈分析过程为例：

为解决计算 n 人争产问题的塔木德分配方案的繁琐计算问题，我们编写了在 Office 办公系统中的 Excel 环境下运行的计算程序"塔木德财产分配法 11"。

第一步　运行软件，得到界面，如图 14.6 所示。

(提示：计算机要先安装 Excel 软件)

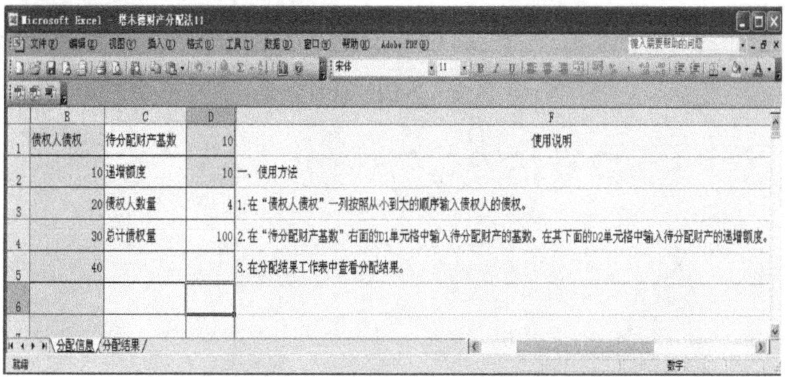

图 14.6　软件"塔木德财产分配法 11"的界面

第二步　按照本例题修改相关数据，将“债权人债权”依次修改为 100，100，300，400，400；将“待分配财产基数” 修改为 100，将“递增额度”修改为 50，得到图 14.7。

	B	C	D	F
1	债权人债权	待分配财产基数	100	使用说明
2	100	递增额度	50	一、使用方法
3	100	债权人数量	5	1.在“债权人债权”一列按照从小到大的顺序输入债权人的债权。
4	300	总计债权量	1300	2.在“待分配财产基数”右面的D1单元格中输入待分配财产的基数。在其下面的D2单元格中输入待分配财产的递增额度。
5	400			3.在分配结果工作表中查看分配结果。
6	400			

图 14.7　本例的数据

第三步　点击图 14.7 中最下面的“分配结果”，得到本例的计算结果，见图 14.8 及图 14.8(续)。

	A	B	C	D	E	F	G	H	I	J	K	L	M	N
1	债权　总财产	100	150	200	250	300	350	400	450	500	550	600	650	700
2	100	20	30	40	50	50	50	50	50	50	50	50	50	50
3	100	20	30	40	50	50	50	50	50	50	50	50	50	50
4	300	20	30	40	50	66.667	83.333	100	116.67	133.33	150	150	150	150
5	400	20	30	40	50	66.667	83.333	100	116.67	133.33	150	175	200	225
6	400	20	30	40	50	66.667	83.333	100	116.67	133.33	150	175	200	225

图 14.8　本例的计算结果

债权＼总财产	750	800	850	900	950	1000	1050	1100	1150	1200	1250	1300
100	50	50	50	50	50	50	50	60	70	80	90	100
100	50	50	50	50	50	50	50	60	70	80	90	100
300	150	166.67	183.33	200	216.67	233.33	250	260	270	280	290	300
400	250	266.67	283.33	300	316.67	333.33	350	360	370	380	390	400
400	250	266.67	283.33	300	316.67	333.33	350	360	370	380	390	400

图 14.8(续)　本例的计算结果

本章小结

“塔木德解决方案”给破产争执提供了一个出色的解决方案，它的特点是：在资源不足的情况下，不仅保护了弱者，而且拥有一个贯穿始终的原理。一旦接受这一原理，则争执中的任意方无论从哪个角度考虑都会发现这一解决方案是公正的，都不会产生不满。举个例子，假设有家大型商场破产了，它的供货商甲、乙均是大公司，而丙是一家小工厂，现分别要求获得 300 万、200 万和 100 万元的债务补偿。由于破产的公司往往都是严重的资不抵债，因此可以认为这种情况下总财产较少。对于大公司来说，少收回一些债务可能只是减少一些盈利；但对于小厂来说，按比例进行破产决算则可能意味着因亏损过大而倒闭。现实生活中往往是，当一家企业倒闭时，受灾最重的不是大供货商，而是中小企业。而一旦这些中小企业连锁倒闭，那么整个区域的经济都会遭到重创。因此，在破产决算中保护这些中小企业的利益才是最关键性的环节。此时塔木德解决方案就能比现行的按比例分配方法更好地保护中小企业的基本利益。

从博弈论的角度看，“塔木德解决方案”是 n 人博弈的一个解。令人惊奇的是数千年前犹太拉比们给出的塔木德解决方案竟完全符合现代博弈论的原理！它恰好是相应博弈的“核仁”，因此有的学者认为“塔木德解决方案”是现代博弈论中“核仁”概念的鼻祖。

练习 14

1. 二人争产问题。设 $c[1]=70$，$c[2]=100$，$E=30\sim100$，基数为 30，每次递增 10。计算塔木德分配方案并画出分配折线图。

2. 破产决算纠纷。试用“塔木德算法”解决破产决算纠纷：设甲、乙的债权(单位：万元)分别为 $c[1]=200$ 、$c[2]=800$，待分配的总资产为 E。当 E 分别为 100，200，300，450，550，850，950 时，应如何分配？将计算结果与通行的比例计算方法作一个对比，对比结果说明什么？

3. 遗产分配问题。某位老人的遗嘱中声明遗产分配情况为：赠予第 1、2、3 个儿子遗产分别为 $c[1]=100$ 万元，$c[2]=150$ 万元，$c[3]=200$ 万元。但由于各种原因，老人并没有留下足够的遗产。若老人故去后留下的待分配遗产分别为 $E=100$，150，200，225，250，300，350，400，450 时，试用“塔木德算法”解决此问题。

4. 三人争产问题。设债权人 1、2、3 的债权依次为 $c[1]=200$，$c[2]=300$，$c[3]=400$，$E=200\sim900$，基数为 100，每次递增 100。利用“三人争产问题”的塔木德算法，对 E 的各种情况，给出对应的分配方案 $\boldsymbol{x}(E)=(x[1], x[2], x[3])$。

第 15 章　拍卖的博弈分析

拍卖是一种古老且至今仍存在的市场交易方式。“拍卖”一词源于希腊语“Augere”，原意是“增加”。1987 年，美国经济学家 McAfee，R. Preston 和 Mc Millan，John 对拍卖进行了科学的定义：“拍卖是市场参与者根据报价按照一系列规则决定资源分配和价格的一种市场机制。”拍卖是根据投标人的报价来决定物品价格和资源分配的一种有效的市场机制，是建立在竞争基础上分派稀缺物品的一种方式。大多数拍卖都属于直接价格披露机制，卖方希望获得尽可能多的利润，买方则希望付出最少的成本。

作为现代经济中十分活跃的拍卖过程充满了人与人之间的博弈，它包含着竞买人与竞买人之间的博弈、竞买人与拍卖人之间的博弈，以及拍卖人与拍卖人之间的博弈，所以拍卖一直就很吸引博弈论学者，博弈论不但可以很好地解释拍卖行为，而且已经被广泛应用于拍卖机制设计中。本章将介绍博弈论在拍卖活动中的应用。

15.1　关于拍卖的几个概念

在一般的产品销售途径下，当卖方不知道顾客认为他的产品有多少价值时，价格定高，产品可能卖不出去；价格定低，会白白蒙受损失。特别是当你卖的是有时效性的产品(如蔬菜、水果等)时，一旦找不到买主，时限一到产品就永远失效。而通过拍卖，卖方不需要确定最理想的价格，因为产品的拍卖价格会随着买方的需求而自动调整。由于拍卖的价格会自动降低或提高，直到市场接受为止。因此，通过拍卖，几乎绝对不会让你的东西卖不出去。

1. 拍卖的定义

《中华人民共和国拍卖法》第 3 条规定：“拍卖是指以公开竞价的形式，将特定物品或者财产权利转让给最高应价者的买卖方式。”一般可以将拍卖定义为：拍卖人接受出卖人的委托或根据法律的强制规定，通过公开叫价或者密封递价的方式，将特定财产出售给出价最高且超过底价的竞买人而进行的买卖活动。拍卖的性质是以转让拍卖标的所有权或使用权为目的的买卖活动。确认公开、公平、公正及诚实信用为拍卖活动必须遵守的基本原则。McAfee 认为：“拍卖是一种市场状态，此市场状态在市场参与者标价基础上具有决定资源配置和资源价格的明确规则。”经济学界认为：“拍卖是一个集体(拍卖群体)决定价格及其分配的过程。”拍卖博弈中涉及两个概念：一是有效性，是指既要让资源经过拍卖配置到对相应资源(标的物)评价最高的当事人手里，又要使得标的物的卖者得到最优的收益；二是机制，是指博弈形式(包括参与人、策略集、博弈规则、支付函数)要使拍卖过程达到有效。

2. 拍卖的基本条件

(1)拍卖必须有两个以上的买主，从而得以具备使买主相互之间能就其欲购的拍卖物品展开价格竞争的条件。

(2)拍卖必须有不断变动的价格，是由买主以卖主当场公布的起始价为基准另行报价，直至最后确定最高价为止。

(3)拍卖必须有公开竞争的行为，是不同的买主在公开场合针对同一拍卖物品竞相出价，如果没有任何竞争行为发生，拍卖就将失去意义。

3. 几种常见拍卖方式

(1)英格兰式拍卖，也称“增价拍卖”或“低估价拍卖”，是指在拍卖过程中，拍卖人宣布拍卖标的的起叫价及最低增幅，竞买人以起叫价为起点，由低至高竞相应价，最后最高竞价者三次报价无人应价后，响槌成交，但成交价不得低于保留价。

(2)荷兰式拍卖，也称“降价拍卖”或“高估价拍卖”，是指在拍卖过程中，拍卖人宣布拍卖标的的起叫价及降幅，并依次叫价，第一位应价人响槌成交，但成交价不得低于保留价。

(3)英格兰式与荷兰式相结合的拍卖，是指在拍卖过程中，拍卖人宣布起拍价及最低增幅后，由竞买人竞相应价，拍卖人依次升高叫价，以最高应价者竞得；若无人应价则转为拍卖人依次降低叫价及降幅，并依次叫价，以第一位应价者竞得，但成交价不得低于保留价。

(4)招标式拍卖，是由买主在规定的时间内将密封的标书递交拍卖人，由拍卖人选择买主。两种最常见的形式：一种是第一价格密封拍卖，另一种是第二价格密封拍卖(也称密封次高价拍卖)。

在第一价格密封拍卖下，竞买者们要同时对所卖的东西投标。出价最高的竞买者中标后，便可以用投标金额把东西买走。所有的竞买者都是同时投标，并以秘密的方式进行。

在第二价格密封拍卖中，每个竞买者以秘密的方式投标，由出价最高的竞买者中标，但中标者所支付的价格是次高的投标金额。只要其他竞买者的估价比他的低，他就可以得到收益。

(5)反向拍卖方式，常用于政府采购、工程采购等。由采购方提供希望得到的产品的信息、需要服务的要求和可以承受的价格定位，由卖家之间以竞争方式决定最终产品提供商和服务供应商，从而使采购方以最优的性能价格比实现购买。

(6)定向拍卖方式，是一种为特定的拍卖标的物而设计的拍卖方式，有意竞买者必须符合卖家所提出的相关条件，才可成为竞买人参与竞价。

15.2　英格兰式拍卖的博弈分析

例 15.1　考虑 A、B 二人竞买一件艺术品的投标博弈。A 对该拍卖品的估价是 205 万元，他不知道 B 对该拍卖品的估价，但他估计是 180 万元或 190 万元。现在 B 的出价是 170 万元，规定涨幅为 10 万元。用博弈论分析，A 应该如何出价，他的最优反应是什么？

解：由于 A 对该拍卖品的估价是 205 万元，如果他以高于这个价格竞得该物品，则他的收益为负值，如果他以低于这个价格竞得该物品，则他的收益为正值；对 B 有类似的分析。

A 有 5 种可供选择的策略，出价：180 万元，190 万元，200 万元，210 万元，弃拍。他是否应该出价 210 万元以使 B 弃拍呢？虽然他们彼此不知道对方对拍卖品的估价，但他们都知道彼此的出价，因此该拍卖博弈的扩展式如图 15.1 所示，其中收益向量中括号左边的数据为 A 的收益，括号右边的数据为 B 的收益。

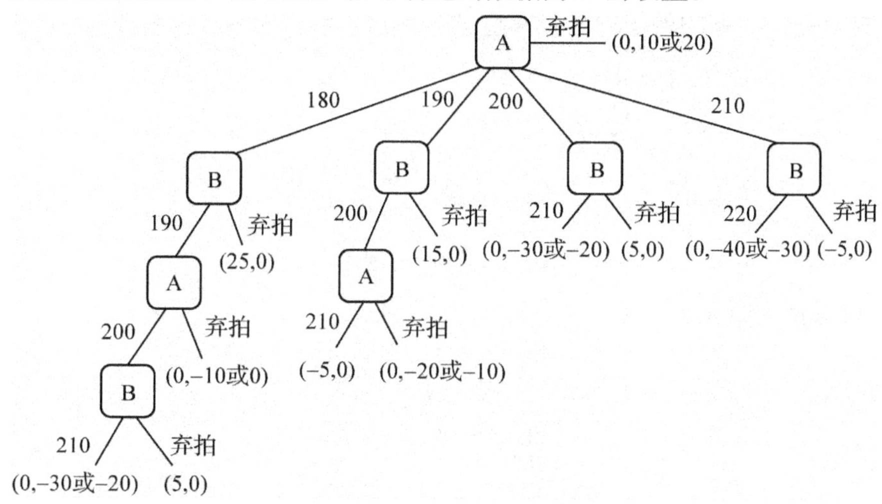

图 15.1　拍卖博弈的扩展式

应用逆向归纳法，在图 15.2 表示的基本子博弈中(见图 15.1 的左下侧)，B 再次出价中的选择是弃拍，收益为 0。

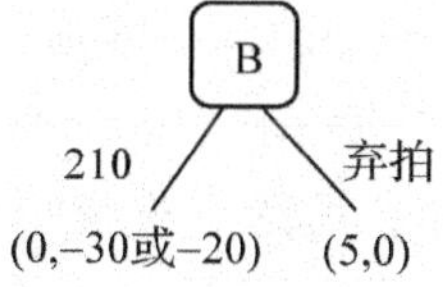

图 15.2　基本子博弈

这样原博弈得到简化，如图 15.3 所示。

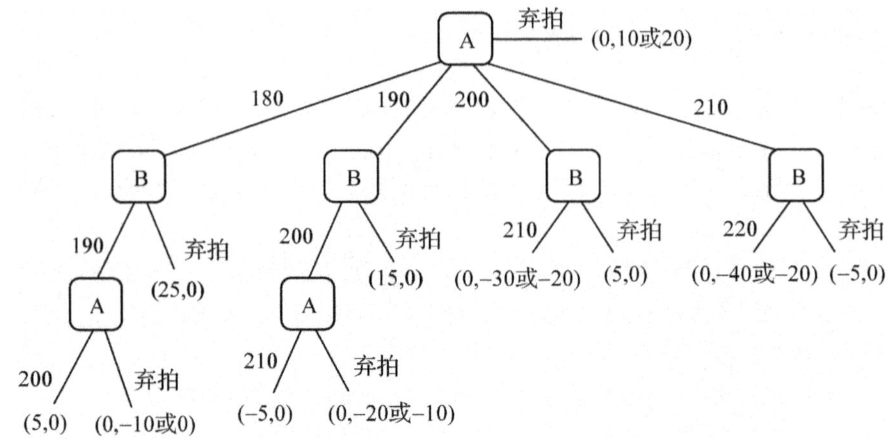

图 15.3　简化后的博弈

考虑图 15.4 表示的两个子博弈：对图 15.4a 中的子博弈，A 应选择出价 200 万元，收益为 5；对图 15.4b 中的子博弈，A 应选择弃拍，收益为 0。

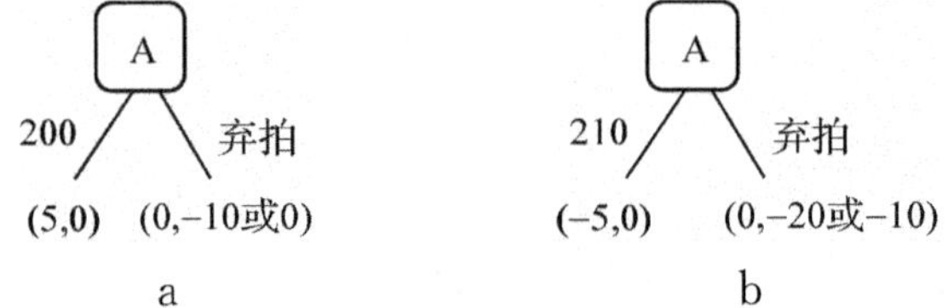

图 15.4　两个子博弈

从而可以将原博弈进一步简化，如图 15.5 所示。

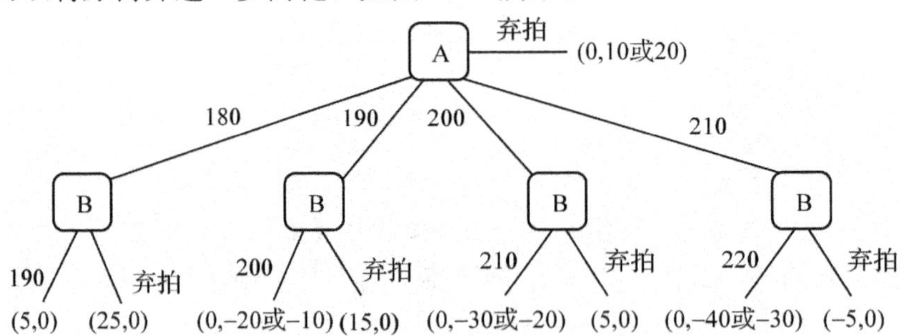

图 15.5　进一步简化后的博弈

对图 15.5 中由 B 出发的 4 个子博弈中，从左至右，B 的选择都是弃拍，收益均为 0。需要说明的是对最左边的子博弈，虽然 B 出价 190 万元和弃拍两个策略的收益都是 0，但选择弃拍会使 A 的收益加大，故 B 应选择出价 190 万元的策略。据此将原博弈进一步简化，如图 15.6 所示。

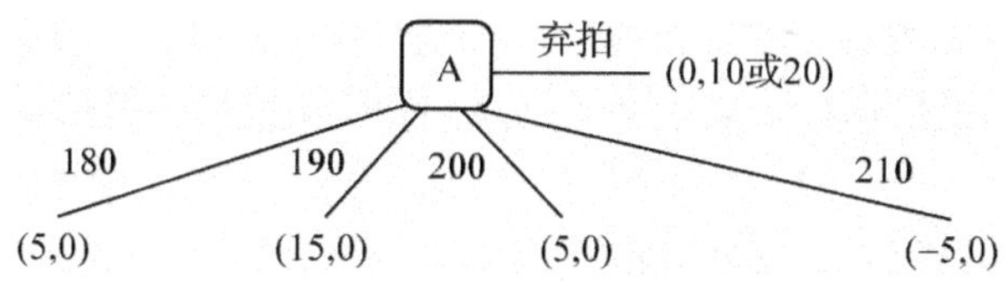

图 15.6　最后得到简化的博弈

显然，A 的最优反应是出价 190 万元。该博弈的子博弈完美均衡是：A 选择出价 190 万元，B 选择弃拍。结果是：A 以 190 万元的价格得到竞拍物品，比他的估价节省了 15 万元，即其收益为 15 万元。

15.3　招标式拍卖机制

1. 第一价格密封拍卖

在招标式拍卖中的第一价格密封拍卖下，竞买者要同时对所卖的东西投标。出价最高的竞买者中标后，便可以用投标金额把东西买走。所有的竞买者都是同时投标，并以秘密的方式进行。这种拍卖经常用于工程招标、政府机构采购等。

假如你是一个竞买者，在第一价格密封拍卖中，你的最佳策略是什么？首先，你的出价应该低于拍卖品对你的价值；其次，你必须决定要冒多大的风险。因为你的出价越低，你中标的利益就越大，但实际中标的机会则越低。在理想的情况下，当你在形成自己的投标策略时，应该设法估计到别人会出多少钱。

2. 赢者的诅咒

有的时候，你并不能完全确定拍卖品的价值，很可能高估了拍卖品的价值，虽然你赢得了拍卖品，但该拍卖品不值你付出的金额，这时你就陷入了“赢者的诅咒”。

关于“赢者的诅咒”的出处，传说在公元 193 年，当时的罗马皇帝柏提那克斯(Pertinax)被他的近卫军杀害，而想大捞一把的近卫军士兵对皇位进行拍卖，一个叫狄第乌斯(Didius)的富翁拍得皇位并承诺支付每名近卫军士兵 25000 塞特策(Sesterces，罗马金钱单位)。然而皇帝的位置还没坐多久，这位赢家便被从远方赶回的罗马军队赶下了台，并得到了“赢者的诅咒”——被砍头。从而“赢者的诅咒”这个概念被用来指：拍卖的赢家成功获得物品后发现其价值并不值出如此高的价。这种情况常见于矿产资源开采权的拍卖，比如拍得的开采地域的储量并不尽如人意。

在其他竞买者对物品的信息更完备时，对一个信息不够灵通的竞买者而言，赢得拍卖就是一件更糟糕的事情。

如何避免“赢者的诅咒”呢？当你不确定物品的价值时，要考虑其他竞买者的出价。出价高，表明其他竞买者认为该物品很有价值；出价低，则表明其他的竞买者认为该物品没有什么价值。如果其他竞买者对于你所不知道的拍卖品可能有所了解，那么他们的出价应该会影响你对拍卖品的价值的估价。

“赢者的诅咒”对买卖双方都会导致不利的影响。当买方无法确认物品的价值时，他们会担心付出太多，“赢者的诅咒”会使所有的竞买者压低出价，因而减少卖方的收入。要破除“赢者的诅咒”，卖方必须提供物品的相关信息，使买方了解物品的价值，这就降低了“赢者的诅咒”对拍卖收入的负面影响，从而提高竞买者们的出价。

第二价格密封拍卖机制可以有效地避免“赢者的诅咒”。

3. 第二价格密封拍卖的博弈分析

第二价格密封拍卖是这样一种博弈：每个竞买者以秘密的方式投标，由出价最高的竞买者中标，但中标者所支付的价格是次高的投标金额。

在第二价格密封拍卖博弈中，为什么要求中标者以次高价而不是自己的出价(最高价)来买下标的物呢？对这种拍卖机制，理论分析可以得到这样的结果：第二价格密封拍卖博弈存在纳什均衡，且纳什均衡不唯一。我们知道，当有多个纳什均衡时，某些纳什均衡经过精炼以后是可以被排除的。运用“将弱被占优策略剔除掉”这一准则，就得到这样的结论：在第二价格密封拍卖博弈中，对任何竞拍人来说，老实出价是一个弱占优策略。“不老实”的纳什均衡最终会被剔除掉。这就从理论上说明了：要求中标者(最高报价者)按次高价付款的拍卖机制鼓励投标者提出真实反映拍卖物实际的标价。也就是说，在第二价格密封拍卖中，最佳策略是：拍卖品对你有多少实在价值，你就应该以这个价值投标。显然，这种拍卖机制可有效避免赢者的诅咒（理论分析结果的详细证明，可参考文献[24]）。

下面我们通过实例来具体分析这种拍卖方式的博弈过程。

例 15.2 假设你要竞买的拍卖品对你的价值是 100 万元，按照第二价格密封拍卖的投标策略，你出价 100 万元是最优策略。事实上，如果目前最高的投标金额都小于 99 万元，则你出价 100 万元或 99 万元都不会影响结果，你会中标，并得到 100 万元和次高价之差的收益。如果目前最高的投标金额大于 100 万元，比如 104 万元，这时你出价 100 万元或小于 100 万元，则你不会赢得拍卖；如果你出价超过 104 万元，比如你出价 105 万元，虽然你会中标，但你必须支付 104 万元买下拍卖品，而这个价格超过了该拍品对你的价值。因此你出价 100 万元是最佳的。

在第二价格密封拍卖中，你的投标金额决定了你会不会中标，但它并不能决定你中标的时候要付多少钱。在这种拍卖中，只有当你的中标金额低于拍卖品对你的价值时，你才会想中标。如果你按照拍卖品对你的价值来投标，则只有当次高的出价低于拍卖品对你的价值时，你才会中标。

例 15.3 eBay 拍卖

eBay 公司成立于 1995 年 9 月，目前是全球最大的网络交易平台之一。eBay 的拍卖基本上属于第二价格密封拍卖，它的中标者一定是出价最高的竞买者，而他所支付的金额则是次高的投标金额。因此，如果你知道拍卖品对你的价值，而且相信拍卖公正，你在 eBay 的最优策略就是按照拍卖品对你的价值来出价。当别人出价更高时你绝对不应该追价，否则，即使你中标，你支付的金额也必将大大超过拍卖品对你的价值。

在实际使用这个原则时，eBay 提供了一种方便的功能，具体操作为：

(1)确定你的最高出价即拍卖品对你的价值，在 eBay 拍卖窗口的指定位置输入这个数值(见图 15.7)。

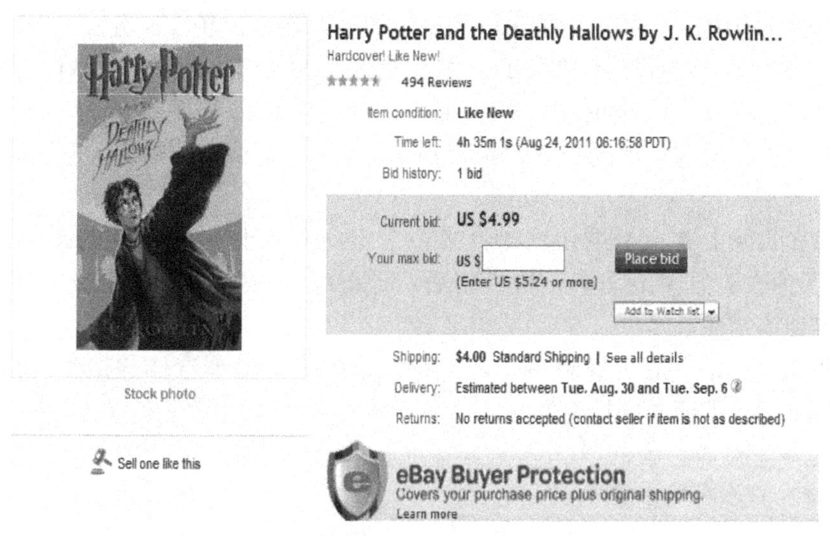

图 15.7 eBay 的拍卖窗口

(2)eBay 根据你愿意支付的这个最高价自动为你出价，你就不用一直关注拍卖的进行了。

(3)如果其他竞买者的出价高于你所愿意支付的最高出价，你将无法获得这一物品；如果其他竞买者的出价低于你所愿意支付的最高出价，你将会竞拍得这一物品，你实际支付的价格会低于你所愿意支付的最高出价。

15.4 骑虎难下博弈

1. 骑虎难下博弈模型

我们经常遇到的一类博弈是：参与者退也不是、进也不是。我们通常将这类博弈称为骑虎难下博弈。

我们先建立一个简单的骑虎难下博弈的模型。

假设某种物品的拍卖规则是：竞买者轮流出价，谁出的最高，谁就将得到该物品，但是出价次高的人不仅得不到该物品，并且要按他所出的价付给拍卖方。

如果有一群人竞价争夺价值 100 元的物品，规定 10 元为底线，每次涨幅为 10 元。按照假设的拍卖规则：假如你的出价是 10 元，如果无人出价，你将以 10 元的代价赢得该物品。如果有人出价 20 元，如果此时无人出价，他将以 20 元的代价赢得该物品，而你不但得不到该物品还要损失 10 元。此时拍卖方将收益 30 元。于是，你将出价 30 元，而原来出价 20 元的人将马上出价 40 元，如此轮番出价，谁也不愿意自己支付成本而让对方得到好处。

当出价最高的一方已经出价 100 元时，出价 90 元的竞买者必定会出价 110 元。因为如果他能以 110 元得到该物品，仅损失 10 元；否则，他将损失 90 元。基于同样的考虑，当你出价 110 元时，那个出价 100 元的竞买者必定会出价 120 元。

在这个博弈中，双方已经进入了一个骑虎难下的状态。因为，每个人都这样想：如果我退出，我将失去我出的钱；若不退出，我将有可能得到这价值 100 元的物品。但是，随着出价的增加，他的损失也可能越大，每个人面临着两难：是继续叫价还是退出？

这个博弈实际上有一个纳什均衡：第一个出价人叫出 100 元的竞标价，另外一个人不出价（因为在对方叫出 100 元的价格后，他继续叫价将是不理性的），出价 100 元的竞买者得到该物品。

你可能会说，这个拍卖规则不合理，在实际中不会出现这样的拍卖。但是在人类社会中，却不乏此类模式的博弈。

2. 骑虎难下博弈的案例

例 15.4 美苏武器竞赛

在冷战期间，美苏为争夺世界霸权拼命发展武器，无论是原子弹、氢弹的研制，还是如隐形飞机等常规武器的研制，双方都不甘落后。20 世纪 80 年代，美国总统里根准备启动“星球大战”计划，此举意味着美苏两个超级大国的武器竞赛将进一步升级。两国之间的武器竞赛就相当于拍卖中双方轮番出价，如果一方没有出最高的价退了下来，那就意味着他过去在军备上的投入没有效果，而对方将赢得整个局面。但是如果继续竞赛下去，一旦支撑不住，损失也就越大。1991 年苏联的解体在一定程度上是军备竞赛的结果。苏联将整个力量放在军备竞赛上，而民用建设无法跟上，国力不济，最终败下阵来。里根“星球大战”计划的目的就是拖垮苏联。

博弈论专家有时候也将骑虎难下博弈称之为“协和谬误”。

例 15.5 协和谬误

20 世纪 60 年代，英国和法国政府联合投资开发大型超音速客机，即协和飞机。该种飞机机身大、设计豪华并且速度快。但是，英法政府发现：继续投资开发这样的机型，花费会急剧增加，但是这样的设计定位能否适应市场还不知道；而停止研制将使以前的投资付诸东流。随着研制工作的深入，他们更是无法做出停止研制工作的决定。

协和飞机最终研制成功，但因飞机的缺陷（如耗油大、噪音大、污染严重等），它不适合市场，最终被市场淘汰，英法政府为此蒙受很大的损失。在这个研制过程中，如果英法政府能及早放弃飞机的开发工作，会使损失减少，但他们没能做到。

这种骑虎难下的博弈经常出现在企业或组织之间，也出现在个人之间。例如赌红了眼的赌徒输了钱还要继续赌下去以希望返本。赌徒进入赌场开始赌博时，他已经进入了骑虎难下的状态，因为赌场从概率上讲是必胜的。从理论上讲，赌徒与赌场之间的博弈如果是多次的，那么赌徒肯定会输，因为赌徒的"资源"与赌场的"资源"相比实在太小了。如果你的资源与赌场的资源相比很大，那么赌场有可能会输；如果你的资源无限大，只要赌徒赢的概率大于 0，那么赌徒肯定会赢。

一旦进入骑虎难下的博弈，尽早退出是明智之举。退出的方法之一是决策者在任何可能的时候事先设定极限，利用所设定的极限，作为一个重新衡量继续或终止的决策时间点，而不论他们事先已经投入了多少。例如，在商业情境下，回答这样一个问题："如果今天我是首次从事这个工作，发现这个项目正在进行中，我会支持它还是放弃它?"在非商业情境下，例如面对一个令人不悦的恋爱关系，回答这样一个问题："假如今天我是第一次遇到这个人，我会被他吸引吗?"

退出的另一个方法是让不同的人进行最初的和后续的决策。例如，商业贷款可以由一位银行官员发放，然后由另一位人员来审查是否可以继续签约。这样做的好处是后来的决定是由不必为以前错误负责的人做出的。

本章小结

本章介绍了拍卖的定义、拍卖的基本条件、几种常见拍卖方式，重点进行了英格兰式拍卖和招标式拍卖的博弈分析。最后介绍了骑虎难下博弈。大多数设计拍卖机制的目的是希望比传统的政府实践能更加有效地分配资源。自 20 世纪 90 年代以来，互联网使得拍卖和普通人之间产生了密切的关系，主要采用第二价格密封拍卖机制的网上拍卖提供商 eBay 公司成立于 1995 年 9 月，目前是全球最大的网络交易平台之一，它的市值到 2012 年 12 月底就已经达到 659.9 亿美元，位于 2012 年终全球 I T 企业市值 TOP25 排行榜第 13 位。

在经济学中，拍卖则有着更深层次的意义。拍卖本身是一个博弈的过程，因而可以通过博弈分析，应用现代经济学的方法对传统的拍卖方法的效率做出评估，同时也可以设计出新的拍卖方法。

练习 15

1. 照相机拍卖。假设张先生和李先生在英格兰式拍卖中竞买一架照相机。张先生的出价为 100 元，竞价涨幅为 5 元；李先生对相机的估价为 114 元，他不知道张先生的估价，但猜测可能是 102 或 108。李先生有三种策略：出价 105，110 或弃拍。问：

(1)二人的最优反应各是什么?

(2)该博弈的子博弈完美均衡是什么?

2. 尝试在 eBay 网络交易平台上做一次购物实践。

3. 拍卖游戏。在一个拍卖游戏中，拍卖物品是价值一元现钞的物件，拍卖规则是：拍卖进行时竞拍者之间不得有任何交流；出价由 5 分钱开始，每次只能加价 5 分钱；出价不得超过 50 元；竞买者轮流出价，谁出的最高，谁就将得到该物品，但是出价次高的人不仅得不到该物品，并且要按他所出的价付给拍卖方。

请回答下列问题：

(1)你认为拍卖商会盈利吗？

(2)拍卖成交价会超过 1 元吗？如果有人出价 1 元，而你出价 0.95 元，此时你会弃拍吗？

第 16 章　博弈论在机制设计中的应用

博弈论的应用范围十分广泛，在经济、管理、社会、政治、法律、军事等领域都有许多成功运用博弈论的案例。许多现实和理论问题如规章或法规制定、最优税制设计、行政管理、民主选举、社会制度设计等都可归结为机制设计问题。本章将具体介绍博弈论在机制设计方面的应用，包括机动车与行人道路交通事故责任的机制设计、阻止审计合谋的机制设计、促进诚信纳税的激励机制设计等内容。

16.1　机制设计

1. 什么是机制设计

作为 20 世纪最重要的社会科学成果之一，博弈论深刻地影响着人们对人类社会运行模式和制度建构的思考。机制设计理论是最近 20 年微观经济领域中发展最快的一个分支，起源于 2007 年诺贝尔经济学奖获得者——美国明尼苏达大学经济学教授利奥·赫尔维茨 1960 年和 1972 年的开创性工作。它所讨论的一般问题是，对于任意给定的一个经济或社会目标，在自由选择、自愿交换、信息不完全等分散化决策条件下，能否设计以及怎样设计出一个经济或社会机制，使经济或社会活动参与者的个人利益和设计者既定的目标一致。

从研究路径和方法来看，机制设计理论与传统经济学有所不同。传统经济学的研究方法是把市场机制作为已知，研究它能导致什么样的配置；机制设计理论把社会目标作为已知，试图寻找实现既定社会目标的经济机制，即通过设计博弈的具体形式和规则，在满足参与者各自条件约束的情况下，使参与者在自利行为下选择的策略的相互作用能够让配置结果与设计者预期目标相一致。

2. 信息效率和激励相容

机制设计通常会涉及资源配置效率、信息效率和激励相容这三个概念。

(1)资源配置效率通常采用帕累托最优标准。

(2)信息效率是指市场在信息公开、传递、解读及反馈方面的有效性。关于经济机制实现既定社会目标所要求的信息量多少的问题，直接涉及信息效率问题，即机制运行的成本要求所设计的机制只需要较少的关于消费者、生产者以及其他经济活动参与者的信息和较低的信息成本。任何一个经济机制的设计和执行都需要信息传递，而信息传递是需要花费成本的。因此，对于制度设计者来说，自然是信息空间的维数越小越好。

(3)激励相容概念是利奥·赫尔维茨1972年提出的，他将其定义为：如果在给定机制下，如实报告自己的私人信息是参与者的占优策略，那么这个机制就是激励相容的。在这种情况下，即便每个参与者按照自利原则制订个人目标，机制实施的客观效果也能达到设计者所要实现的社会目标，即达到个人理性和集体理性一致。对于实践中一些出发点很好的规章制度却得不到有效贯彻执行，甚至参与者还利用既有政策来最大化个人利益，从而造成巨大效率损失的问题，机制设计理论认为这不仅仅是因为物质和技术等的约束，最主要的还是设计的制度不满足激励相容，因而无法保证个人理性与集体理性的同时实现。

那么，怎样才能设计出一个满足或无限接近这三个要求——资源有效配置、信息效率高且激励相容的机制呢?

从理论上说，社会机制设计的一般过程是：首先要有一套规则的候选集合；然后将这些规则看做一个博弈的策略集，而且假设局中人不合作，确定博弈的纳什均衡，以此预期规则的结果；如果结果不令人满意，则更换规则重新尝试；如果上述过程给出了一套具有令人满意的纳什均衡的规则，建议采纳此规则。

考虑到人们的行为经常是非合作的，为使人们在非合作的情况下也能实现集体或社会目标，我们就必须通过机制的设计来实现。下面我们先看两个例子，来说明什么是机制设计以及设计合理的社会机制对构建和谐社会的重要性。

例16.1 所罗门王断案

《旧约全书·列王纪上》第三章中记载着这样一个故事：所罗门王是古代以色列国的一位智慧、英明的君主。有一次，两个少妇为争夺一个婴儿争吵到所罗门王那里。一个女人说："陛下，我和这妇人同住一个房间，我生了一个孩子。三天后这妇人也生了一个孩子，可夜里睡觉时她把自己的孩子压死了，半夜她趁我睡着就把我的孩子抱去，把她已经死了的孩子放到我怀里。天亮喂奶时我才发现怀里的孩子是死的，再仔细一看，并不是我的孩子。"另一个女人赶紧说："不对，死孩子就是她的，活孩子是我的。"吵得不可开交。所罗门王喝令他们别吵，稍加思考后吩咐下人拿刀来，命令说：如果你们还吵，就将婴儿一刀劈为两半，两个人各得一半。这时，一个女人说："这孩子既不归我，也不归她，劈了算了。"另一位妇人赶紧要求所罗门王将婴儿判给对方，千万别将婴儿劈成两半。听罢这两位妇人的求诉，所罗门王立即做出最终裁决：婴儿是那位请求不杀婴儿的妇人的。

所罗门王的这种方法就是一种机制设计，即设计一套博弈规则，令不同类型的人做出不同的选择，尽管每个人的类型可能是隐藏的，别人观察不到，但他们所做出的不同选择却是可以观察到的。观察者可以通过观察不同人的选择而反过来推演、甄别出他们的真实类型。

16.2　机动车与行人道路交通事故责任的机制设计

根据《中华人民共和国道路交通安全法》第一百一十九条的规定，交通事故是指车辆在道路上因过错或者意外造成的人身伤亡或者财产损失的事件。

我们先对机动车与行人道路交通事故责任的归责原则做一个简单介绍。

1. 归责原则

归责原则就是指在行为人的行为致人损害后，根据何种标准和准则确定行为人的侵权责任。它既是认定侵权构成，处理侵权纠纷的基本依据，也是指导侵权损害赔偿原则的基本准则。当前，世界各国对道路交通事故采取的归责原则大致有四种：一是无过错责任原则；二是过错责任原则；三是过错推定原则；四是公平责任原则。

下面我们只考虑机动车与行人道路交通事故的归责原则，这是分析道路交通事故责任的机制设计过程的基础。

一般地，常见的世界各国对道路交通事故责任中的机动车一方责任使用的归责原则有：或者是无过错责任原则；或者是过错责任原则；或者是过错推定原则。其使用结果是大不相同的。

(1)实行无过错责任原则：要求驾驶人对自己所涉及的任何交通事故负责，这显然对无过失的驾驶人有失公正。

(2)实行过错责任原则：要求受害人对造成损害发生的机动车一方的过错承担举证责任，只有在已经证明了机动车一方有过错的时候，才能够获得赔偿。这样的做法，对于保障作为弱势一方的受害人的赔偿权利，显然是不利的。即使认为机动车在今天已经不属于具有危险因素的交通工具，使用过错责任原则也有难以克服的弊病。

(3)实行过错推定原则：坚持的仍然是过错责任原则，但在举证责任上实行倒置，受害人只要证明了违法性、损害事实和因果关系之后，就由法官推定机动车一方有过错；机动车一方如果认为自己没有过错，则应当自己举证证明，能够证明者，免除其损害赔偿责任。这种做法既坚持了过错责任原则，又考虑了对受害人的保护，还简化了索赔规则，避免出现限额赔偿和全部赔偿的不同规则，是较为合理且较为简便的。

(4) 公平责任原则：是指损害双方的当事人对损害结果的发生都没有过错，但如果受害人的损失得不到补偿又显失公平的情况下，由当事人分担损害后果。

2. 道路交通事故责任的机制设计

下面就以机动车驾驶人与行人的二人博弈为例，分析道路交通事故责任的机制设计过程。

例 16.2　假设机动车驾驶人(以下简称驾驶人)与行人每人都有两个可供选择的策略：不谨慎和适度谨慎。适度谨慎(以下简称谨慎)需要付出努力，其成本为 10 单位。

如果二人中有一方不谨慎，就会发生交通事故。

若行人和驾驶人都不谨慎时出现了交通事故，行人的收益为－100 单位，驾驶人的收益为 0；

若行人不谨慎而驾驶人谨慎时出现了交通事故，行人的收益为－100 单位，驾驶人的收益为－10 单位；

若行人谨慎而驾驶人不谨慎时出现了交通事故，行人的收益为－110 单位，驾驶人的收益为 0；

若行人和驾驶人都谨慎时，仍然有 10％的概率发生交通事故，此时行人的收益为－20 单位，驾驶人的收益为－10 单位。

假设法律对道路交通事故没有规定任何责任，这个博弈的收益矩阵见表 14.1。这是一个二人非合作静态博弈问题。

表 16.1　实行无责任的收益矩阵

		驾驶人	
		不谨慎	谨慎
行人	不谨慎	－100，0	－100，－10
	谨慎	－110，0	－20，－10

由第 2 章介绍的划线法可知，(不谨慎，不谨慎)是此博弈的纳什均衡。这显然是大家不愿意看到的结果，我们希望看到的结果是均衡解(谨慎，谨慎)。

在这个博弈中，行人作为弱势一方，理应受到法律的保护。为了能达到这个效果，可以引入具有相关责任条款的法律机制，规定不易遭受伤害的驾驶人承担部分或全部责任。因此，这是法律机制设计的问题。

实行无过错责任原则的法律体系规定：驾驶人要对涉及自己的任何交通事故负责。一旦发生交通事故，行人可以到法院起诉驾驶人。法院将判驾驶人赔偿行人 100 单位。此时这个博弈的收益矩阵见表 16.2。

表 16.2　实行无过错责任原则的收益矩阵

		驾驶人	
		不谨慎	谨慎
行人	不谨慎	0，－100	0，－110
	谨慎	－10，－100	－10，－20

实行无过错责任原则的法律体系的优点是保护了博弈中处于弱势群体的行人。缺点也是明显的，因为行人有占优策略“不谨慎”，从而导致驾驶人也采取“不谨慎”策略。显然，无过错责任原则不是我们希望找到的答案。我们要设计使得行人和驾驶人都采取“谨慎”的机制。

实行过错责任原则的法律体系规定：只有在驾驶人有过失(不谨慎)而行人没有过失(谨慎)的情况下，受害行人才可以获得赔偿；如果行人不谨慎而导致交通事故，驾驶人不承担责任。该博弈的收益矩阵见表 16.3。

表 16.3　实行过错责任原则的收益矩阵

		驾驶人	
		不谨慎	谨慎
行人	不谨慎	−100，0	−100，−10
	谨慎	−10，−100	−20，−10

此时，行人的占优策略是“谨慎”，驾驶人的占优策略也是“谨慎”，我们得到了希望达到的纳什均衡(谨慎，谨慎)。此时的非合作均衡与合作均衡重合。但这里还存在两个问题：

一是要求受害行人对造成伤害发生的机动车一方的过错承担举证责任，这样的做法对作为弱势一方的受害人显然是不利的。

二是在双方都采取“谨慎”策略的情况下，仍然有 10%的概率出现交通事故，由于行人一方更容易受到伤害，却仍然要承担一定的事故成本，这对行人是不公平的。

对第一个问题的解决办法是实行过错推定原则，由于在举证责任上实行倒置，机动车一方如果认为自己没有过错，则应当自己举证证明，能够证明者才能被免除其损害赔偿责任。

对第二个问题的解决办法是将无过错责任原则与过错推定原则相结合。除非由于行人不谨慎而导致交通事故，否则驾驶人就要承担责任。如果双方都谨慎时发生了交通事故，由驾驶人承担费用。此时博弈的收益矩阵见表 16.4。此时的纳什均衡仍然是(谨慎，谨慎)，但均衡解中双方的收益不同，因为行人已经采取“谨慎”的策略，尽量避免交通事故的发生，因而不承担交通事故费用。

表 16.4　实行无过错责任原则与过错推定原则结合的收益矩阵

		驾驶人	
		不谨慎	谨慎
行人	不谨慎	−100，0	−100，−10
	谨慎	−10，−100	<u>−10</u>，<u>−20</u>

我国 2011 年新修订的《中华人民共和国道路交通安全法》(第二次修正)第七十六条规定中关于机动车驾驶人与行人之间发生交通事故的基本归责原则，已经由以前的无过错责任原则改为现在的过错推定原则。第七十六条中规定：“机动车发生交通事故造成人身伤亡、财产损失的，由保险公司在机动车第三者责任强制保险责任限额范围内予以赔偿；不足的部分，按照下列规定承担赔偿责任：……(二)机动车与非机动车驾

驶人、行人之间发生交通事故，非机动车驾驶人、行人没有过错的，由机动车一方承担赔偿责任；有证据证明非机动车驾驶人、行人均有过错的，根据过错程度适当减轻机动车一方的赔偿责任；机动车一方没有过错的，承担不超过百分之十的赔偿责任。交通事故的损失是由非机动车驾驶人、行人故意碰撞机动车造成的，机动车一方不承担赔偿责任。”

新七十六条在维持过错推定原则的同时，明确了非机动车驾驶人、行人有过错情形下机动车一方承担赔偿责任的比例，既能侧重保护道路交通事故受害人的合法权益，又能较好地体现公平原则，进一步增强了可操作性。

从以上的机动车与行人道路交通事故责任的机制设计过程可以看出，应用博弈论的分析可以帮助我们找出结果满意的法律规则。

16.3 阻止审计合谋的机制设计

1. 审计合谋

注册会计师扮演着市场“经济警察”的角色，为维护社会经济的健康与持续发展，发挥着举足轻重的作用。然而，一些注册会计师在提供审计服务的过程中，为了自身利益的最大化而丧失应有的审计独立性、真实性，迎合被审计单位进行财务造假，歪曲提供会计信息的需要而做出虚假证明或虚伪陈述，欺骗审计委托人和社会公众并从中获利，从而陷入审计合谋的“深渊”，给资本市场带来了极其严重的后果。

造成审计合谋的原因很多，缺乏激励制度是重要原因之一。委托人需要提供给注册会计师报酬以激励其提供被审计单位的真实财务信息，然而，被审计单位管理层同样为了自身利益，也将积极地贿赂注册会计师和会计师事务所。所以，在获得的贿赂大大高于委托人提供的报酬并且缺乏相应对审计合谋的检查力度、法律约束淡化情况下，注册会计师有极大的可能性会选择审计合谋，这是作为一个“经济人”的理性考虑的结果。

如何监督审计人员是政府审计系统完善审计监督职能的重要内容。根据国内外学者们的研究，目前对审计合谋现象的治理主要基于两种思路：

第一种思路是通过调整控制审计人员利益所得来引导审计人员选择收益更大(损失更小)的非合谋行为。

第二种思路则是引入第二个审计师，使两个审计师之间形成“囚徒困境”，以防范审计合谋。

我们通过下面的例子，介绍针对这类问题的机制设计。

2. 利用“囚徒困境”阻止审计合谋

假设委托人(政府审计部门)委托某会计师事务所对一家上市公司(以下简称公司)进行审计。审计技术是完美的，即如果被审计的公司存在违规行为，则一定会被注册会计师(以下简称会计师)发现。如果公司存在违规行为而被会计师发现，公司就有动机贿赂会计师，让会计师不要报告其违规行为。假设违规公司贿赂会计师的最高代价是 10 万元，那么，委托人为了激励会计师如实报告，可以设计如下的一种机制：

如果报告“公司未违规”，则支付奖金 0 元；

如果报告“公司违规”，则支付奖金 11 万元。

在这个机制下如果会计师发现公司存在违规行为，他会如实报告。因为他如实报告得到的收益会比接受贿赂多得 1 万元。

如果我们认为支付给会计师的奖金过高，可以雇请两名会计师来进行审计。由于审计技术是完美的，我们可以改进机制如下：

如果两个会计师都谎报，则都得不到奖金；但他们将分享公司的贿赂各得 5 万元的净收益；

如果两个会计师都实报，则既得不到奖金也得不到贿赂，他们的净收益为 0；

如果一个会计师实报，另一个会计师谎报，则对实报的会计师奖励 5.5 万元；对谎报的会计师罚款 11 万元。在这种情况下，实报的会计师净收益为 5.5 万元，谎报的会计师净收益为－1 万元。

两个会计师的净收益见表 16.5。这是一个“囚徒困境”模型。

表 16.5　两个会计师的净收益矩阵　　　　(单位：万元)

		会计师乙	
		实报	谎报
会计师甲	实报	0，0	5.5，－1
	谎报	－1，5.5	5，5

在这个改进的机制下，两个会计师都会选择“实报”，博弈的纳什均衡为(实报，实报)，这个机制的代价是 0。

注意：这里设计的“囚徒困境”博弈是一次性的，隐含的假设是会计师甲与会计师乙没有长期合作关系，因此不太容易默契串谋而谎报。由于审计技术是完美的，如果会计师甲谎报，会计师乙如实报告，则可以肯定会计师甲说谎。根据重复博弈的结论，如果两人有长期的合作关系，有可能两人合谋谎报。通常的解决办法是实行双重审计，而且每次承担同一审计任务的两个机构或两个会计师并不互相熟悉。

16.4　“智猪博弈”与激励机制设计

1. 智猪博弈

猪圈中有一头大猪和一头小猪，假设它们都是有高智商的猪。在猪圈的一端设有一个开关，每踩一下，位于猪圈另一端的食槽中就会有 8 个单位的猪食进槽。但每踩一下开关会耗去相当于 1 个单位猪食的成本。如果小猪去踩开关，大猪在食槽等吃，则大猪吃到 8 个单位食物，小猪只能吃到 −1 单位食物；如果两猪同时去踩开关，两猪同时到食槽，则大猪吃 5 单位食物，小猪吃 1 单位食物；如果大猪去踩开关，小猪在食槽等吃，大猪吃 3 单位食物，小猪吃 4 单位食物。表 16.6 给出这个博弈的收益。

表 16.6 博弈的收益

		小猪	
		踩	等
大猪	踩	5，1	3，4
	等	8，−1	0，0

小猪有占优策略："等"；大猪没有占优策略，大猪只能选择"踩"。该博弈的纳什均衡为：大猪"踩"，小猪"等"。

这种现象称为"搭便车"。现实中有很多类似现象，比如股市上等待庄家"抬轿"的散户；产业市场中每当出现具有赢利能力的新产品时，继而出现的大批仿制品；企业里不创造效益但分享成果的人，等等。

2. 设计激励机制控制"搭便车"现象

"智猪博弈"模型告诉我们：一个企业制度和流程的重要性以及不合理的规则对公司带来的消极影响。这就要求规则的设计者应清楚并慎重地考虑规则制定的适应性、高效性和前瞻性。能否有效控制"搭便车"现象，就要看游戏规则的核心指标设置是否合适。"智猪博弈"模型的核心指标一般来说有两个：食物数量、开关与食槽之间的距离。

那么，如果改变这两个关键条件，"搭便车"的现象会不会杜绝呢？我们考察以下三个改进方案：

(1)减量方案。投食量仅为原来的一半，结果小猪大猪都不去踩开关了。因为如果小猪去踩开关，大猪将会把食物吃完；如果大猪去踩开关，小猪将吃掉 4 单位食物，大猪得到的收益是−1。谁去踩开关，就意味着谁为对方贡献食物，所以谁也不会有踩开关的动力。博弈的收益见表 16.7。如果目的是想让大猪、小猪都去踩开关，这个游戏规则的设计显然是失败的。

表 16.7 减量方案博弈的收益

		小猪	
		踩	等
大猪	踩	3，0	−1，4
	等	4，−1	0，0

(2)增量方案。投食量比原来多一倍。结果大猪、小猪谁想吃谁就会去踩开关，反正对方不会一次把食物吃完。小猪和大猪相当于生活在物质相对丰富的高福利社会里，

所以竞争意识不强。博弈的收益见表 16.8。对于游戏规则的设计者来说，这个规则的成本相当高(每次提供双份的食物)，而且因为竞争不激烈，想让大猪、小猪都去踩开关的效果并不好。

表 16.8　增量方案博弈的收益

		小猪	
		踩	等
大猪	踩	11，3	8，7
	等	13，2	0，0

(3)减量加移位方案。投食量仅为原来的一半，同时将食槽移到开关附近。结果就使小猪和大猪都拼命地抢着踩开关，因为谁等待谁就不得食，而多劳者多得，每次踩开关的收获刚好消费完。博弈的收益见表 16.9。这是一个最佳方案，成本不高，但收获最大。

表 16.9　减量加移位方案博弈的收益

		小猪	
		踩	等
大猪	踩	3，1	4，0
	等	0，4	0，0

“智猪博弈”规则设计的改变，对于企业的经营管理者而言，就是采取不同的激励机制，不同的激励机制对调动员工工作积极性的效果也是不同的。并不是足够多的激励就能充分调动员工的积极性，比如有的公司奖励力度太大，又是持股，又是期权，公司职员个个都成了百万富翁，成本高不说，员工的积极性并不一定很高。这相当于增量方案所描述的情形。

但如果奖励力度不大，而且见者有份(不劳动的“小猪”也有)，那么，一度十分努力的“大猪”也就不会有动力了，就像减量方案所描述的情形。

最好的激励机制设计是减量加移位方案所描述的那样，奖励并非人人有份，而是直接针对个人(如按比例提成)，既节约了成本(对企业而言)，又消除了“搭便车”现象，能实现有效的激励。

从整个社会来讲，要迅速提高整个社会的生产力水平，就需要有一个自身具有很大消费需求的群体，并且需要给他们一定程度的奖励。第三种改变方案反映的就是这种情况，方案中既降低了取食的成本，又能实现有效的激励，遏制了“搭便车”现象。

在“搭便车”博弈中，制胜的关键在于尽可能减少自己的投入，并希望别人独撑大局。在建立团队合作的工作环境时，成功的关键在于要认清“搭便车”问题的存在，并精心设计出相应的机制，全力化解“搭便车”问题产生的因素。

16.5 促进诚信纳税的激励机制设计

征税的过程是国家强制地从纳税人手中取得社会财富的过程，是纳税人无偿地将自身财富贡献给国家的过程，税收分配是社会财富从纳税人向国家单方面转移的过程。国家因征税而增加了经济利益，纳税人因纳税而减少了经济利益。这种经济利益的变化不是建立在等价交换的基础上，是不对等的。税收征纳关系是指税务部门与负有纳税义务的自然人、法人或其他组织相互之间因为征税、纳税而发生的各种关系。诚信纳税是每个公民的义务，但逃税也是各国普遍存在的现象。所谓逃税是指纳税人故意或无意采用非法手段减轻税负的行为，包括隐匿收入、虚开或不开相关发票、虚增可扣除的成本费用等方式逃避税收。在税收征纳关系中，由于纳税人与税务部门存在信息不对称，因而两者是一个逃税与反逃税的博弈关系。在税收征纳关系中，博弈规则指的是激励机制。本节将运用博弈理论研究非对称信息下如何建立税收激励机制。

1. 负激励机制下的博弈模型

对纳税人而言，如果税务部门的行动方案会使纳税人诚信纳税的预期净收益大于逃税所获得的预期净收益，那么纳税人的最优策略选择是诚信纳税；反之，纳税人会想方设法逃避纳税义务。因此，要促进纳税人诚信纳税，税务部门必须设计一个有效的诚信纳税激励机制，使诚信纳税与纳税人追求税后利润最大化的动机并不矛盾。

完善的诚信纳税激励机制，既包括对逃税行为的处罚，也包括对诚信纳税的奖赏。我们称前者为负激励机制，后者为正激励机制。这样的激励机制意味着税务部门不仅通过负激励要加大逃税成本，还要用正激励提高诚信纳税的收益。只有使诚信纳税获取的预期净收益大于逃税的预期净收益时，理性的纳税人才会把诚信纳税作为自己的最优选择。

负激励机制的主要特点是运用检查和罚款等手段威慑纳税人诚信纳税。此时，税务部门将纳税人视为“管制对象”，征纳双方缺少信任和合作。

模型假设：

该博弈有两个参与者：纳税人和税务部门。博弈双方各有两种策略选择：纳税人的策略集是诚信纳税和逃税；税务部门的策略集是检查和不检查。

假定纳税人逃税时，只要税务部门进行税务检查，就能发现纳税人的逃税行为。

模型参数：设 M 为纳税人的应纳税额，t 为纳税人的逃税额(逃税额＝应纳税额－申报纳税额)，C 为税务部门的检查成本，d 为罚款率(按逃税额的 d 倍进行处罚，目前我国税法规定 d 的取值范围是[0.5，5])。博弈双方的收益矩阵见表 16.10。

表 16.10　征税纳税博弈的收益矩阵

		税务部门	
		检查	不检查
纳税人	逃税	$-M-dt$，$M+dt-C$	$-M+t$，$M-t$
	诚实纳税	$-M$，$M-C$	$-M$，M

假设 $t>\frac{C}{1+d}$，在这个假设下，给定税务部门“检查”，纳税人的最优策略选择是“诚信纳税”；给定税务部门“不检查”，纳税人的最优策略选择是“逃税”；给定纳税人“逃税”，税务部门的最优策略选择是“检查”(因为在假设 $t>\frac{C}{1+d}$下，$M+dt-c>M-t$)；给定纳税人“诚信纳税”，税务部门的最优策略选择是“不检查”。所以，该模型不存在纯策略纳什均衡。根据约翰·纳什的结论：该博弈一定存在混合策略纳什均衡。

由表 16.10 可知，纳税人(局中人Ⅰ)的收益矩阵为

$$\boldsymbol{A}=\begin{pmatrix}-M-dt & -M+t\\ -M & -M\end{pmatrix}$$

税务部门(局中人Ⅱ)的收益矩阵为

$$\boldsymbol{B}=\begin{pmatrix}M+dt-C & M-t\\ M-C & M\end{pmatrix}$$

假设纳税人选择策略“逃税”的概率为 x，选择策略“诚实纳税”的概率为 $1-x$；税务部门选择策略“检查”的概率为 y，选择策略“不检查”的概率为 $1-y$。纳税人和税务部门各自对每一个纯策略的期望收益见表 16.11。

表 16.11　纳税人和税务部门各自对每一个纯策略的期望收益

纳税人		税务部门	
逃税的期望收益	$(-M-dt)y+(-M+t)(1-y)$	检查的期望收益	$(M+dt-C)x+(M-C)(1-x)$
诚实纳税的期望收益	$-My-M(1-y)$	不检查的期望收益	$(M-t)x+M(1-x)$

根据“合理性原则”，纳税人选择“逃税检查”和“诚实纳税”的概率 x 和 $1-x$ 一定要使税务部门选择“检查”和“不检查”的期望收益相等，即 x 的选择应满足关系式：

$$(M+dt-c)x+(M-C)(1-x)=(M-t)x+M(1-x)$$

解之得 $x=\frac{C}{(1+d)t}$，从而　　$1-x=\frac{(1+d)t-C}{(1+d)t}$

注意：因为 $x=\frac{C}{(1+d)t}<1$，则 $t>\frac{C}{1+d}$。这就解释了假设 $t>\frac{C}{1+d}$的合理性。

在这个博弈中，纳税人为税务部门计算期望收益，并使两种策略的期望收益相等，这看起来有点奇怪，其实这正是合理性原则的体现。因为这样做可以使纳税人的期望收益达到最大，纳税人的真正目的是让税务部门只能随机地选择自己的策略。

同理，税务部门选择“检查”和“不检查” 的概率 y 和 $1-y$，一定要使纳税人选择“逃税”和“诚实纳税”的期望收益相等，即 y 的选择应满足关系式：

$$(-M-dt)y+(-M+t)(1-y)=-My+(-M)(1-y)$$

解之得 $y=\frac{1}{1+d}$，从而 $1-y=\frac{d}{1+d}$。因此

纳税人以混合策略

$$\boldsymbol{X}^*=(x_1^*,x_2^*)=\left(\frac{C}{(1+d)t},\frac{(1+d)t-C}{(1+d)t}\right)$$

的概率选择策略“逃税”和“诚实纳税”；

税务部门以混合策略

$$\boldsymbol{Y}^*=(y_1^*,y_2^*)=\left(\frac{1}{1+d},\frac{d}{1+d}\right)$$

的概率选择策略“检查”和“不检查”。

在混合策略($\boldsymbol{X}^*$，$\boldsymbol{Y}^*$)下，由

$$\boldsymbol{B}=\begin{pmatrix}M+dt-c & M-t\\ M-c & M\end{pmatrix}$$

税务部门的期望收益为

$$\begin{aligned}E_2(\boldsymbol{X}^*,\boldsymbol{Y}^*)&=\sum_{i=1}^{2}\sum_{j=1}^{2}b_{ij}x_i^*y_j^*\\&=(M+dt-C)x_1^*y_1^*+(M-t)x_1^*y_2^*+(M-C)x_2^*y_1^*+Mx_2^*y_2^*\\&=M-\frac{C}{1+d}\end{aligned}$$

由 $x_1^*=\frac{C}{(1+d)t}$可以看出，纳税人逃税的概率与罚款率成反比，提高罚款率可以降低纳税人逃税的概率。这似乎意味着只要使用严厉的处罚制度就能遏制逃税行为。但事实并非如此。根据 $y_1^*=\frac{1}{1+d}$可得，税务部门检查的概率与罚款率成反比，处罚越重，税务部门检查的概率就越低。然而，在检查率较低的情况下使用最严厉的处罚制度，会加剧社会不公。因为被检查的逃税者和未被检查的逃税者将受到天壤之别的待遇。对那些胆大妄为或已成习惯的逃税者而言，如果查获率低，即使处罚力度再高(如1994 年我国新税制改革以来，对情节严重的增值税犯罪分子处于死刑)，也难以遏制其逃税倾向。

长期以来，受“管制型”税收征管思维定式的影响，我国诚信纳税激励机制以负激

励为主，忽视正激励手段的运用。

由前面的分析可知：逃税程度与逃税者被查获的概率及被惩罚的力度有关，查获概率越高、惩罚力度越大，逃税现象会越少。因为负激励手段的运用有助于建立威慑惩罚约束机制，加大逃税成本的风险系数。但过分地强调负激励手段，使用稽查、惩罚等强制措施，只能是威慑纳税人遵从税法。此时，纳税人诚信纳税主要源于威慑因素，诚信纳税是被逼出来的。过分强调负激励手段的运用，尤其是过高的稽查率会使诚信纳税人认为税务部门不信任纳税人，从而产生抵触心理，削弱自愿诚信纳税的内在动机。这种被逼出来的诚信纳税是屈服性税收遵从，不具有长期性和稳定性，不利于和谐税收征纳双方的关系构建。并且，受征纳双方信息不对称的影响，税务部门的监督能力是有限的，不可能完全查获所有违法行为。这意味着要消除不诚信纳税行为，仅靠负激励手段是不够的。

国家税务总局在总结试点地区经验的基础上于 2003 年发布了《纳税信用等级评定管理试行办法》，这是我国目前施行的唯一的激励制度。《办法》中规定纳税等级为 A 级（级别最高）的纳税人可以享受简化办税手续、放宽发票限量等优惠。这些优惠措施属于隐性物质激励手段，可以降低诚信纳税人的纳税遵从成本。但一些被证明更为有效的激励方式，如显性物质激励和精神激励并没有出现在我国诚信纳税激励机制中。我国尚未建立起一个完整的纳税人诚信纳税激励机制，激励手段过于单一影响了激励效果。

经济学家詹姆斯·麦基尔·布坎南(James Mcgill Buchanan，1919—2013。他将政治决策的分析同经济理论结合起来，使经济分析扩大和应用到社会—政治法规的选择，1986 年获诺贝尔经济学奖）认为："要改变一种游戏或竞争的结果，改变参加竞争的人并不重要，改变竞争规则最重要。"因此，要促进纳税人诚信纳税，最根本的还是从制度入手，在税制设计中增加激励因素。

2. 正、负双激励机制下的博弈模型

由于威慑因素对纳税遵从的影响是有限的，只有实施奖惩并用、恩威并施的政策，才能从根本上促进纳税人诚信纳税。因此，下面引入奖励变量 $m(m<C)$。它是指纳税人未被查出逃税时，税务部门给予的奖励。由于纳税人选择策略"逃税"的概率为 x，税务部门选择策略"检查"的概率 y，则纳税人未被查出逃税的概率为 $1-xy$，包含三种情况：纳税人诚信纳税且税务部门检查；纳税人诚信纳税且税务部门不检查；纳税人逃税且税务部门不检查。奖励方式可以是物质奖励或精神奖励。

(1) 引入物质奖励后的博弈模型

西方国家历来重视对纳税人的物质激励，从而提高了纳税人诚信纳税的积极性。如美国私人银行可以用税收信用额度来抵消应付所得税款；日本对纳税记录良好的个人所得税纳税人工资收入中支付给共同生活的亲友的部分，允许作为费用列支；意大利政府对税收信用好的企业实行科研税收让税政策。下面尝试设计以下激励机制：如果纳税人连续三年未被查出逃税，则可以享受固定的扣除额 m 。第四年征税时，纳税人与税务部门的博弈见表 16.12。

表 16.12　引入物质奖励后征税纳税博弈的收益矩阵

		税务部门	
		检查	不检查
纳税人	逃税	$-M-dt$，$M+dt-C$	$\underline{-M+t+m}$，$M-t-m$
	诚实纳税	$\underline{-M+m}$ ，$M-C-m$	$-M+m$，$\underline{M-m}$

当 $t>\dfrac{C-m}{1+d}>0$ 时，由划线法可知该博弈不存在纯策略纳什均衡。根据奇数定理，应存在一个混合策略纳什均衡。用类似前面的方法求得该博弈的混合策略纳什均衡为（$\boldsymbol{X}^{**}$，$\boldsymbol{Y}^{**}$），其中

$$\boldsymbol{X}^{**}=(x_1^{**},x_2^{**})=\left(\frac{C}{t+dt+m},1-\frac{C}{t+dt+m}\right)$$

$$\boldsymbol{Y}^{**}=(y_1^{**},y_2^{**})=\left(\frac{t}{t+dt+m},1-\frac{t}{t+dt+m}\right)$$

即纳税人以 $x_1^{**}=\dfrac{C}{t+dt+m}$的概率选择逃税；

税务部门以 $y_1^{**}=\dfrac{t}{t+dt+m}$的概率选择检查。

显然，

$$x_1^{**}=\frac{C}{t+dt+m}<\frac{C}{t+dt}=x_1^{*}\text{，}y_1^{**}=\frac{t}{t+dt+m}<\frac{1}{1+d}=y_1^{*}$$

这表明物质奖励可以降低纳税人的逃税概率和税务部门的检查概率。

在混合策略($\boldsymbol{X}^{*}$，$\boldsymbol{Y}^{*}$)下，由

$$\boldsymbol{B}=(\bar{b}_{ij})=\begin{pmatrix}M+dt-C & M-t-m\\ M-C-m & M-m\end{pmatrix}$$

得到税务部门的期望收益为

$$\begin{aligned}E_2(X^{**},Y^{**})&=\sum_{i=1}^{2}\sum_{j=1}^{2}\bar{b}_{ij}x_i^{**}y_j^{**}\\&=(M+dt-C)x_1^{**}y_1^{**}+(M-t-m)x_1^{**}y_2^{**}\\&\quad+(M-C-m)x_2^{**}y_1^{**}+(M-m)x_2^{**}y_2^{**}\\&=M-m+\frac{Ct}{t+dt+m}\end{aligned}$$

由于 $t>\dfrac{C-m}{1+d}>0$，可以证明

$$M-m+\frac{Ct}{t+dt+m}<M-\frac{C}{1+d} \tag{1}$$

即 $E_2(X^{**}, Y^{**})<E_2(X^{*}, Y^{*})$(此式表明税务部门的期望收益降低了)

事实上，要证明(1)式成立，只需证明

当 $t>\frac{C-m}{1+d}$时，有

$$m+\frac{Ct}{t+dt+m}-\frac{C}{1+d}>0 \tag{2}$$

因为

$$\begin{aligned}
&m+\frac{Ct}{t+dt+m}-\frac{C}{1+d}\\
&=\frac{1}{(t+dt+m)(1+d)}\{[m(1+d)+m](1+d)-\\
&\quad C[t(1+d)+m]+Ct(1+d)\}\\
&=\frac{1}{(t+dt+m)(1+d)}[t(1+d)^2+m(1+d)-C]
\end{aligned}$$

再由于 $t>\frac{C-m}{1+d}>0$，故我们只需证明

$$t(1+d)^2+m(1+d)-C>0 \tag{3}$$

而

$$\begin{aligned}
&t(1+d)^2+m(1+d)-C\\
&>\frac{C-m}{1+d}(1+d)^2+m(1+d)-C\\
&=(C-m)(1+d)+m(1+d)-C\\
&=Cd>0
\end{aligned}$$

所以(3)式成立，故(2)式成立，由此证明了(1)式成立。

综上分析，我们得到的结论是：虽然给予纳税人物质奖励可以促进纳税人诚信纳税、减轻税务部门的检查压力，但降低了税务部门的期望收益。筹集财政收入是税收最基本的职能。过度使用物质奖励会导致税务部门无法履行该职能，与税收无偿性相悖。因此，在激励纳税人诚信纳税时，应将物质奖励控制在税法允许范围内。

(2)引入精神奖励后的博弈模型

在西方，只要查出逃税行为，税务部门就会将逃税行为人的名单公之于众，从而增加纳税人逃税的心理成本。如在美国，缺乏税收信用记录或税收信用记录差的法人纳税人难以在业界生存和发展，信用记录差的个人纳税人在消费信贷、教育申请等诸多方面都会受到很大制约；英国对于有骗、欠、逃税行为的纳税人，可以通过社会信用系统降低其信用额，使其在向银行申请借贷信用额度、应聘政府部门工作时遇到困难。我们尝试在激励机制设计中反其道而行，主张在税收征管中应注重精神奖励。精

神奖励的对象不仅包括未被查出逃税行为的纳税人，还包括查出逃税行为的征管者，因为其有效执行税收法规，是一个严格的执法者。不妨假设精神奖励给纳税人和征管者带来的收益(或许并不是直接的)是相等的，均为 m。此时，博弈双方的支付矩阵见表 16.13。

表 16.13　引入精神奖励后征税纳税博弈的收益矩阵

		税务部门	
		检查	不检查
纳税人	逃税	$-M-dt, M+dt-C+m$	$-M+t+m, M-t$
	诚实纳税	$-M+m, M-C$	$-M+m, M$

当 $t>\dfrac{C-m}{1+d}$时，该博弈不存在纯策略纳什均衡。根据奇数定理判断：应存在一个混合策略纳什均衡($\boldsymbol{X}^{***}$，$\boldsymbol{Y}^{***}$)。在混合策略下，由

$$\boldsymbol{B}=(\bar{\bar{b}}_{ij})=\begin{pmatrix} M+dt-C+m & M-t \\ M-C & M \end{pmatrix}$$

用类似前面的方法求得该博弈的混合策略纳什均衡为($\boldsymbol{X}^{***}$，$\boldsymbol{Y}^{***}$)，其中

$$\boldsymbol{X}^{***}=(x_1^{***},x_2^{***})=\left(\frac{C}{t+dt+m},1-\frac{C}{t+dt+m}\right)$$

$$\boldsymbol{Y}^{***}=(y_1^{***},y_2^{***})=\left(\frac{C}{t+dt+m},1-\frac{C}{t+dt+m}\right)$$

可以看出，在负激励机制基础上引入精神奖励后：

纳税人以 $x_1^{***}=\dfrac{C}{t+dt+m}$的概率选择策略“逃税”；

税务部门以 $y_1^{***}=\dfrac{t}{t+dt+m}$的概率选择策略“检查”。

这与引入物质奖励后的博弈模型的均衡解是相同的。也就是说，奖励方式虽然不同，但在降低逃税概率和检查概率的作用上是相同的。

这时，税务部门的期望收益为

$$\begin{aligned} E_2(\boldsymbol{X}^{***},\boldsymbol{Y}^{***}) &= \sum_{i=1}^{2}\sum_{j=1}^{2}\bar{\bar{b}}_{ij}x_i^{***}y_j^{***} \\ &= (M+dt-C)x_1^{***}y_1^{***}+(M-t-m)x_1^{***}y_2^{***}+ \\ &\quad (M-C-m)x_2^{***}y_1^{***}+(M-m)x_2^{***}y_2^{***} \\ &= M-\frac{Ct}{t+dt+m} \end{aligned}$$

显然

$$M-\frac{Ct}{t+dt+m}>M-\frac{C}{1+d}$$

即

$$E_2(\boldsymbol{X}^{***},\boldsymbol{Y}^{***}) > E_2(\boldsymbol{X}^{*},\boldsymbol{Y}^{*})$$

这就表明税务部门的期望收益高于负激励机制下税务部门的期望收益。

综上分析，结论是：精神奖励优于物质奖励，并不以破坏税收的财政职能为代价换取较低的逃税概率。

进一步的，由 $x_1^{***}=\dfrac{C}{t+dt+m}$ 可知，博弈的纳什均衡与纳税人的逃税额 t、税务部门的检查成本 C、罚款倍数 d 以及奖励 m 有关。要激励纳税人诚信纳税，除了降低检查成本和提高罚款倍数外，还可以运用物质奖励与精神奖励。

哈佛大学的心理学家和行为科学家斯金纳的强化理论（1956）认为：人或动物为了达到某种目的会采取一定的行为作用于环境。当这种行为的后果对他有利时，这种行为就会在以后重复出现；不利时，这种行为就会减弱或消失。人们可以用这种正强化或负强化的办法来影响行为的后果，从而修正其行为。在管理上，正强化就是奖励那些组织上需要的行为，从而加强这种行为；负强化就是惩罚那些与组织不相容的行为，从而削弱这种行为。正强化的方法包括奖金、对成绩的认可、表扬、改善工作环境和人际关系、提升、安排担任挑战性的工作、给予学习和成长的机会等。负强化的方法包括批评、处分、降级等，有时不给予奖励或少给奖励也是一种负强化。强化理论认为，正强化比负强化更有效。所以在强化手段的运用上，应以正强化为主；同时必要时也要对坏的行为给以惩罚，做到奖惩结合。

好的机制设计能够产生正向激励，而不好的机制设计则会产生反向激励。博弈论的精准数量分析结合心理学和行为科学理论研究结果给了我们重要的启示：在促进诚信纳税的激励机制设计过程中，应重视正激励手段的运用，通过各种适当的奖励方式以引导和强化人们的内在驱动力，从而使诚信纳税行为得以巩固、保持和加强。

本章小结

机制设计理论讨论的一般问题是：对于任意给定的一个经济或社会目标，在自由选择、自愿交换、信息不完全等分散化决策条件下，能否设计以及怎样设计出一个机制，即构造什么样的博弈形式和规则，使活动参与者的个人利益和设计者既定的目标一致。

要注意机制设计理论与传统经济学的研究路径和方法有所不同。传统经济学把市场机制作为已知，研究它能导致什么样的配置；机制设计理论把社会目标作为已知，通过设计博弈的具体形式和规则，在满足参与者各自条件约束的情况下，使参与者在自利行为下选择的策略的相互作用能够让配置结果与预期目标相一致。信息效率和激励相容是机制设计理论中两个重要概念，信息效率涉及机制运行的成本，激励相容涉及在给定机制下，参与者能够如实报告自己的私人信息，使个人理性和集体理性一致。

机制设计理论追求的是设计出一个资源配置效率符合帕累托最优标准、信息效率高且激励相容的机制。

练习 16

1. 阐述社会机制设计的一般过程。

2. 采购机制设计。假如你是一家公司的采购员，正决定向 3 家供应商采购 150 万只配件，每只配件的生产成本是 6 元。假定市场上只有你的公司能给他们如此大的订单，且近期这 3 家供应商只有这一次向你公司供货的机会。如果你分别向 3 家供应商各订购 50 万只，则每个供应商就会把价格定在每只 10 元，从而每个供应商将获利 200 万元，你将支付 1500 万元。如果总经理只给你 1200 万元采购费，你怎样设计才能完成这次采购任务?

提示：利用机制设计思想设计一种采购机制。

3. 设纳税人的应纳税额 M 为 100 万元，纳税人的逃税额 t 为 10 万元，税务部门的检查成本 C 为 1 万元，罚款率 d 为 5，精神奖励给纳税人和征管者带来的收益 m 为 2 万元。分别计算在负激励机制下和引入物质奖励激励机制后的征纳税博弈的混合策略纳什均衡，并计算、比较税务部门的期望收益。

4. 我国消费者在购物时，往往不习惯于索要购物发票，而某些商家实行的不开发票可以优惠的做法，也加剧了人们购物不要发票的倾向。对于商家来说，不开发票逃避了税收，对于购物者来说，不开发票少掏了腰包，因此从私人的角度来看，不开发票似乎是一种最优选择；但是不开发票却导致了税款流失，国家财政收入减少又将影响国家职能的发挥，损害了集体的利益。所以，从集体的角度来看，不开发票绝不是一种最优选择。这里，个人最优与集体最优产生了冲突。通过行政办法解决这一冲突必然会因成本高昂而收效甚微。请你从机制设计的思想出发，尝试为税务部门设计一种解决这一问题的机制。

附录　数学预备知识

1. 几个常用数学公式

(1)等比数列求和

首项 $a\neq0$，公比 $r\neq1$ 的等比数列 a，ar，ar^2，…，ar^{n-1}，…的前 n 项和为

$$S_n=a+ar+ar^2+\cdots+ar^{n-1}=\frac{a(1-r^n)}{1-r}$$

当 $-1<r<1$ 时，等比数列 a，ar，ar^2，…，ar^{n-1}，…的无穷项的和为

$$S=a+ar+ar^2+\cdots+ar^{n-1}+\cdots\cdots=\frac{a}{1-r},\quad -1<r<1$$

(2) max,min,$\sum_{i=1}^{n}x_i$,$\sum_{i=1}^{m}\sum_{j=1}^{n}a_{ij}x_iy_j$ 的含义

已知实数 x_1，x_2，…，x_n，则

$\max\{x_1, x_2, \cdots, x_n\}$或$\max\limits_{1\leqslant i\leqslant n}\{x_i\}$表示这 n 个数的最大值；

$\min\{x_1, x_2, \cdots, x_n\}$或$\min\limits_{1\leqslant j\leqslant n}\{x_j\}$表示这 n 个数的最小值。

$$\sum_{i=1}^{n}x_i=x_1+x_2+\cdots+x_n$$

$$\begin{aligned}\sum_{i=1}^{m}\sum_{j=1}^{n}a_{ij}x_iy_j&=\sum_{j=1}^{n}a_{1j}x_1y_j+\sum_{j=1}^{n}a_{2j}x_2y_j+\cdots+\sum_{j=1}^{n}a_{mj}x_my_j\\&=a_{11}x_1y_1+a_{12}x_1y_2+\cdots+a_{1n}x_1y_n+a_{21}x_2y_1+a_{22}x_2y_2+\cdots+\\&\quad a_{2n}x_2y_n+\cdots+a_{m1}x_my_1+a_{m2}x_my_2+\cdots+a_{mn}x_my_n\end{aligned}$$

特别地

$$\begin{aligned}\sum_{i=1}^{2}\sum_{j=1}^{2}a_{ij}x_iy_j&=\sum_{j=1}^{2}a_{1j}x_1y_j+\sum_{j=1}^{2}a_{2j}x_2y_j\\&=a_{11}x_1y_1+a_{12}x_1y_2+a_{21}x_2y_1+a_{22}x_2y_2\end{aligned}$$

(3)阶乘：　　$n!=n(n-1)\cdot\cdots\cdot2\cdot1$；$0!=1$

(4)组合公式：　　$C_n^m=\dfrac{n!}{m!\,(n-m)!}$

2. 关于集合与子集合

对于两个非空集合 A 与 B，如果集合 A 的任何一个元素都是集合 B 的元素，我们

就说 $A\subseteq B$(读作 A 含于 B)，称集合 A 是集合 B 的子集。

如果 $A\subseteq B$，而集合 B 中至少有一个元素不属于集合 A，则称集合 A 是集合 B 的真子集。任何一个集合是它本身的子集。

规定：空集$\varnothing$是任何集合的子集，是任何非空集合的真子集。空集的子集是它本身。如果一个集合有 n 个元素，那么它的子集有 2^n 个(注意空集$\varnothing$的存在)，非空子集有 2^n-1 个。

例如：集合 $A=\{a, b, c\}$的非空子集有 $2^3-1=7$ 个：

$$\{a\},\{b\},\{c\},\{a,b\},\{a,c\},\{b,c\},\{a,b,c\}$$

集合 $A=\{a, b, c, d\}$的非空子集有 $2^4-1=15$ 个：

$$\{a\},\{b\},\{c\},\{d\},\{a,b\},\{a,c\},\{a,d\},\{b,c\},\{b,d\},\{c,d\}$$
$$\{a,b,c\},\{a,b,d\},\{a,c,d\},\{b,c,d\}$$
$$\{a,b,c,d\}$$

集合 $A=\{a, b, c, d, e\}$的非空子集有 $2^5-1=31$ 个：

$$\{a\},\{b\},\{c\},\{d\},\{e\}$$
$$\{a,b\},\{a,c\},\{a,d\},\{a,e\},\{b,c\},\{b,d\},\{b,e\},\{c,d\},\{c,e\},\{d,e\}$$
$$\{a,b,c\},\{a,b,d\},\{a,b,e\},\{a,c,d\},\{a,c,e\},\{a,d,e\},\{b,c,d\}$$
$$\{b,c,e\},\{b,d,e\},\{c,d,e\}$$
$$\{a,b,c,d\},\{a,b,c,e\},\{a,b,d,e\},\{a,c,d,e\},\{b,c,d,e\}$$
$$\{a,b,c,d,e\}$$

3. 关于向量与矩阵的概念

(1)向量：在线性代数中的向量是指 n 个实数组成的有序数组，称为 n 维向量。例如，$\boldsymbol{X}=(x_1, x_2, \cdots, x_n)$是 n 维行向量，其中 x_i 称为 $\boldsymbol{X}=(x_1, x_2, \cdots, x_n)$的第 i 个分量；$\boldsymbol{X}^{\mathrm{T}}=(x_1, x_2, \cdots, x_n)^{\mathrm{T}}=\begin{pmatrix}x_1\\x_2\\\vdots\\x_n\end{pmatrix}$表示向量 $\boldsymbol{X}=(x_1, x_2, \cdots, x_n)$的转置，是 n 维列向量。特别地，向量 $\boldsymbol{X}\geqslant 0$ 表示 $\boldsymbol{X}$ 的每个分量均大于或等于 0。

(2)矩阵：在数学名词中，矩阵用来表示统计数据等方面的各种有关联的数据。例如：

$\boldsymbol{A}=\begin{pmatrix}1&2\\3&4\end{pmatrix}$，$\boldsymbol{B}=\begin{pmatrix}a_{11}&a_{12}\\a_{21}&a_{22}\end{pmatrix}$都是 2×2 矩阵，而

$\boldsymbol{A}=\begin{pmatrix}1&2&3\\4&5&6\\7&8&9\end{pmatrix}$，$\boldsymbol{B}=\begin{pmatrix}b_{11}&b_{12}&b_{13}\\b_{21}&b_{22}&b_{23}\\b_{31}&b_{32}&b_{33}\end{pmatrix}$都是 3×3 矩阵。

一般，$m\times n$ 矩阵表示为

$$\boldsymbol{A}=\begin{pmatrix} a_{11} & a_{12} & \cdots & a_{1n} \\ a_{21} & a_{22} & \cdots & a_{2n} \\ \vdots & \vdots & & \vdots \\ a_{m1} & a_{m2} & \cdots & a_{mn} \end{pmatrix}$$

经常简记为 $\boldsymbol{A}=[a_{ij}]_{m\times n}$。

(3)双矩阵

一般，$m\times n$ 双矩阵表示为

$$\begin{pmatrix} (a_{11},b_{11}) & (a_{12},b_{12}) & \cdots & (a_{1n},b_{1n}) \\ (a_{21},b_{21}) & (a_{22},b_{22}) & \cdots & (a_{2n},b_{2n}) \\ \vdots & \vdots & & \vdots \\ (a_{m1},b_{m1}) & (a_{m2},b_{m2}) & \cdots & (a_{mn},b_{mn}) \end{pmatrix}$$

4. 关于向量与矩阵的计算

(1)向量的加法

向量 $\boldsymbol{X}=(x_1,\ x_2,\ \cdots,\ x_n)$与向量 $\boldsymbol{Y}=(y_1,\ y_2,\ \cdots,\ y_n)$相加定义为

$$\boldsymbol{X}+\boldsymbol{Y}=(x_1+y_1,x_2+y_2,\cdots,x_n+y_n)$$

例如：向量 $\boldsymbol{X}=(1,\ 2,\ 3)$与向量 $\boldsymbol{Y}=(4,\ 5,\ 6)$的和为 $\boldsymbol{X}+\boldsymbol{Y}=(5,\ 7,\ 9)$。

注意：只有相同维数的向量才能相加减。

(2)矩阵的加法

两个同阶(有相同的行数、相同的列数)的矩阵可以相加，它们的和定义为由对应的元素的和构成的矩阵，即如果矩阵

$$\boldsymbol{A}=\begin{pmatrix} a_{11} & a_{12} & \cdots & a_{1n} \\ a_{21} & a_{22} & \cdots & a_{2n} \\ \vdots & \vdots & & \vdots \\ a_{m1} & a_{m2} & \cdots & a_{mn} \end{pmatrix},\ \boldsymbol{B}=\begin{pmatrix} b_{11} & b_{12} & \cdots & b_{1n} \\ b_{21} & b_{22} & \cdots & b_{2n} \\ \vdots & \vdots & & \vdots \\ b_{m1} & b_{m2} & \cdots & b_{mn} \end{pmatrix}$$

则两个矩阵的和定义为

$$\boldsymbol{C}=\boldsymbol{A}+\boldsymbol{B}=\begin{pmatrix} a_{11}+b_{11} & a_{12}+b_{12} & \cdots & a_{1n}+b_{1n} \\ a_{21}+b_{21} & a_{22}+b_{22} & \cdots & a_{2n}+b_{2n} \\ \vdots & \vdots & & \vdots \\ a_{m1}+b_{m1} & a_{m2}+b_{m2} & \cdots & a_{mn}+b_{mn} \end{pmatrix}$$

(3)标量与矩阵的乘法

标量 α 与矩阵 $\boldsymbol{A}=\begin{pmatrix} a_{11} & a_{12} & \cdots & a_{1n} \\ a_{21} & a_{22} & \cdots & a_{2n} \\ \vdots & \vdots & & \vdots \\ a_{m1} & a_{m2} & \cdots & a_{mn} \end{pmatrix}$的乘法定义为

$$\alpha A=\alpha\begin{pmatrix}a_{11}&a_{12}&\cdots&a_{1n}\\a_{21}&a_{22}&\cdots&a_{2n}\\\vdots&\vdots&&\vdots\\a_{m1}&a_{m2}&\cdots&a_{mn}\end{pmatrix}=\begin{pmatrix}\alpha a_{11}&\alpha a_{12}&\cdots&\alpha a_{1n}\\\alpha a_{21}&\alpha a_{22}&\cdots&\alpha a_{2n}\\\vdots&\vdots&&\vdots\\\alpha a_{m1}&\alpha a_{m2}&\cdots&\alpha a_{mn}\end{pmatrix}$$

(4)向量与矩阵的乘法

向量 $\boldsymbol{X}=(x_1,\ x_2,\ \cdots,\ x_m)$与矩阵 $\boldsymbol{A}=\begin{pmatrix}a_{11}&a_{12}&\cdots&a_{1n}\\a_{21}&a_{22}&\cdots&a_{2n}\\\vdots&\vdots&&\vdots\\a_{m1}&a_{m2}&\cdots&a_{mn}\end{pmatrix}$的乘法：乘积

$$\boldsymbol{XA}=(x_1,x_2,\cdots,x_m)\begin{pmatrix}a_{11}&a_{12}&\cdots&a_{1n}\\a_{21}&a_{22}&\cdots&a_{2n}\\\vdots&\vdots&&\vdots\\a_{m1}&a_{m2}&\cdots&a_{mn}\end{pmatrix}$$
$$=(a_{11}x_1+a_{21}x_2+\cdots+a_{m1}x_m,\quad a_{12}x_1+a_{22}x_2+\cdots+a_{m2}x_m,\ \cdots,\ a_{1n}x_1+a_{2n}x_2+\cdots+a_{mn}x_m)$$

是一个 n 维行向量。

矩阵 $\boldsymbol{A}=\begin{pmatrix}a_{11}&a_{12}&\cdots&a_{1n}\\a_{21}&a_{22}&\cdots&a_{2n}\\\vdots&\vdots&&\vdots\\a_{m1}&a_{m2}&\cdots&a_{mn}\end{pmatrix}$与向量 $\boldsymbol{Y}=\begin{pmatrix}y_1\\y_2\\\vdots\\y_n\end{pmatrix}$的乘法；乘积

$$\boldsymbol{AY}=\begin{pmatrix}a_{11}&a_{12}&\cdots&a_{1n}\\a_{21}&a_{22}&\cdots&a_{2n}\\\vdots&\vdots&&\vdots\\a_{m1}&a_{m2}&\cdots&a_{mn}\end{pmatrix}\begin{bmatrix}y_1\\y_2\\\vdots\\y_n\end{bmatrix}=\begin{pmatrix}a_{11}y_1+a_{12}y_2+\cdots+a_{1n}y_n\\a_{21}y_1+a_{22}y_2+\cdots+a_{2n}y_n\\\vdots\\a_{m1}y_1+a_{m2}y_2+\cdots+a_{mn}y_n\end{pmatrix}$$

是一个 m 维列向量。

当矩阵 $\boldsymbol{A}=\begin{pmatrix}a_{11}&a_{12}&\cdots&a_{1n}\\a_{21}&a_{22}&\cdots&a_{2n}\\\vdots&\vdots&&\vdots\\a_{n1}&a_{n2}&\cdots&a_{nn}\end{pmatrix}$

向量 $\boldsymbol{X}=(x_1,\ x_2,\ \cdots,\ x_n)$，$\boldsymbol{Y}=(y_1,\ y_2,\ \cdots,\ y_n)$时，乘积

$$\boldsymbol{XAY}^{\mathrm{T}}=(x_1,x_2,\cdots,x_n)\begin{pmatrix}a_{11}&a_{12}&\cdots&a_{1n}\\a_{21}&a_{22}&\cdots&a_{2n}\\\vdots&\vdots&&\vdots\\a_{n1}&a_{n2}&\cdots&a_{nn}\end{pmatrix}\begin{pmatrix}y_1\\y_2\\\vdots\\y_n\end{pmatrix}=\sum_{i=1}^{n}\sum_{j=1}^{n}a_{ij}x_iy_j$$

是一个标量，即实数。

例如：当向量$\boldsymbol{A}=\begin{pmatrix}5 & 7\\ 4 & 6\end{pmatrix}$，$\boldsymbol{X}=(x_1,\ x_2)$，$\boldsymbol{Y}=(y_1,\ y_2)$时，

$$\boldsymbol{XAY}^{\mathrm{T}}=(x_1,x_2)\begin{pmatrix}5 & 7\\ 4 & 6\end{pmatrix}\begin{bmatrix}y_1\\ y_2\end{bmatrix}=\sum_{i=1}^{2}\sum_{j=1}^{2}a_{ij}x_iy_j$$
$$=5x_1y_1+7x_1y_2+4x_2y_1+6x_2y_2$$

5. 关于概率与数学期望

(1)随机试验：可以在相同的条件下重复进行，并且每次试验的结果事先不可预知的试验，称为随机试验。

(2)随机事件：在随机试验中，可能发生也可能不发生的事件，称为随机事件，简称事件。

(3)事件的概率(统计定义)：如果在n次重复试验中事件A发生了m次，当n无限增大时，比值m/n稳定地在某一个常数p附近摆动，且n越大，摆动幅度越小，则称此常数p为事件A的概率，记为$p(A)$。

(4)数学期望：一个随机事件X有n个结果，把第一种的结果值记为x_1，它发生的概率记为p_1；第二种结果值记为x_2，它发生的概率为p_2，…，第n种结果值记为x_n，它发生的概率记为p_n。那么，随机事件X的数学期望定义为

$$E(X)=x_1p_1+x_2p_2+\cdots+x_np_n$$

参考答案

第一篇　认识博弈论

练习 1

1. 本章开始提出的七个问题中，参与决策的人数多于一个，每个人都希望自己的收益最大，但每个人的收益不但取决于自己的决策，还要取决于其他参与者的决策。这些性质是这些问题所共有的。

2. 回答下列问题：

(1)博弈论是交互式条件下"最优理性决策"，即博弈的每个参与者都希望能以其偏好获得最大的满足。

(2)"囚徒困境"揭示了：个体理性的选择与群体理性选择之间的矛盾，从个体利益出发的行为往往不能实现团体的最大利益；同时也揭示了市场理性本身的内在矛盾，从个体理性出发的行为最终也不一定能真正实现个体的最大利益，甚至会得到相当差的结果。"囚徒困境"模型动摇了传统社会学、经济学理论的基础，导致经济学的重大革命。

3. 博弈论研究中涉及的决策者至少为两个；博弈论中存在信息的不对称；博弈论考虑了其他决策者的决策对自身利益的影响。

练习 2

1. 手势博弈的标准式表示见下表。

		乙		
		石头	剪刀	布
甲	石头	(0，0)	(1，−1)	(−1，1)
	剪刀	(−1，1)	(0，0)	(1，−1)
	布	(1，−1)	(−1，1)	(0，　0)

2. 取硬币游戏。取硬币博弈存在最优战略，对于甲，其最优战略是第一轮从第二行取出一枚硬币，不管乙怎么取硬币，甲都将拿走乙留下的任意一枚硬币。

对于乙，若甲留下一行硬币，则全部拿走；否则，取出任意一枚硬币。

结论：若甲实行最优战略，则必将获得游戏胜利。

3. 取硬币游戏(续)。假设游戏都由局中人甲开始第一轮。

(1)对策略的选择有影响。

(2)当第三行有一枚硬币时：甲只需要取走第二行的两枚硬币，就能保证获胜。

当第三行有两枚硬币时：甲首轮需要取走第一行的一枚硬币。接下来如果乙取走第二行的一枚硬币，那么甲接下来就应该取走第三行的一枚硬币；如果乙取走第三行的一枚硬币，那么甲接下来就应该取走第二行的一枚硬币；然后，乙只能取走余下两枚硬币中的一枚(因为这两枚硬币不同行)，最后，甲取走最后一枚硬币。如果乙取走第二行或第三行的两枚硬币，那么甲只需要取走余下的两枚硬币就可以获胜。

当第三行有三枚硬币时：甲首轮仍然要取走第一行的一枚硬币。接下来，如果乙取走第二行或者第三行的全部硬币，甲再取走剩余的硬币就可以获胜；如果乙只取走第二行或者第三行的部分硬币，那么无论他怎样取，甲都可以使自己取完之后剩余不同行的两枚硬币。最终甲获胜。

4. 价格博弈。博弈论研究的是理性行为，这意味着每个局中人都会根据对手的策略选择自己的最优反应。首先，我们来看对于甲公司的策略，乙公司的最优反应是什么：如果甲公司选择“低价”，乙公司的最优反应是“低价”；如果甲公司选择“高价”，乙公司的最优反应仍然是“低价”。其次，我们来看对于乙公司的策略，甲公司的最优反应是什么：同样的分析可知，甲公司的最优反应与乙公司的相同。因此，如果两公司不合谋，最有可能出现的局势是：两公司都选择“低价”，双方收益都为 2000。如果两公司合谋，则就有可能出现两公司都选择“高价”的局势，双方收益均为 10000。

5. 三枪博弈。由于最优结果是自己活着，其他两个枪手被打死；次优结果是自己活着，其他两个枪手中有一人活着；第三优结果是三人同归于尽；最差结果是自己被打死，其他两个枪手有一个或两个活着。所以：

(1)因为每个人自己是否活下来不取决于自己是否开枪，但如果自己不开枪，其他人活下来的概率就会增加。因此开枪是最优策略；

(2)最优策略是对空开枪。这是因为：

如果你开枪打死其他两个枪手中的一个，另一个就会向你开枪，你死了而他活下来；

如果你对空开枪，其他两个枪手认为你对他们没有威胁，此时可能有两种结果：一是他们二人会自相残杀；二是他们会预见到自相残杀的结果，从而约定向你开枪。但是这个约定是无效的，因为一旦两个枪手中一人向已经解除武装的你开枪，另一个人的最优策略就是向对方开枪，当他们都这样想时，这个约定便无效了。

练习 3

1. 略。

2. 为什么别人的红包更诱人。两人错在：当他们都表示愿意交换时没有考虑对方的收益情况，即当任一人拿到的是 1000 元红包时才有可能选择交换红包，而拿到 2000 元红包的人衡量交换收益后肯定不会选择交换。两人均表示愿意交换，说明两人拿到的红包都不会是 2000 元而是 1000 元，而他们忽略了这个细节。

第二篇　非合作博弈

练习 4

1. (1)该博弈的标准式为

		穷人 B	
		给自己 1000 元	给对方 3000 元
穷人 A	给自己 1000 元	1000，1000	4000，0
	给对方 3000 元	0，4000	3000，3000

由划线法，穷人 A 和 B 各自的占优策略都是“给自己 1000 元”。

(2)该博弈的纳什均衡为(给自己 1000 元，给自己 1000 元)。

(3)A 和 B 的选择说明：以自我利益为目标的“理性”行为，导致了两个穷人得到相对较少的收益。

2. 努力工作还是偷懒。

(1) 存在占优策略，甲、乙的占优策略都是“偷懒”。

(2) 存在占优策略均衡，是(偷懒，偷懒)。

(3) 该博弈的合作解是(努力，努力)。

(4)这个博弈属于社会两难博弈，因为博弈的占优策略均衡与合作解相悖。

3. 旅行者困境。合作解是双方都写下 100 美元，这样航空公司会判定他们讲真话，每人将获得 100 美元。如果甲写下 100 美元，乙写下 99 美元，航空公司将判定甲说假话，乙说真话，则甲只能获得 100－2＝98 美元，而乙可以获得 99＋2＝101 美元。由于双方都是理性人，他们都能计算到对方的策略，最终他们为了获得奖励，避免罚款，都会写下 0 美元，航空公司只会付给他们 0＋2＝2 美元。这个博弈的纳什均衡是(2，2)。

4. 用划线法求解：

(1)纳什均衡是(A_1，B_1)，(A_3，B_3)。

(2)纳什均衡是(A_1，B_1)。

5. 垃圾处理博弈。由于纳什均衡是每个局中人策略对其他局中人策略的最优反应，故：

(1)(倾倒，倾倒)为该博弈的纳什均衡。

(2)(雇卡车，雇卡车)是该博弈的合作解。

6. 鹰鸽博弈。

(1)该博弈有两个纳什均衡，分别是(鹰策略，鸽策略)，(鸽策略，鹰策略)。

(2)不可以确定该博弈的谢林点。

7. 双寡头市场。两厂商的利润收益函数分别为

$$u_1(q_1,q_2)=q_1P(Q)-c_1q_1=q_1[10-(q_1+q_2)]-4q_1=6q_1-q_1q_2-q_1^2$$

$$u_2(q_1,q_2)=q_2P(Q)-c_2q_2=q_2[10-(q_1+q_2)]-4q_2=6q_2-q_1q_2-q_2^2$$

在本博弈中，寻找均衡策略的充分必要条件是求出 q_1 和 q_2 的最大值，即

$$\begin{cases}\max\limits_{q_1}(6q_1-q_1q_2-q_1^2)\\ \max\limits_{q_2}(6q_2-q_1q_2-q_2^2)\end{cases}$$

这时，我们可以把 u_1 看成是 q_1 的一元二次函数，利用求极值的方法，可得使 u_1 实现最大值的 q_1，即

$$q_1=\frac{1}{2}(6-q_2)=3-\frac{q_2}{2} \tag{1}$$

同样，可以把 u_2 看成是 q_2 的一元二次函数，利用求极值的方法，可得使 u_2 实现最大值的 q_2，即

$$q_2=\frac{1}{2}(6-q_1)=3-\frac{q_1}{2} \tag{2}$$

将式(1)与(2)联立解之得 $q_1^*=q_2^*=2$，即两个厂商产量决策为：各自生产 2 个产量单位。

练习 5

1. (1)该博弈有鞍点：局中人 1 取第 2 个策略，局中人 2 取第 3 个策略，
简记(a_2，b_3)。博弈的值 $V=4$。

(2)该博弈有鞍点：(a_1，b_1)。博弈的值 $V=0$。

(3)博弈有鞍点：(a_1，b_2)(a_1，b_4)(a_3，b_2)(a_3，b_4)，该博弈值 $V=5$。

(4)博弈有鞍点：(a_2，b_3)(a_4，b_3)，该博弈值 $V=-10$。

(5)博弈不存在鞍点。

(6)博弈不存在鞍点。

2. (1)用 Excel 软件求解过程如下图所示，求解过程见下表：

第一步：先求 $\boldsymbol{X}$：

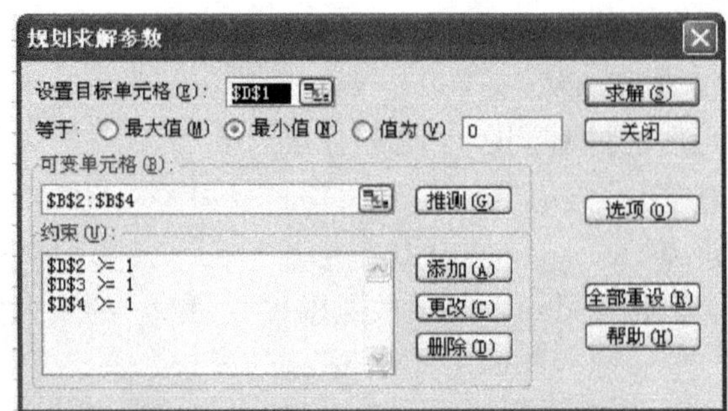

D4 =B2+2*B3-3*B4

	A	B	C	D
1				0
2	x1	0		0
3	x2	0		0
4	x3	0		0

可变单元格

单元格	名字	初值	终值
B2	x1	0	0.566666667
B3	x2	0	0.666666667
B4	x3	0	0.3

第二步：再求 $\boldsymbol{Y}$：

可变单元格

单元格	名字	初值	终值
B2	$y1$	0	0.466666667
B3	$y2$	0	0.4
B4	$y3$	0	0.666666667

第三步：计算 V_G，$\boldsymbol{P}^*$，$\boldsymbol{Q}^*$：

$$V_G=\frac{1}{x_1+x_2+x_3}=\frac{1}{0.567+0.667+0.30}=0.65$$

$$P^* = V_G X = 0.65(x_1, x_2, x_3) = (0.37, 0.43, 0.20)$$

$$Q^* = V_G Y^T = 0.65(y_1, y_2, y_3) = (0.30, 0.26, 0.43)$$

结果：局中人Ⅰ的混合策略为 P^* =(0.37，0.43，0.20)，局中人Ⅱ的混合策略为 Q^* =(0.30，0.26，0.43)。该博弈的混合策略纳什均衡为(P^*，Q^*)，局中人Ⅰ的期望收益值为 V_G=0.65。

(2)用 Excel 软件求解过程(略)：求解结果为：

可变单元格

单元格	名字	初值	终值
B2	x1	0	0.5
B3	x2	0	0.5
B4	x3	0	0

可变单元格

单元格	名字	初值	终值
B2	y1	0	0.6
B3	y2	0	0.4
B4	y3	0	0

计算得：博弈值 V_G=1；最优解为 P^* =(0.50，0.50，0)，Q^* =(0.60，0.40，0)。

3. 用 Excel 软件求解过程如下图所示，求解结果见下表，

第一步：先求 $\boldsymbol{X}$：

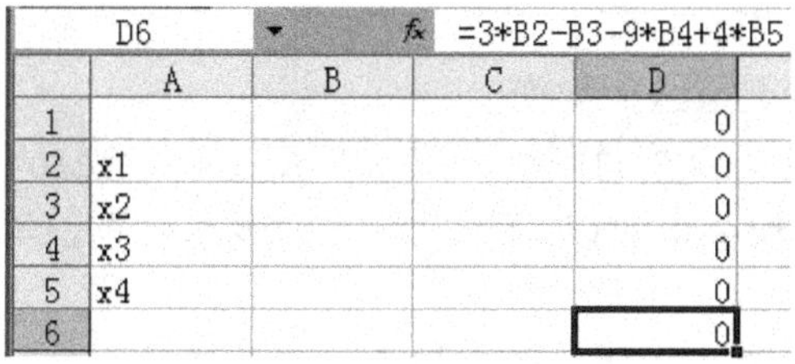

D6 fx =3*B2-B3-9*B4+4*B5

	A	B	C	D
1				0
2	x1			0
3	x2			0
4	x3			0
5	x4			0
6				0

可变单元格

单元格	名字	初值	终值
B2	x1	0	0.250877193
B3	x2	0	0.14122807
B4	x3	0	0.044736842
B5	x4	0	0.128947368

第二步：再求 $\boldsymbol{Y}$：

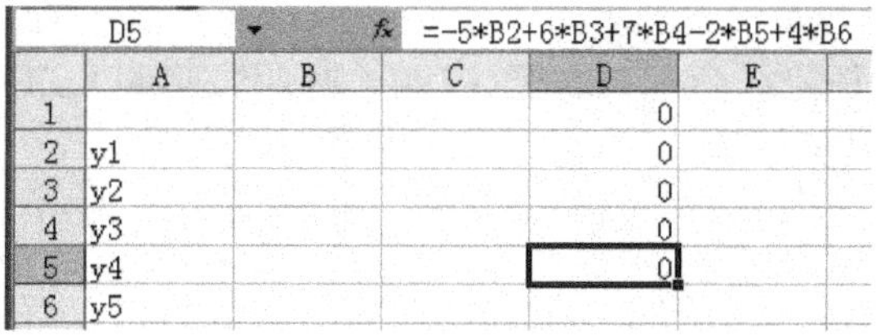

D5 fx =-5*B2+6*B3+7*B4-2*B5+4*B6

	A	B	C	D	E
1				0	
2	y1			0	
3	y2			0	
4	y3			0	
5	y4			0	
6	y5				

可变单元格

单元格	名字	初值	终值
B2	$y1$	0	0.053220036
B3	$y2$	0	0
B4	$y3$	0	0.242397138
B5	$y4$	0	0.25559034
B5	$y5$	0	0.020125224

第三步：计算 V_G，$\boldsymbol{P}^*$，$\boldsymbol{Q}^*$：

计算得 博弈值 $V_G=1.76$；最优解为 $\boldsymbol{P}^*=(0.44, 0.25, 0.08, 0.23)$，$\boldsymbol{Q}^*=(0.09, 0, 0.42, 0.45, 0.04)$。该博弈的混合纳什均衡为$(\boldsymbol{P}^*, \boldsymbol{Q}^*)$。

练习 6

1. 该博弈有纯策略纳什均衡(A_1, B_2)，(A_2, B_1)；再用奇数定理判断该博弈有 1 个混合策略纳什均衡。

2. 计算求得：$\boldsymbol{P}^*=(0.375, 0.625)$，$\boldsymbol{Q}^*=(0.375, 0.625)$，博弈值 $V_G=5.625$。

3. 征纳税博弈。

(1)该博弈不存在纯策略纳什均衡。

(2)用 p 表示税务机关检查的概率，用 q 表示纳税人逃税的概率。求得 $p=M/(M+F)$，$q=C/(M+F)$。即税务机关以 $M/(M+F)$的概率检查，纳税人以 $C/(M+F)$的概率逃税。

(3)罚款 F 越高，纳税人逃税的概率越小；税务机关检查的成本 C 越大，纳税人逃税的概率越大；应纳税款 M 越高，纳税人逃税的概率越小。

(4)“税务机关检查的成本 C 越大，纳税人逃税的概率越大；应纳税款 M 越高，纳税人逃税的概率越小。”的结论与现实有些不符。关键应考虑到：一般情况下，应交税额 M 越大，检查成本 C 就会越高，即 C 应是 M 的函数而不是一个常数。

练习 7

1. 青蛙择偶博弈。

(1)纳什均衡：(观坐，鸣叫，鸣叫)，(鸣叫，观坐，鸣叫)，(鸣叫，鸣叫，观坐)。

(2)如果允许出现联盟，会有大联盟(鸣叫，鸣叫，鸣叫)或(观坐，观坐，观坐)。

2. 用划线法，结果见下表：

		丙			
		A		B	
		乙		乙	
		L	R	L	R
甲	U	0，0，8	−4，−4，0	−2，−2，0	−4，−4，0
	D	−4，−4，0	1，1，−4	−4，−4，0	−1，−1，4

可知有两个纳什均衡为：(U，L，A)，(D，R，B)。按照帕累托标准，纳什均衡(U，L，A)优于(D，R，B)。但是，如果我们考虑到参与人之间存在共谋的可能性，则(U，L，A)并非博弈的最终结果。这是因为如果参与人丙按照纳什均衡(U，L，A)的指引选择策略A，则只要参与人甲和乙达成一致行动的默契，分别选择策略D和策略R，他们就都能获得1单位的收益，大于他们在纳什均衡(U，L，A)时的收益0。因此，纳什均衡(U，L，A)不是抗共谋纳什均衡。纳什均衡(D，R，B)是抗共谋纳什均衡，因为甲和乙共谋偏离纳什均衡(D，R，B)的结果是使得他们的收益变得更坏。

第三篇　合作博弈

练习8

1. 合作博弈形成有两个基本条件：一是对联盟来说，整体收益大于其每个参与人单独经营时的收益之和；二是对联盟内部而言，每个参与人都能获得比不加入联盟时多一些的收益。

2. 集合I＝{1，2，3，4，5}的非空子集有2^5-1＝31个：

{1}，{2}，{3}，{4}，{5}；

{1，2}，{1，3}，{1，4}，{1，5}，{2，3}，{2，4}，{2，5}，{3，4}，{3，5}，{4，5}；

{1，2，3}，{1，2，4}，{1，2，5}，{1，3，4}，{1，3，5}，{1，4，5}，{2，3，4}，{2，3，5}，{2，4，5}，{3，4，5}；

{1，2，3，4，5}。

有三类联盟结构：

单人联盟结构：{1}，{2}，{3}，{4}，{5}；

大联盟结构：{1，2，3，4，5}；

其他联盟结构：

[{1，2，3，4}，{5}]，[{1，2，3，5}，{4}]，[{1，2，4，5}，{3}]，[{1，3，4，5}，{2}]，[{2，3，4，5}，{1}]；

[{1，2，3}，{4，5}]，[{1，2，4}，{3，5}]，[{1，2，5}，{3，4}]，[{1，3，

4}，{2，5}]，[{1，3，5}，{2，4}]；

[{1，4，5}，{2，3}]，[{2，3，4}，{1，5}]，[{2，3，5}，{1，4}]，[{2，4，5}，{1，3}]，[{3，4，5}，{1，2}]；

[{1，2，3}，{4}，{5}]，[{1，2，4}，{3}，{5}]，[{1，2，5}，{3}，{4}]，[{1，3，4}，{2}，{5}]，[{1，3，5}，{2}，{4}]，

[{1，4，5}，{2}，{3}]，[{2，3，4}，{1}，{5}]，[{2，3，5}，{1}，{4}]，[{2，4，5}，{1}，{3}]，[{3，4，5}，{1}，{2}]。

练习 9

1. 列表计算例 9.1 三人合作经商问题的利益分配中 $\varphi_B(V)$，$\varphi_C(V)$的值。

参与人 B 的分配值 $\varphi_B(V)$的计算见下表。

S	B	AB	BC	ABC
$V(S)$	1	7	4	10
$V(S\setminus\{B\})$	0	1	1	5
$V(S)-V(S\setminus\{B\})$	1	6	3	5
$\|S\|$	1	2	2	3
$(n-\|S\|)!\ (\|S\|-1)!$	2	1	1	2
$W(\|S\|)$	1/3	1/6	1/6	1/3
$\varphi_B(V)$	3.5			

参与人 C 的分配值 $\varphi_C(V)$的计算见下表。

S	C	AC	BC	ABC
$V(S)$	1	5	4	10
$V(S\setminus\{C\})$	0	1	1	7
$V(S)-V(S\setminus\{C\})$	1	4	3	3
$\|S\|$	1	2	2	3
$(n-\|S\|)!\ (\|S\|-1)!$	2	1	1	2
$W(\|S\|)$	1/3	1/6	1/6	1/3
$\varphi_C(V)$	2.5			

2. 该问题中持有半数以上股份的股东联盟(称为有效联盟)有：

$$\{C,D\},\ \{A,B,C\},\{A,B,D\},\{A,C,D\},\{B,C,D\},\ \{A,B,C,D\}$$

设特征函数

$$V(S)=\begin{cases}1, & S\text{ 为有效联盟}\\0, & S\text{ 为无效联盟}\end{cases}$$

利用 Shapley 值计算公式求 $\varphi_i(V)$，i=A，B，C，D。计算 A 的股权 $\varphi_A(V)$值见下表。

S	ABC	ABD	ACD	ABCD
$V(S)$	1	1	1	1
$V(S\setminus\{A\})$	0	0	1	1
$V(S)-V(S\setminus\{A\})$	1	1	0	0
$\|S\|$	3	3	3	4
$(n-\|S\|)!\ (\|S\|-1)!$	2	2	2	6
$W(\|S\|)$	1/12	1/12	1/12	1/4
$\varphi_A(V)$	1/6			

同理可得：$\varphi_B(V)=\frac{1}{6}$，由于 C、D 的持股分别为 40%、40%，故 $\varphi_C(V)=\varphi_D(V)$，根据 Sapley 值的完全分配原则，有

$$\varphi_C(V)=\varphi_D(V)=\frac{1}{2}[1-(\varphi_A(V)+\varphi_B(V))]=1-\left(\frac{1}{6}+\frac{1}{6}\right)=\frac{1}{3}$$

因此，股东 A，B，C，D 对公司形成决定影响的比重分别是$\left(\frac{1}{6},\frac{1}{6},\frac{1}{3},\frac{1}{3}\right)$。

3. 将总利润均分(每人 20 单位)是不合理方案。因为每个人的贡献不同。计算 Sapley 值得 A、B、C、D、E 各应分配(单位：亿元)：计算 A 的分配：

S	A	AB	AC	AD	AE	ABC	ABD	ABE	ACD	ACE	ADE	ABCD	ABCE	ABDE	ACDE	ABCDE
$V(S)$	0	0	5	15	20	25	35	40	40	45	55	60	65	75	80	100
$V(S\setminus\{A\})$	0	0	0	5	10	15	25	30	30	35	45	50	55	65	70	90
$V(S)-V(S\setminus\{A\})$	0	0	5	10	10	10	10	10	10	10	10	10	10	10	10	10
$\|S\|$	1	2	2	2	2	3	3	3	3	3	3	4	4	4	4	5
$(n-\|S\|)!\cdot(\|S\|-1)!$	24	6	6	6	6	4	4	4	4	4	4	6	6	6	6	24
$W(\|S\|)$	$\frac{1}{5}$	$\frac{1}{20}$	$\frac{1}{20}$	$\frac{1}{20}$	$\frac{1}{20}$	$\frac{1}{30}$	$\frac{1}{30}$	$\frac{1}{30}$	$\frac{1}{30}$	$\frac{1}{30}$	$\frac{1}{30}$	$\frac{1}{20}$	$\frac{1}{20}$	$\frac{1}{20}$	$\frac{1}{20}$	$\frac{1}{5}$
$\varphi_A(V)$	7.25															

计算 B 的分配：

S	B	BA	BC	BD	BE	ABC	ABD	ABE	BCD	BCE	BDE	ABCD	ABCE	ABDE	BCDE	ABCDE
$V(S)$	0	0	15	25	30	25	35	40	50	55	65	60	65	75	90	100
$V(S\setminus\{B\})$	0	0	0	5	10	5	15	20	30	35	45	40	45	55	70	80
$V(S)-V(S\setminus\{B\})$	0	0	5	20	10	20	20	20	20	20	20	20	20	20	20	20
$\|S\|$	1	2	2	2	2	3	3	3	3	3	3	4	4	4	4	5
$(n-\|S\|)!\cdot(\|S\|-1)!$	24	6	6	6	6	4	4	4	4	4	4	6	6	6	6	24
$W(\|S\|)$	$\frac{1}{5}$	$\frac{1}{20}$	$\frac{1}{20}$	$\frac{1}{20}$	$\frac{1}{20}$	$\frac{1}{30}$	$\frac{1}{30}$	$\frac{1}{30}$	$\frac{1}{30}$	$\frac{1}{30}$	$\frac{1}{30}$	$\frac{1}{20}$	$\frac{1}{20}$	$\frac{1}{20}$	$\frac{1}{20}$	$\frac{1}{5}$
$\varphi_B(V)$	14.75															

计算 C 的分配：

S	C	AC	BC	DC	EC	ABC	ACD	ACE	BCD	BCE	CDE	ABCD	ABCE	ABDE	BCDE	ABCDE
$V(S)$	0	5	15	30	35	25	40	45	50	55	70	60	65	80	90	100
$V(S\setminus\{C\})$	0	0	0	5	10	0	15	20	25	30	45	35	40	55	65	75
$V(S)-V(S\setminus\{C\})$	0	5	15	25	25	25	25	25	25	25	25	25	25	25	25	25
$\|S\|$	1	2	2	2	2	3	3	3	3	3	3	4	4	4	4	5
$(n-\|S\|)!\cdot(\|S\|-1)!$	24	6	6	6	6	4	4	4	4	4	4	6	6	6	6	24
$W(\|S\|)$	$\frac{1}{5}$	$\frac{1}{20}$	$\frac{1}{20}$	$\frac{1}{20}$	$\frac{1}{20}$	$\frac{1}{30}$	$\frac{1}{30}$	$\frac{1}{30}$	$\frac{1}{30}$	$\frac{1}{30}$	$\frac{1}{30}$	$\frac{1}{20}$	$\frac{1}{20}$	$\frac{1}{20}$	$\frac{1}{20}$	$\frac{1}{5}$
$\varphi_C(V)$	18.50															

计算 D 的分配：

S	D	AD	BD	CD	ED	ABD	ACD	ADE	BCD	BDE	CDE	ABCD	ABDE	ACDE	BCDE	ABCDE
$V(S)$	5	15	25	30	45	35	40	55	50	65	70	60	75	80	90	100
$V(S\setminus\{D\})$	0	0	0	0	10	0	5	20	15	30	35	25	40	45	55	65
$V(S)-V(S\setminus\{D\})$	5	15	25	30	35	35	35	35	35	35	35	35	35	35	35	35
$\|S\|$	1	2	2	2	2	3	3	3	3	3	3	4	4	4	4	5
$(n-\|S\|)!\cdot(\|S\|-1)!$	24	6	6	6	6	4	4	4	4	4	4	6	6	6	6	24
$W(\|S\|)$	$\frac{1}{5}$	$\frac{1}{20}$	$\frac{1}{20}$	$\frac{1}{20}$	$\frac{1}{20}$	$\frac{1}{30}$	$\frac{1}{30}$	$\frac{1}{30}$	$\frac{1}{30}$	$\frac{1}{30}$	$\frac{1}{30}$	$\frac{1}{20}$	$\frac{1}{20}$	$\frac{1}{20}$	$\frac{1}{20}$	$\frac{1}{5}$
$\varphi_D(V)$	27.25															

计算 E 的分配：

S	E	AE	BE	CE	DE	ABE	ACE	ADE	BCE	BDE	CDE	ABCE	ABDE	ACDE	BCDE	ABCDE
$V(S)$	10	20	30	35	45	40	45	55	55	65	70	65	75	80	90	100
$V(S\setminus\{E\})$	0	0	0	0	5	0	5	15	15	25	30	25	35	40	50	60
$V(S)-V(S\setminus\{E\})$	10	20	30	30	40	40	40	40	40	40	40	40	40	40	40	40
$\lvert S\rvert$	1	2	2	2	2	3	3	3	3	3	3	4	4	4	4	5
$(n-\lvert S\rvert)!\cdot(\lvert S\rvert-1)!$	24	6	6	6	6	4	4	4	4	4	4	6	6	6	6	24
$W(\lvert S\rvert)$	$\frac{1}{5}$	$\frac{1}{20}$	$\frac{1}{20}$	$\frac{1}{20}$	$\frac{1}{20}$	$\frac{1}{30}$	$\frac{1}{30}$	$\frac{1}{30}$	$\frac{1}{30}$	$\frac{1}{30}$	$\frac{1}{30}$	$\frac{1}{20}$	$\frac{1}{20}$	$\frac{1}{20}$	$\frac{1}{20}$	$\frac{1}{5}$
$\varphi_E(V)$	32.25															

综上，A、B、C、D、E 各应分配（单位：亿元）：（7.25，14.75，18.5，27.25，32.25）。

4. 1958 年的欧共体中，卢森堡尽管有 1 张票，但其权力指数为 0，即尽管卢森堡每次都在投票，但在任何情况下这个国家对议案均不会产生任何影响。

练习 10

1. 合作捕猎博弈。

(1)解集是 1 号联盟结构；(2)1 号联盟结构是核。

2. 商业伙伴博弈。核是{ABC}，在核中 A、B、C 的收益各是 20，20，15。

第四篇　动态博弈

练习 11

1. 用逆向归纳法求解例 11.1 时，先从最后阶段考虑，B 选择“不制止”；接着考虑 A 的选择，A 会选择“仿冒”；再考虑 B 的选择，B 会选择“制止”；最后考虑 A 的选择，A 会选择“不仿冒”。

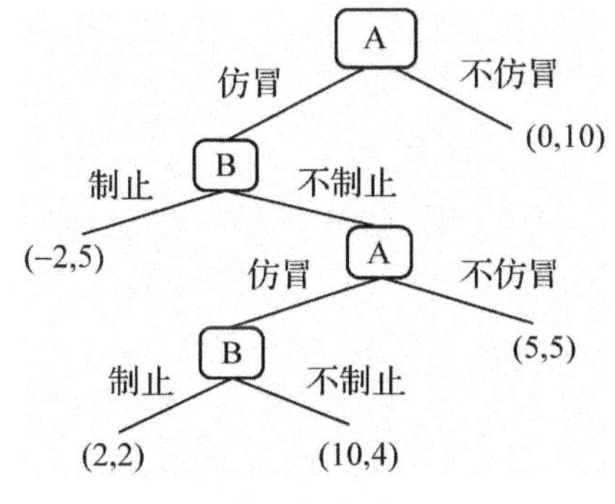

例 11.1 的博弈树

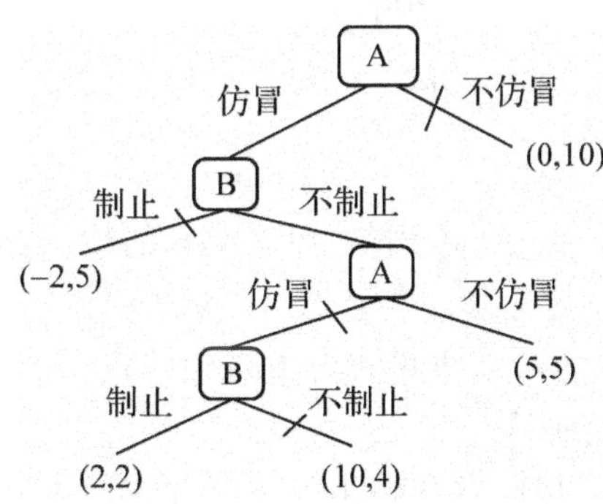

用逆向归纳法求解例 11.1 的过程

2. 价格博弈。

(1)这个博弈的标准式为

		厂商 2	
		高价	降价
厂商 1	高价	(11，11)	(2，12)
	降价	(12，2)	(7，7)

用划线法得到纳什均衡为(降价，降价)。

(2)这个博弈的扩展式为

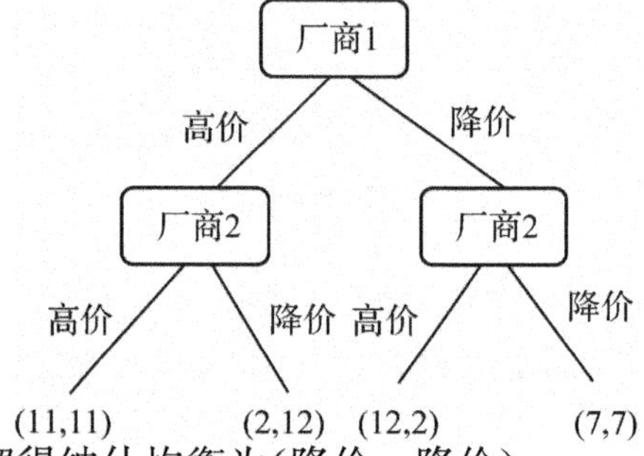

(3)用逆向归纳法求解得纳什均衡为(降价，降价)。

3.(1)这个博弈的扩展式见图 1：

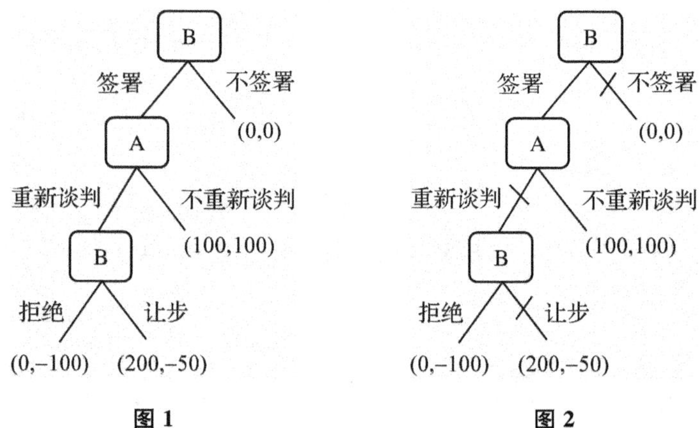

图 1 **图 2**

(2)用逆向归纳法找出博弈的均衡路径：先从最后阶段考虑，B 选择“让步”；接着考虑 A 的选择，A 会选择“重新谈判”；最后考虑 B 的选择，B 会选择“不签署”(见图 2)。因此，该博弈的均衡路径为：当 A 提出合作协议时，B 选择“不签署”。

练习 12

1.(1)该博弈有 4 个子博弈：

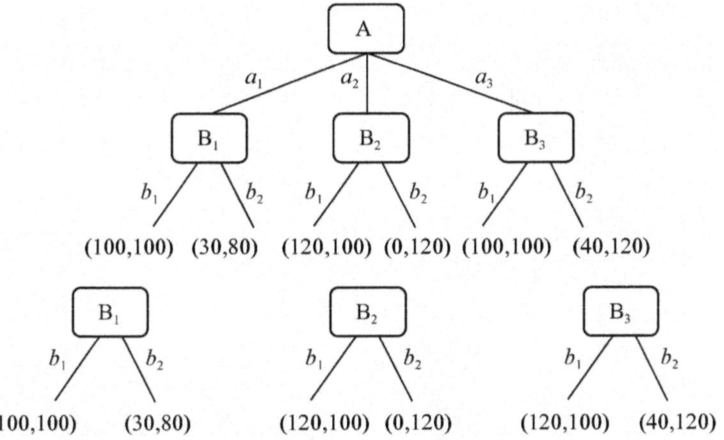

(2)后 3 个子博弈是基本子博弈，第 1 个子博弈是复合子博弈；

(3)用逆向归纳法求解这个动态博弈，纳什均衡为(a_1，b_1)。

2. 另一类蜈蚣博弈。

(1)如果$\boldsymbol{Y}$=5，$\boldsymbol{Z}$=5，子博弈完美均衡是A“抓”；A、B 收益为(5，1)；

(2)如果$\boldsymbol{Y}$=8，$\boldsymbol{Z}$=8，子博弈完美均衡是A、B 都“传”，A、B 收益为(8，8)。

3. 另外版本的海盗分宝石博弈。

(1)如果要求包括提议海盗在内的所有海盗超过半数(大于 1/2)同意才能使提议通过。在这个规则下：

只剩 5 号时，他分给自己 100 颗；

只剩 4 号、5 号时，4 号只能分给 5 号 100 颗 5 号才可能同意，所以 4 号提议(0，100)，但不保证 5 号一定同意；

只剩 3、4、5 号时，3 号提议(99，1，0)，4 号一定会同意，5 号反对无效；

只剩 2、3、4、5 号时，2 号提议(98，0，1，1)，4、5 号一定会同意，3 号反对无效；

再看 1 号。1 号提议(97，0，1，2，0)，3、4 号一定会同意，2、5 号反对无效；

或 1 号提议(97，0，1，0，2)，3、5 号一定会同意，2、4 号反对无效。

(2)如果要求提议海盗之外的所有海盗超过半数(大于 1/2)同意才能使提议通过。

在这个规则下：

只剩 5 号时，他分给自己 100 颗；

只剩 4 号、5 号时，4 号只能分给 5 号 100 颗 5 号才可能同意，所以 4 号提议(0，100)，但不保证 5 号一定同意；

只剩 3、4、5 号时，只有 4 号、5 号都同意时，提案才能通过，故 3 号提议(0，0，100)，但不保证 5 号一定同意；

只剩 2、3、4、5 号时，2 号提议(98，1，1，0)，3、4 号一定会同意，5 号反对无效；

再看 1 号。1 号提议(95，0，2，2，1)，3、4、5 号一定会同意，2 号反对无效。

(3)如果海盗的个数增加到 10 个或 100 个。按照当达到半数的人同意(包括提案者在内)时方案就算通过的原则：

如果有 10 名海盗，则

只剩 10 号时，他分给自己 100 颗；

只剩 9、10 号时，9 号提议(100，0)；

只剩 8、9、10 号时，8 号提议(99，0，1)；

只剩 7、8、9、10 号时，7 号提议(99，0，1，0)；

…

1 号提议(96，0，1，0，1，0，1，0，1，0)。

类似地分析可得：

如果有 100 名海盗，则 1 号提议(51，0，1，0，1，…，0，1，0)，即从 3 号开始，排序奇数的海盗分配 1 颗，排序偶数的海盗分配 0 颗。

4. B 的选择是“签”。

练习 13

1. 对下表描述的合作与背叛博弈，如果折现因子 $\delta=0.5$，考虑问题：

		B	
		合作	背叛
A	合作	3，3	0，5
	背叛	5，0	1，1

(1)总选择背叛策略的期望总收益为

$$5+1\times(0.5+0.5^2+\cdots)=5+\frac{0.5}{1-0.5}=6$$

(2)总选择合作策略的期望总收益为

$$3\times(1+0.5+0.5^2+\cdots)=\frac{3}{1-0.5}=6$$

(3)选择背叛与合作交替的策略的期望总收益为

$$5\times(1+0.5^2+0.5^4+\cdots)=\frac{5}{1-0.5^2}=\frac{5}{0.75}\approx 6.67$$

(4)比较可知合作是不稳定的。

2. 对于一个参与者，他在第 t 时期决定是否对抗，说明在第 t 时期之前双方都是合作的，那么他每期都得到 3 元；现在假设对方在第 t 时期仍然合作，而他选择对抗，那么在第 t 时期他将得到 5 元，但从第 $t+1$ 时期开始，对方一直选择对抗，使得他只能

得到1元。所以，他在第 t 时期选择对抗的总收益为

$$V_1 = 3\times(1+\delta+\delta^2+\cdots+\delta^{t-2})+5\delta^{t-1}+1\times(\delta^t+\delta^{t+1}+\cdots)$$
$$= 3\times\frac{1-\delta^{t-1}}{1-\delta}+5\delta^{t-1}+\frac{\delta^t}{1-\delta}$$

如果他选择在第 t 时期及以后继续合作，他的总收益为

$$V_2 = 3\times(1+\delta+\delta^2+\cdots+\delta^{t-2})+3\delta^{t-1}+3\times(\delta^t+\delta^{t+1}+\cdots)$$
$$= 3\times\frac{1-\delta^{t-1}}{1-\delta}+3\delta^{t-1}+\frac{3\delta^t}{1-\delta}$$

当且仅当 $V_2>V_1$ 时，即

$$3\times\frac{1-\delta^{t-1}}{1-\delta}+3\delta^{t-1}+\frac{3\delta^t}{1-\delta}>3\times\frac{1-\delta^{t-1}}{1-\delta}+5\delta^{t-1}+\frac{\delta^t}{1-\delta}$$

合作才可以维持。解这个不等式可以得到 $\delta>\frac{1}{2}$（显然是当 t 充分大时）。所以，要想使合作是稳定的，折现因子 δ 应该大于0.5。

3. 如果发觉自己面对的是社会两难博弈，首先要判断该博弈是有限次重复的（包括只进行一次的博弈）还是无限次重复的。如果博弈是有限次重复的，就不会出现合作，因此应当选择“背叛”策略；如果博弈是无限次重复的，就应当尽量与对手合作，以争取更好的结果，但为了达到这个结果，你必须要让对手相信，你有能力识破并会严惩欺骗性行为。

4. 根据表13.5，可以得出如下结论：

(1)当选择互相友善基因的群体进入选择互相攻击基因的群体的地盘时，前者会死掉，后者会大获全胜。

(2)社会科学研究认为：文化是由文化中的人创造的，但个人的人格反过来又由文化塑造。文化在个人的人格塑造中起主要作用。

一般情况是：新来的员工如果接触到彼此善待的文化，环境会自动把他们变成“好人”；如果接触到彼此攻击的文化，环境得熏陶就会把他们变成“坏人”。但是，如果比较自私且习惯于为了个人利益攻击他人的人加入有彼此善待文化的部门，而且没有被感化，那么该部门中的采取彼此善待的文化的雇员就会没饭吃，为了生存，他们也会采取彼此攻击的策略，这样，只要有几个比较自私且习惯于为了个人利益攻击他人的人就可以毁掉该部门彼此善待的文化。因此，每个公司在招收新员工时，都特别重视考察应聘者的人品特别是合作能力。

第五篇　博弈论的应用

练习14

1. 二人争产问题。计算结果见下表，分配折线图见下图。

分配方案 \ 总财产	30	40	50	60	70	80	90	100	110	120	130	140	150	160	170
x[1]	15	20	25	30	35	35	35	35	40	45	50	55	60	65	70
x[2]	15	20	25	30	35	45	55	65	70	75	80	85	90	95	100

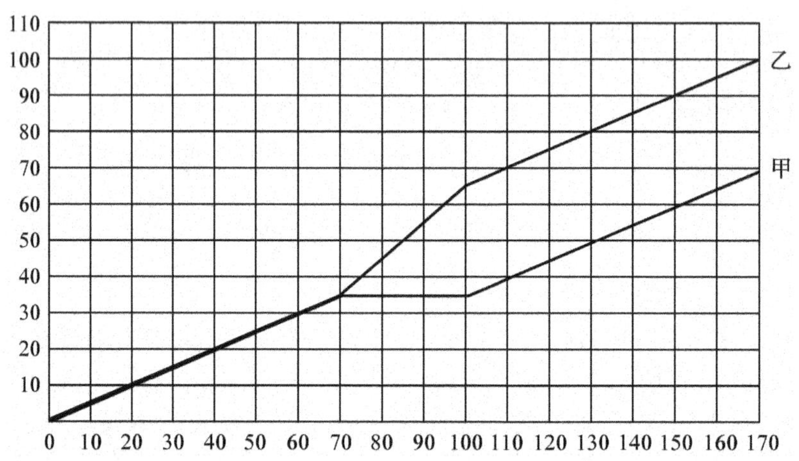

"二人争产问题"的分配方案折线图

2. 破产决算纠纷

"塔木德算法"解决破产决算纠纷的结果见下表。

待分财产	塔木德解决方案		比例计算方法	
	甲得数目	乙得数目	甲得数目	乙得数目
100	50	50	20	80
200	100	100	40	160
300	100	200	60	240
450	100	350	90	360
500	100	400	100	400
550	100	450	110	440
850	125	725	170	680
950	175	775	190	760

与"按比例分配"对比可发现：在这里，500(万元)是一个分界线，在这条分界线上，"塔木德解决方案"跟比例计算方法得出的结果是一样的。低于此线，则甲在"塔木德解决方案"中获利高于比例计算方法；高于此线，则甲在"塔木德解决方案"中获利低

于比例计算方法；乙的情况则正好相反。

破产决算纠纷问题的如此解决，再次验证了：在资源不足的情况下，“塔木德解决方案”不仅保持了博弈规则的公正性，而且有效地保护了弱者的利益。

3. 遗产分配问题。“塔木德算法”解决该遗产分配问题的结果见下表。

遗产 \ 债权	第 1 个儿子	第 2 个儿子	第 3 个儿子
	100	150	200
100	100/3	100/3	100/3
150	50	50	50
200	50	75	75
225	50	75	100
250	50	75	125
300	50	100	150
350	50	125	175
400	75	137.5	187.5
450	100	150	200

4. 三人争产问题。按照“三人争产问题”的塔木德算法，三人声明的总债权为

$$c[1,2,3]=c[1]+c[2]+c[3]=200+300+400=900$$

第一分界点为

$$E^{*}=c[1]\times 3/2=200\times 3/2=300$$

第三分界点为

$$E^{**}=c[1,2,3]-c[1]\times 3/2=900-300=600$$

当 $E=200$、300 时，由于 $E\leqslant E^{*}=300$，三人应该平分。对应的分配方案见下表中的 2、3 列；

分配方案 \ 总财产	200	300	400	500	600	700	800	900
$x[1]$	$66\frac{2}{3}$	100	100	100	100	$133\frac{1}{3}$	$166\frac{2}{3}$	200
$x[2]$	$66\frac{2}{3}$	100	150	150	200	$233\frac{2}{3}$	$266\frac{2}{3}$	300
$x[3]$	$66\frac{2}{3}$	100	150	250	300	$333\frac{2}{3}$	$366\frac{2}{3}$	400

当 $E=400$，500，600 时，由于 $E^{*}=300<E\leqslant E^{**}=600$，先将三人分为两组：

{1}与{2，3}，{1}组应获得声明部分的一半，即 $c[1]/2=100$；{2，3}组应获得余下的财产，即 $E-c[1]/2$。{2，3}组再按照“二人争产问题”的塔木德算法，在债权人 2、3 之间进行分配。分配方案见上表的 4，5，6 列；特别地，在第三分界点 $E=600$ 处，分配方案为

$$\boldsymbol{x}(600)=(100,200,300)$$

当 $E=700$，800，900 时，由于 $E>E^{**}=600$，总财产继续增长的部分 $d=E-600$，由 3 个债权人平分，对应的分配方案为

$$\boldsymbol{x}(E)=(50+d/3,150+d/3,250+d/3)$$

$E=700$，800，900 时的分配方案见上表的 7，8，9 列。

练习 15

1. 照相机拍卖。

(1)张先生的最优反应是弃拍；李先生的最优反应是出价 105 元。

(2)该博弈的子博弈完美均衡是：李先生选择出价 105 元而张先生选择弃拍。

2. 略。

3. 拍卖游戏。

(1)当两个出价最高的人所出价总额超过 1 元时拍卖商会盈利(例如一个出价 0.55 元，另一个出价 0.50 元)。此时，拍卖在单个竞拍者眼中是有吸引力的，因为用 0.55 元就可以得到 1 元，因此拍卖商会盈利。但是，个人利益的追求已经导致了竞拍者集体的损失。

(2)我们考虑当一个人出价 0.95 元的时候，而此时恰好有了一个人出 1 元时此人的困境：如果是你，你该怎么做？如果你在该点放弃，你将必定损失 0.95 元；如果你出价 1.05 元，你就会赢得 1 元，仅损失 5 分。所以，此时你不会弃拍。你的竞争对手也面临着同样的状况，其结果是拍卖成交价超过 1 元。

练习 16

1. 略。

2. 采购机制设计。你可以制定如下机制：单独召见每个供应商并宣布：如果只有 1 家供应商肯把价钱降到 8 元，这个供应商就可以得到 150 万个配件的全部订货；如果只有 2 家供应商愿意以 8 元价格供货，则 2 家供应商各得到 75 万个配件的订货；如果 3 家供应商都愿意以 8 元价格供货或都坚持以 10 元价格供货，则 3 家供应商各得到 50 万个配件的订货；每家供应商只有一次报价机会，下次是否订货尚未知。要求供应商之间不能协商，否则立即取消报价机会。3 家供应商的利润矩阵见下表。

		供应商丙			
		8 元		10 元	
		供应商乙		供应商乙	
		8 元	10 元	8 元	10 元
供应商甲	8 元	100，100，100	150，0，150	150，150，0	300，0，0
	10 元	0，150，150	0，0，300	0，300，0	200，200，200

用划线法可知：如果 3 个供应商都是理性的人，该博弈的纳什均衡是(8 元，8 元，8 元)。你的订货成本是 1200 万元，圆满完成总经理交办的任务。

3. 在负激励机制下征纳税博弈中：

纳税人以混合策略

$$\boldsymbol{X}^{*} = (x_1^{*}, x_2^{*}) = \left(\frac{C}{(1+d)t}, \frac{(1+d)t-C}{(1+d)t}\right) = \left(\frac{1}{60}, \frac{59}{60}\right)$$

的概率选择策略“逃税”和“诚实纳税”；

税务部门以混合策略

$$\boldsymbol{Y}^{*} = (y_1^{*}, y_2^{*}) = \left(\frac{1}{1+d}, \frac{d}{1+d}\right) = \left(\frac{1}{6}, \frac{5}{6}\right)$$

的概率选择策略“检查”和“不检查”。

在混合策略($\boldsymbol{X}^{*}$，$\boldsymbol{Y}^{*}$)下，税务部门的期望收益为

$$E_2(\boldsymbol{X}^{*}, \boldsymbol{Y}^{*}) = M - \frac{C}{1+d} = 100 - \frac{1}{6} = 99\frac{5}{6}$$

引入物质奖励机制后的征纳税博弈的混合策略纳什均衡为($\boldsymbol{X}^{**}$，$\boldsymbol{Y}^{**}$)，其中

$$\boldsymbol{X}^{**} = (x_1^{**}, x_2^{**}) = \left(\frac{C}{t+dt+m}, 1-\frac{C}{t+dt+m}\right) = \left(\frac{1}{62}, \frac{61}{62}\right)$$

$$\boldsymbol{Y}^{**} = (y_1^{**}, y_2^{**}) = \left(\frac{t}{t+dt+m}, 1-\frac{t}{t+dt+m}\right) = \left(\frac{10}{62}, \frac{52}{62}\right)$$

即纳税人以 $x_1^{**} = \frac{1}{62}$的概率选择逃税；

税务部门以 $y_1^{**} = \frac{10}{62}$的概率选择检查。

显然，

$$x_1^{**} = \frac{1}{62} < \frac{1}{60} = x_1^{*}, y_1^{**} = \frac{10}{62} < \frac{1}{6} = y_1^{*}$$

这表明物质奖励可以降低纳税人的逃税概率和税务部门的检查概率。

在混合策略($\boldsymbol{X}^{*}$，$\boldsymbol{Y}^{*}$)下，税务部门的期望收益为

$$E_2(\boldsymbol{X}^{**}, \boldsymbol{Y}^{**}) = M - m + \frac{Ct}{t+dt+m} = 100 - 2 - \frac{10}{62} = 97\frac{52}{62}$$

结论：虽然给予纳税人物质奖励可以促进纳税人诚信纳税、减轻税务部门的检查压力，但降低了税务部门的期望收益。

4. 税务部门可以通过“发票抽奖”的活动，向人们提供一种购物要发票的激励机制，让购物者为了自己的利益主动索要发票。

参考文献

[1] 艾里克·拉斯缪森．博弈与信息[M].2 版．王晖，等译．北京：北京大学出版社，2003.

[2] 朱·弗登伯格，等．博弈论[M]．黄涛，等译．北京：中国人民大学出版社，2010.

[3] 董保民，王运通，郭桂霞．合作博弈论[M]．北京：中国市场出版社，2008.

[4] 托马斯·谢林．选择与结果[M]．熊坤，刘勇谋，译．北京：华夏出版社，2007.

[5] 托马斯·谢林．冲突的战略[M]．赵华，等译．北京：华夏出版社，2006.

[6] 罗伯特·阿克塞尔罗德．合作的进化[M]．吴坚忠，译．上海：上海人民出版社，2007.

[7] 威廉姆·庞德斯通．囚徒的困境[M]．吴鹤龄，译．北京：北京理工大学出版社，2005.

[8] Roger Mc Cain. 博弈论——战略分析入门[M]．原毅军，等译．北京：机械工业出版社，2006.

[9] 熊义杰．现代博弈论基础[M]．北京：国防工业出版社，2010.

[10] 肖条军．博弈论及其应用[M]．上海：上海三联书店，2004.

[11] 张万红．趣味博弈学[M]．郑州：郑州大学出版社，2007.

[12] 胡运权，等．运筹学基础及其应用[M].4 版．北京：高等教育出版社，2004.

[13] 焦宝聪，陈兰平．运筹学思想方法及应用[M]．北京：北京大学出版社，2008.

[14] 董志强．身边的博弈[M]．北京：机械工业出版社，2007.

[15] 奚恺元．别做正常的傻瓜[M]．北京：机械工业出版社，2006.

[16] 斯科特·普劳斯．决策与判断[M]．施俊琦，等译．北京：人民邮电出版社，2004.

[17] 米勒．活学活用博弈论——如何利用博弈论在竞争中获胜[M]．李绍荣，译．北京：中国 财政经济出版社，2006.

[18] 潘天群．博弈生存——社会现象的博弈论解读[M]．北京：中央编译出版

社，2002.

[19] 谢识予．经济博弈论[M]. 上海：复旦大学出版社，1997.

[20] 张维迎．博弈论与信息经济学[M]. 上海：上海人民出版社，1996.

[21] 张奠宙．20 世纪数学经纬[M]. 上海：华东师范大学出版社，2002.

[22] 熊伟．运筹学[M]. 北京：机械工业出版社，2005.

[23] Robert J. Aumann，Michael Maschler. Game theoretic analysis of a bankruptcy problem from the Talmud[J]. Economic Theory，1985 (36)：195－213.

[24] 平新乔．关于纳什均衡的两个案例[EB/OL]. http：//wenku. baidu. com/view/61371f00eff9 aef8941e0603. html，2006.

[25] 冯·诺伊曼，摩根斯特恩．博弈论与经济行为[M]. 王文玉，王宇，译．北京：生活·读书·新知三联书店，2004.

[26] 阿维纳什·K 迪克西特，巴里·J 奈尔伯夫．策略思维——商界、政界及日常生活中的竞争[M]. 王尔山，译．北京：中国人民大学出版社，2002.

[27] Banzhaf John F. Weighted voting doesn't work：A mathematical analysis[J]. Rutgers Law Review，1965，19 (2)：317 - 343.

[28] 小约瑟夫·哈林顿．哈林顿博弈论[M]. 韩玲，李强，译．北京：中国人民大学出版社，2012.

[29] 葛新权，王国成．博弈实验比较[M]. 北京：社会科学文献出版社，2009.